JN245089

物質・材料テキストシリーズ　藤原毅夫・藤森　淳・勝藤拓郎 監修

スピントロニクスの物理

場の理論の立場から

多々良 源 著

内田老鶴圃

物質・材料テキストシリーズ発刊にあたり

現代の科学技術の著しい進歩は，これまでに蓄積された知識や技術が次の世代に引き継がれて発展していくことの上に成り立っている．また，若い世代が先達の知識や技術を真剣に学ぶ過程で，好奇心・探求心が刺激され新しい発想が芽生えることが科学技術をさらに発展させてきた．蓄積された知識や技術の継承は世代間に限らない．現代の分化し専門化した様々な学問分野は常に再編や融合を模索しており，複数の既存分野の境界領域に多くの新しい発見や新技術が生まれる原動力となっている．このような状況においては，若い世代に限らず第一線で活躍する研究者・技術者も，周辺分野の知識と技術を学ぶ必要性が頻繁に生じてくる．とくに，科学技術を基礎から支える物質科学，材料科学は，物理学，化学，工学，さらには生命科学にわたる広範な学問分野にまたがっているため，幅広い知識と視野が必要とされ，基礎的な知識の十分な理解が必須となってきている．

以上を背景に企画された本テキストシリーズは，物質科学，材料科学の研究を始める大学院学生，新しい研究分野に飛び込もうとする若手研究者，周辺分野に研究領域を広げようとする第一線の研究者・技術者が必要とする質の高い日本語のテキストを作ることを目的としている．科学技術の分野は国際化が進んでおり学術論文は大部分が英語で書かれているので，教科書・入門書も英語化が時代の流れであると考えがちである．しかし，母国語の優れた教科書はその国の科学技術水準を反映したもので，その国の将来の発展のポテンシャルを示すものでもある．大学院生や他分野の研究者の入門を目的とした優れた日本語のテキストは，我が国の科学技術の水準，ひいては文化水準を押し上げる役目を果たすと考える．

本シリーズがカバーする主題は，将来の実用材料として期待されている様々な物質，興味深い構造や物性を示す物質・材料に加えて，物質・材料研究に欠かせない様々な測定・解析手法，理論解析法に及んでいる．執筆はそれぞれの分野において活躍されている第一人者にお願いし，「研究室に入ってきた学生に最初に読ませたい本」を目指してご執筆いただいている．本シリーズが，学生，若手研究者，第一線の研究者・技術者が新しい分野を基礎から系統的に学ぶことの助けとなり．我が国の科学技術の発展に少しでも貢献できれば幸いである．

監修　　藤原毅夫　　藤森　淳　　勝藤拓郎

はじめに

スピントロニクスはエレクトロニクスにスピン操作を合わせて電荷とスピンの制御を行う技術を指す用語である[*1]．スピンは電子などがもつ微小な磁石のようにみなせる量子自由度で，物質の磁性は多数のスピンの集合がマクロに示すふるまいである．スピントロニクスの主な興味の対象となる長さスケールは μm から nm 程度である．微小な系の磁性では巨視的な磁石における磁化を対象とする従来の磁性研究とは異なる物理があるが[*2]，ここに電気伝導現象が関わりスピントロニクスとなることでさらに豊富な現象が現れ興味深い現代物理の舞台となる．長い歴史のある磁性研究に電気的測定という新しい手法をもたらしたことはスピントロニクスの重要な貢献である．

本書の目的は 2 つあり，スピントロニクス現象を物理の対象としての視点から記述すること，および必要な理論的手法を解説することである．記述は物理としての明快性と見通しのよさを重視して行う．したがって現在の慣例に基づく理解と異なる記述もあるかもしれない．

量子論で支配されている伝導電子が局在スピンと相互作用し合うスピントロニクス系を記述し理解する上で場の理論は便利である．波動関数の挙動を考えながら現象を抜き出すのではなく，直接ほしい物理量を計算できることは記述の見通しのよさにおいて断然有利である．具体的計算をやるかはともかくとしても，場の理論の発想を知っておくことは実験系の研究者にとっても大変有用であると思う．

本書は，各章が独立して読めるように心がけた．各自の目的と予備知識に応じて必要な章のみ読んでいただければと思う．第 3 章は理論に深入りしたくない読者にもスピントロニクスの理論の概要を伝えるため，学部の量子力学の知識で読めるように記述した．本書の前半部にも正確な表現のため，ところどころ場を用

---

*1　エレクトロニクスに重きをおいた，スピンエレクトロニクスという言い方もされることがある．

*2　故金森順次郎先生があるとき「昔は磁石は単に磁場をつくるものとしか見られていなかったが，やがて磁化のオーダーパラメータとしての意味が理解され，今では磁石内の小さい構造である磁壁が新しい物理変数となっているのだね．」という趣旨のご発言をされたのが記憶に残っている．

いた記述を入れたが，これらの部分は読みとばしてもらってさしつかえない．

なお，数式中で斜体の太字で表される量はベクトルで，その大きさは通常の斜体で表す．またベクトルの成分 i についての和では，誤解のない場合には和の記号 $\sum_i$ を略すこともある (アインシュタインの規約)．

本書の内容を詳しく知るための参考書をいくつか挙げておく．この他にも新しく良い本が多数あることは言うまでもない．

磁性一般

・金森順次郎．磁性．培風館 (新物理学シリーズ (7))，1969.

・近角聰信．強磁性体の物理．裳華房，1978.

・近角聡信他 (編)．磁性体ハンドブック．朝倉書店，1975.

・高梨弘毅．磁気工学入門．共立出版，2008.

場の量子論

・永長直人．物性論における場の量子論．岩波書店，1995.

・崎田文二，吉川圭二．径路積分による多自由度の量子力学．岩波書店，1986.

・阿部龍蔵．統計力学．東京大学出版会，1992.

スピントロニクス

・齊藤英治，村上修一．スピン流とトポロジカル絶縁体—量子物性とスピントロニクスの発展—(基本法則から読み解く物理学最前線 (1)．共立出版，2014.

・多々良源．スピントロニクス理論の基礎．培風館，2009.

2019 年 4 月

多々良　源

目　次

第0章 物質の基本事項

本章では準備として，そもそもスピントロニクスの対象となる金属磁性体をどのように理解し記述するかをまとめておく[*1].

0.1 金属性

物質は原子，つまり正の電荷をもつ原子核と負の電荷をもつ電子，からなっている．物質特性を特徴づけているのは主に電子の方である．本書では固体状物質を考える．物質をつくるのに本質的なのはクーロン (Coulomb) 力と量子性である．そもそも原子は原子核と電子がクーロン力で引き合うことでできている．固体物質は原子がマクロな数集まって構成されているが，このために本質的なのは電子が量子性によってつくる「糊」である．この「糊」はそれぞれの原子上にある電子が，分布を別の原子上にも広げてエネルギーが下げようとするために生まれる．特に金属では一部の電子は特定の原子の周りにあるのではなく原子間を自由に動き回ることができる**伝導電子**となっている．この伝導電子のため金属は高い電気伝導性をもち，さらに硬さや展性延性，金属光沢などの特性も金属結合が原因である．

原子番号 Z の原子核から距離 r にある電子が感じるクーロン力によるポテンシャルエネルギーは

$$\phi(r) = -\frac{Ze^2}{4\pi\epsilon_0 r} = -2E_0\frac{Za_{\mathrm{B}}}{r} \tag{0.1}$$

である．ここで e は電子の電荷[*2]，ϵ_0 は真空の誘電率である．右辺2つめの式は，1s 電子の分布の広がりを表すボーア半径 $a_{\mathrm{B}} \equiv \frac{4\pi\epsilon_0\hbar^2}{m_{\mathrm{e}}e^2} = 0.529 \times 10^{-10}$ m および水素原子の 1s 軌道の束縛エネルギー $E_0 \equiv \frac{m_{\mathrm{e}}}{2}(\alpha_{\mathrm{f}}c)^2 = 2.18 \times 10^{-18}$ J を用い

[*1] 論理の明快さのため4章で導入する場の表示も用いている箇所があるが，適宜読み飛ばしていただいて構わない．

[*2] 本書では $e < 0$ としている．

て表したものである．ここで m_e は電子の質量，c は光速で

$$\alpha_\mathrm{f} \equiv \frac{e^2}{4\pi\epsilon_0 \hbar c} = \frac{\hbar}{a_\mathrm{B} m_\mathrm{e} c} = 7.31 \times 10^{-3} \simeq \frac{1}{137} \tag{0.2}$$

は微細構造定数とよばれる量である．電子ボルト (electron volt, eV) はエネルギーを電子の電荷の大きさで割って電圧と同じ単位にした単位で，これでいうと E_0 は $E_0 = 13.6$ eV という量子力学で馴染みのある値である[*3]．また，E_0 をボルツマン (Boltzmann) 定数 k_B で割って温度にすると，$E_0/k_\mathrm{B} = 1.52 \times 10^5$ K という高温になっている．固く安定な金属が地上に存在するもとはといえばこの強いクーロン力のためである．

伝導電子　金属を前提に伝導電子を考えるのであれば，自由粒子と見て量子力学のハミルトニアンを

$$H = -\frac{\hbar^2 \nabla^2}{2m}$$

としてよいであろう．ここで m は金属結晶のポテンシャル中の運動を自由とみなした際の質量で有効質量とよばれる．これはかならずしも素粒子としての電子質量 m_e とは一致しないが同じ程度の値であることが多い．

このことを，電子が結晶中に存在することを考慮して場の表示で考えてみよう[*4]．原子のある格子点をラベル i, j で表す．電子の波動関数の重なりにより異なる格子点間を飛び移る効果はハミルトニアン

$$H_t = -\sum_{ij\sigma} t_{ij} c^\dagger_{j\sigma} c_{i\sigma} \tag{0.3}$$

で表される．ここで $\sigma(=\pm)$ はスピンの2成分を表す．移動に際して電子スピンは保存されると考えた．場の表示では $c_{i\sigma}$ は格子点 i でスピン σ をもつ電子を消滅させ，$c^\dagger_{j\sigma}$ は格子点 j で生成することを表すので，式 (0.3) は電子の移動格子点間の移動の過程を表している．t_{ij} は格子点間の飛び移りの確率振幅であるととも

[*3]　ほとんどの固体結晶の原子間隔は，数Å (1 Å $= 10^{-10}$ m) 程度でボーア半径の 4–5 倍程度である．

[*4]　場は粒子の存在確率分布を表す波動関数を量子化したものである．詳しくは4章で導入するが，ここでは波動関数と思って構わない．

にエネルギーも表す[*5]．簡単のため最近接格子点間の移動のみを考えると，格子点 j の座標は格子点 i の座標と格子定数 a を用いて $\boldsymbol{r}_j = \boldsymbol{r}_i \pm \hat{\mu} a$ ($\hat{\mu}$ は x, y, z 方向の単位ベクトル) と表される[*6]．t_{ij} は格子点によらない定数 t とすると H_t は

$$H_t = \frac{t}{2} \sum_{ij\sigma} [(c_{j\sigma} - c_{i\sigma})^\dagger (c_{j\sigma} - c_{i\sigma}) - 2n_{i\sigma}] + \text{定数}$$

である．ここで $n_{i\sigma} = c_{i\sigma}^\dagger c_{i\sigma}$ は電子密度で，この項は電子のフェルミエネルギー (化学ポテンシャル) に吸収することができるので無視する．演算子 c_{i+}，c_{i-} で表される場の変化が格子点間距離 a のスケールでは小さければ (金属の伝導電子ではそう考えてよかろう)，$c_{i+\mu,\sigma} - c_{i\sigma} \simeq a(\nabla_\mu c_{i\sigma}) + O(a^2)$ と微分展開が許され

$$H_t = \frac{\hbar^2}{2m} \int \frac{d^3 r}{a^3} \sum_{\sigma=\pm} |\nabla c_\sigma|^2 \tag{0.4}$$

という自由粒子の表式を得る．ここで現れた

$$m \equiv \frac{\hbar^2}{ta^2}$$

が電子の有効質量である．このとき波数 $\boldsymbol{k}$ をもつ電子のエネルギーは $\epsilon_{\boldsymbol{k}} = \frac{\hbar^2 k^2}{2m}$ である．物質がクーロン力により安定化されていることから考え，電子の重なりに伴うエネルギー t はクーロンエネルギー程度，$t \sim \frac{e^2}{4\pi\epsilon_0 a_{\mathrm{B}}}$ と考え，格子間隔をボーア半径 a_{B} 程度として評価をしてみると m は実際の電子質量 m_{e} に一致する．以下，本書では自由電子は式 (0.4) のハミルトニアンで記述する．

なお，式 (0.3) を格子上のまま波数表示にすると

$$H_t = -t \frac{1}{V} \sum_{\boldsymbol{k}\sigma} \sum_{i=x,y,z} \cos(k_i a) c_{\boldsymbol{k}\sigma}^\dagger c_{\boldsymbol{k}\sigma} \tag{0.5}$$

となる．V は考えている系の体積である．結晶の周期性により座標を格子間隔 a だけずらしても系は不変であるから，波数 $\boldsymbol{k}$ の各成分 $k_i (i = x, y, z)$ は $-\frac{\pi}{a} \le k_i \le \frac{\pi}{a}$ の範囲で定義されている．式 (0.5) の与えるエネルギー $\epsilon \equiv -t \sum_i \cos(k_i a)$ は

[*5] 場の表示のハミルトニアンがエネルギーであると共に，電子の移動も表すことは，ハミルトニアンが時間発展を表す演算子であるためである．ある時刻に式 (0.3) のハミルトニアンが状態に作用すると電子の移動が起きる．

[*6] 本書では等方的な立方結晶を考える．

$-3t \le \epsilon \le 3t$ の範囲に値をとる．この見方に基づいて金属を記述するのがバンド理論である．連続極限の自由電子モデル (式 (0.4)) は，式 (0.5) を $k = 0$ 近傍で近似することに対応している．

十分に大きな系を考えれば波数は連続変数としてよい．また波数の上限値 $\frac{\pi}{a}$ は eV 程度の大きなエネルギーに対応し通常の物質特性を議論する上では寄与しないため，この上限値を無限大と見て通常は構わない．したがって本書では電子の波数についての和は無限領域の積分として

$$\frac{1}{V}\sum_{\boldsymbol{k}} = \int \frac{d^3k}{(2\pi)^3} \tag{0.6}$$

として扱う．

フェルミエネルギー　金属では通常原子あたり複数個の伝導電子があり，全系としては巨視的な数 N 個の伝導電子が存在する．系の長さを L とすれば $N \sim (L/a)^3$ 程度である．電子はフェルミ粒子であるので絶対零度でもすべてがエネルギーの低い $k = 0$ の状態を占めることはできない．代わりに，エネルギーが低い状態から埋めてゆき全粒子数が N になるところまでを電子が占めることになる．このエネルギーの上限をフェルミエネルギー ϵ_{F}，それに対応する波数をフェルミ波数 k_{F} とよぶ．自由電子モデルでは $\epsilon_{\mathrm{F}} = \frac{\hbar^2 {k_{\mathrm{F}}}^2}{2m}$ である．これらは，スピンを無視し等方的な自由電子を考えた場合，

$$\sum_{k \le k_{\mathrm{F}}} = \frac{V}{2\pi^2}\int_0^{k_{\mathrm{F}}} k^2 dk = \frac{{k_{\mathrm{F}}}^3 V}{6\pi^2} = N$$

により決まる．電子密度 $n \equiv N/V$ を $1/a^3$ 程度とすると，$k_{\mathrm{F}} \sim 1/a$ で，a を 2Å とすると $\epsilon_{\mathrm{F}} \sim \frac{\hbar^2}{2ma^2}$ は 0.9 eV 程度のオーダーとなる．このエネルギーは k_{B} で割って温度にすると 1×10^4 K となり，300 K 程度という常温から見ると非常に大きい．このため金属中の伝導電子を考える際には常温は絶対零度として近似して通常は構わない[*7]．

---

*7　ϵ_{F} が大きいからこそ金属は固体として存在し有用である．

0.2　スピン軌道相互作用

磁性を語る上で相対論効果は欠かすことができない重要なものである．そもそも磁性の元になる電子のスピンそのものが相対論的な量子力学 (**ディラック** (Dirac) **方程式**) の帰結である．またディラック方程式から相対論的補正として現れる相互作用が電子の軌道運動とスピンを結びつける**スピン軌道相互作用**である．

相対論効果を論じる際の目安としてクーロン力で束縛されている電子のもつ速さを見積もってみよう．量子論に基づき電子の速さの 2 乗平均を計算し光速 c との比を取ると

$$\frac{\sqrt{\langle v^2 \rangle}}{c} = \frac{Z\alpha_{\mathrm{f}}}{n}$$

である．ここで n は電子軌道の主量子数である．つまり相対論効果の大きさを決める変数は式 (0.2) の α_{f} である．鉄 ($Z = 26$) の 3d ($n = 3$) の場合であれば上の式右辺は 0.06 程度になる．実際には他の電子により原子核の電荷は遮蔽されるためここまで大きな値にはならないとしても，原子中の電子に対して相対論的効果は意外と大きく，重い元素の中では極めて重要となる．

電子の相対論的で量子力学的な記述はディラック方程式に基づいて行われる．この方程式は，記述される粒子の密度が正定値で流れの保存則を満たし，エネルギーと運動量の演算子 E と p が相対論的関係 $E^2 = p^2c^2 + m_{\mathrm{e}}^2c^4$ を満たすこと，そしてローレンツ変換で不変であるという条件から構築されたものである．ディラック方程式では電子の状態を表す波動関数は 4 つの成分をもつが，速度が光速に比べて遅い非相対論極限ではこの方程式は 2 成分の方程式になり，シュレディンガー方程式に一致する．この 2 つの成分が電子のもつスピン $\frac{1}{2}$ を表している．相対論効果を $1/c^2$ に比例した項を摂動的に最低次まで取り入れることで考慮すると，電子のハミルトニアンは

$$H = \frac{p^2}{2m_{\mathrm{e}}} + V(\boldsymbol{r}) + H_{\mathrm{so}} \tag{0.7}$$

となっている．ここで p は電子の運動量演算子，$V(\boldsymbol{r})$ は電子にはたらくポテンシャルで，最終項が相対論的補正として現れるスピン軌道相互作用

$$H_{\mathrm{so}} \equiv \frac{\hbar}{4m_{\mathrm{e}}^2c^2}(\nabla V \times \boldsymbol{p}) \cdot \boldsymbol{\sigma} \tag{0.8}$$

である．固体中の電子も非相対論的素粒子であることには変わりない．この場合本来は V として原子核と他の電子がつくる結晶ポテンシャルを考慮する必要がある．しかし先に述べたように，周期的なポテンシャルで決まる格子点を移動する電子は m_{e} を有効質量 m で置き換えた自由電子とみなしてよい．この有効理論を考える上では V としては結晶ポテンシャルは含めず不純物原子や系の表面に起因するもののみを考慮すればよい．

スピン軌道相互作用は原子周りの球対称ポテンシャルの場合には文字どおり軌道角運動量とスピン角運動量の形になる．実際，球対称ポテンシャル V は $r \equiv |\boldsymbol{r}|$ のみの関数であるため $\nabla V = \frac{\boldsymbol{r}}{r}\frac{dV(r)}{dr}$ であり，ポテンシャルの勾配を動径 r 方向で平均化した量 $\lambda_{\mathrm{so}} \equiv \frac{\hbar^2}{4m_{\mathrm{e}}^2c^2}\left\langle \frac{1}{r}\frac{dV}{dr} \right\rangle$ を用いれば

$$H_{\mathrm{so}} = \lambda_{\mathrm{so}} \boldsymbol{l} \cdot \boldsymbol{\sigma} \tag{0.9}$$

と，H_{so} を軌道角運動量 $\hbar \boldsymbol{l} \equiv \boldsymbol{r} \times \boldsymbol{p}$ とスピン角運動量の内積型の相互作用として表すことができる．この形は局在電子軌道を考えるときには便利である．この大きさを決める λ_{so} の値は，V をクーロンポテンシャル (0.1) とし，$\left\langle \frac{dV}{dr} \right\rangle \simeq \langle \phi \rangle \left\langle \frac{1}{r} \right\rangle$ と簡単化して $\langle \phi \rangle = -2E_0\frac{Z^2}{n^2}$ と $\left\langle \frac{1}{r} \right\rangle = \frac{Z}{n^2 a_{\mathrm{B}}}$ という量子論の結果を使って見積もると $\lambda_{\mathrm{so}} \simeq \frac{\alpha_{\mathrm{f}}^2}{2}E_0\frac{Z^4}{n^6} = 3.6 \times 10^{-4} \times \frac{Z^4}{n^6}$ eV となる．Z が小さいとこの値は小さく α_{f} が微細構造定数といわれるのもこのためであるが，重い元素ではスピン軌道相互作用は非常に重要となり得ることもこの式からわかる (ただしこの表式では内核電子による遮蔽効果は取り入れていないため過大評価である)．

本書では，このスピン軌道相互作用が数々の磁性やスピントロニクス現象に本質的な役割をしていることも明らかになってゆく．例えば，世界最強の磁石であるネオジム磁石はいったんくっついた2つを手で引き離すのは数 cm 角のものになると無理なほど強い磁場を発生するが，この磁石を安定化しているのもスピン軌道相互作用が生み出す磁気異方性である (1.4.2 節)．相対論といえば宇宙や加速器の世界の話と思われがちであるが，磁石は相対論効果の威力を身をもって体験できるという物質であり，物質中の相対論効果は生活や科学技術に欠かせない役割を担っているのである．

ラシュバ型スピン軌道相互作用　金属中の電子は通常金属外に飛び出すことはないがこれは金属内と外でポテンシャル差 ΔV があるからである[*8]．式 (0.8) によるとこのために金属表面には特有のスピン軌道相互作用が存在する．これを

$$H_{\mathrm{R}} \equiv \frac{1}{\hbar}\boldsymbol{\alpha}_{\mathrm{R}} \cdot (\boldsymbol{p} \times \boldsymbol{\sigma}) \tag{0.10}$$

と表そう．ここで $\boldsymbol{\alpha}_{\mathrm{R}}$ は表面の実効的な電場に比例したベクトルで通常は界面に垂直である．この相互作用は運動量の 1 次であり空間反転に対して符号が変わる．つまりこれは空間反転対称性が破れた系においてのみ許される．表面や異種物質界面はその典型的な場合である．

この相互作用の強さ α_{R} は式 (0.8) をそのまま用いると $\alpha_{\mathrm{R}} = \frac{\hbar^2}{4m_e^2c^2}\frac{\Delta V}{d}$ (d は表面原子層の厚さ) 程度で，向きはポテンシャルの高い方向，表面から外向きとなる．この式によれば $\Delta V = 1$ eV として見積もった場合，$\alpha_{\mathrm{R}} = 4 \times 10^{-6}$ eVÅ 程度であり，これはさほど重要となる値ではない．しかし式 (0.10) の相互作用は現実の多くの金属表面で確認されており，しかもこの見積もりよりも何桁も大きな値であることもある (**表 0–1**)．これは真空中の自由ディラック電子と仕事関数に基づく評価は近似的で現実の物質にはそぐわないためである．本書では $\boldsymbol{\alpha}_{\mathrm{R}}$ は物質ごとに決まる量であり，式 (0.8) で与えられるものではないとみなす．

表 0–1　理論や実験から知られている金属表面のラシュバ相互作用の強さ α_{R}．単位は eVÅ．Ast et al.[1] による．

Ag(111)	0.03
Au(111)	0.33
Bi(111)	~ 0.56
Bi/Ag(111) surface alloy	3.05

式 (0.10) の相互作用は，半導体においてこの効果を議論した E. Rashba[2] にちなんでラシュバ型スピン軌道相互作用とよばれる．ラシュバ型スピン軌道相互作用は金属と絶縁体の界面でも発生する．α_{R} は半導体においては 0.1 eVÅ 以下の小さいものであるが，金属表面界面では重い元素特に Bi が関与すると表 0–1 にあるように巨大なものになることが知られている．界面の**ラシュバ型スピン軌道相互作用**は現在のスピントロニクスにおいて重要な役割を演じている (2.2 節)．

*8　このポテンシャル差を仕事関数とよぶ．

0.3　磁性の起源

物質が磁性をもつ起源も考えておこう．3d金属磁性の場合，磁性は原子中の電子のもつスピンが生み出している．寄与するのは主に原子に局在した傾向の強い電子で，原子のもつ電子軌道をどのように電子が詰めてゆくかが磁性を決める重要な要因である．クーロンポテンシャルの場合の電子のエネルギーは主量子数 n にのみ依存し軌道角運動量を表す量子数 l にはよらないが，実際の原子では電子が原子核の正の電荷を遮蔽する効果によりクーロンポテンシャルからのずれがあり，このため同じ n であれば軌道角運動量の小さい状態のほうがエネルギーが低くなることが知られている [3]．このため電子軌道は 1s, 2s, 2p, 3s, 3p$\cdots$ の順序で埋められてゆく．3p以降は3dの前に4s軌道が埋められるが，これは4s軌道が原子核の正電荷をより強く感じるためとされている．こうして，原子番号21のScから28のNiまでは3d軌道に1～8個の電子が入ってゆく (**表 0–2**)．

表 0–2　原子番号29までの孤立原子で3d軌道が満たされてゆく様子．すべて，1s, 2s, 2pは10個の電子で完全に満たされている．Cuで3dと4sの入り方が変則的なのは多数の電子がある場合，電子の詰め方によりエネルギー順位も少し変化するためである．一部の希土類元素の4fの詰まり方も示してある (3dまでの28個は満たされている)．

25 Mn	$3s^2$ $3p^6$ $3d^5$		$4s^2$
26 Fe	$3s^2$ $3p^6$ $3d^6$		$4s^2$
27 Co	$3s^2$ $3p^6$ $3d^7$		$4s^2$
28 Ni	$3s^2$ $3p^6$ $3d^8$		$4s^2$
29 Cu	$3s^2$ $3p^6$ $3d^{10}$		$4s^1$
60 Nd	$4s^2$ $4p^6$ $4d^{10}$ $4f^4$	$5s^2$ $5p^6$	$6s^2$
61 Pm	$4s^2$ $4p^6$ $4d^{10}$ $4f^5$	$5s^2$ $5p^6$	$6s^2$
62 Sm	$4s^2$ $4p^6$ $4d^{10}$ $4f^6$	$5s^2$ $5p^6$	$6s^2$

このように電子が順番に詰められていく場合に，電子の軌道スピンの総和が有限になれば原子が磁性をもつことになるが，これにはクーロン力が重要な役割を果たす．電子間の強いクーロン斥力のため，電子同士はあまり近づかないほうがエネルギーが低くなる．一方でフェルミ粒子である電子にはパウリの排他律がはたらくので，同じ電子軌道にあり同じスピンをもつ2つの電子は同じ場所に存在

することはできない．この排他率のために，もしも同じ軌道にある電子たちがスピンを揃えておけば，2つの電子が同一地点にきて大きなクーロンエネルギーのコストが発生することを避けることができる．結果的に孤立原子中の電子たちは1つの電子軌道を埋めてゆく際には全スピンをできるだけ大きくするような配置に落ち着くわけである．これはフント則として知られる経験則である．こうして孤立原子においては，完全に埋まっていない電子軌道があればその軌道の電子がもつ全スピンは有限になり，各原子に磁性の種が発現する．孤立した鉄原子は26個の電子をもち3d軌道には6つの電子がある (表0–2)．フント則により5つの電子は異なるd軌道に入り同じスピンをもつが1つは最も低いd軌道に逆向きスピンで入ることになるため正味 $4 \times \frac{1}{2} = 2$ のスピンが現れることになる．原子ごとにもつ正味のスピンを**局在スピン**とよぶ．なお，鉄などの3d金属では軌道角運動量の値は小さく磁性にはほとんど寄与していないと考えてよい．

金属の場合　原子が集まって結晶をつくるとこれまでの孤立原子のスピンの議論では磁性を考えるには不十分である．特に金属の場合はもはや1つの原子の周りに束縛されない伝導電子が発生するため，クーロン斥力の効果は薄まりこれにより磁性の出現のための条件は孤立原子の場合よりも厳しくなる．正確には，金属では物性に寄与する電子は結晶全体に広がりエネルギーバンドをつくる (遍歴性をもつ) ため，フェルミエネルギーにある電子にはたらく実質のクーロン力が強いかどうかが磁性の発現の条件となる．さらに磁性発現には複数の電子軌道由来の電子が関与するため事情は複雑である．現実には，単体の金属で室温で強磁性になるのは3d遷移金属では鉄Fe，コバルトCoとニッケルNiのみで，その他はずっと重い希土類のいくつかが強磁性になるのみである[*9,*10]．また金属では原子あたりのスピンの期待値は $\frac{1}{2}$ の整数倍とは必ずしもならない．磁気モーメントを μ_{B} で割った量はFeで2.2，Niでは0.6である．

ただしいったん磁性が出現すれば，伝導性がある，つまり電子が動き回れる (遍歴性という) ことは強磁性とは相性がよい．これはもしも局在スピンが原子ごと

[*9]　それでもありふれた鉄が磁石になることはヒトにとって幸運である．

[*10]　単原子の状況では，電子は表0–2で与えられたような順序で淡々と詰まってゆくだけであるが，そのことが金属になった場合には，色や硬さなどの大きく異なる多様な素材となって現れることは実に興味深い．

に異なる方向を向いていたら伝導電子が動き回るたびに局在スピンとの相互作用により伝導電子スピンが乱されるからである．このことは0.4節で議論する．

以上のように磁性は強いクーロン力が元になっているものであるが，3d強磁性金属はクーロン力が強い強相関系にはなっていない．これはクーロン力の役割が局在スピン (磁化) を平均場的に出現させるところにあり，いったん平均場がでてしまえば相関効果はほとんど残らないためと考えられる．

局在スピンと磁化　各原子のもつ全スピンを**局在スピン**とよびベクトル $\boldsymbol{S}$ で表す．スピンは角運動量の一種であるから，磁気モーメントをつくり出す．これを演算子

$$\boldsymbol{m} = \frac{e\hbar}{m_{\mathrm{e}}}\boldsymbol{S} = \hbar\gamma\boldsymbol{S} \tag{0.11}$$

で表す．ここで e と m_e は電子の電荷と質量である．電子は負の電荷 $e<0$ をもつので磁気モーメントとスピン角運動量 $\boldsymbol{S}$ は逆方向である．定数 $\frac{e}{m_{\mathrm{e}}} \equiv \gamma$ (<0) は電子の**磁気回転比** (gyromagnetic ratio) とよばれる．磁性体をマクロに見た場合には磁化 $\boldsymbol{M}$ という量が議論される．磁化は磁気モーメント $\boldsymbol{m}$ の密度であり，単純に個々のスピンが独立に磁気モーメントをつくると考えれば

$$\boldsymbol{M} \equiv \frac{\boldsymbol{m}}{a^3} = \frac{\hbar\gamma}{a^3}\boldsymbol{S}$$

と局在スピンを表すベクトル $\boldsymbol{S}$ と比例している．ここでの**磁化**は，A/m の単位をもつ．

物質中の電磁気学を考える際，外部からかけた磁場 $\boldsymbol{H}$ に加えて物質が固有にもつ磁化から発生する磁場を考慮して全磁場 $\boldsymbol{B}$ を

$$\boldsymbol{B} = \mu_0(\boldsymbol{H} + \boldsymbol{M}) \tag{0.12}$$

と表すことが多い．μ_0 は真空の (むしろ空気中のというべきであるが) **透磁率**であり，$\boldsymbol{B}$ はT (テスラ) ($=\mathrm{J/m^2A}$) の単位をもつよう定義される．ただし式 (0.12) は巨視的な強磁性体の簡単なケースを想定した近似的なものである．例えば，電場印加による磁化が誘起されるなどの電磁交差相関性がスピン軌道相互作用から一般的に生じることが現代ではよく知られているが (2.2節)，このことは式 (0.12)

では想定されていない．さらに注意が必要なこととして，物質を微視的に記述する際に問題になる各スピンに作用する磁場はこのマクロな表式で表されるものではない (例えば高梨 [4] の p.29)．そこで，本書で局在スピンに対する微視的なハミルトニアンを考える上では，1.4.1 節で議論するように，外部磁場の効果を歳差運動を表す式 (1.2) として取り込み，物質内の相互作用による効果は微視的なスピン間の相互作用で取り込む．また本書では，人為的に発生させる外部磁場を $\boldsymbol{H}$ で表し，$\boldsymbol{B}$ と書いたときには微視的なスピン間相互作用などからくる有効磁場も含んだ全磁場を指すことにする．

本書では理論的記述においては (磁化ではなく) 局在スピンを物理変数として取り，磁化という用語は一部の実験を説明する際に用いることにする．また，通常の用語では T (テスラ) の単位をもつ $\boldsymbol{B}$ を磁束密度，A/m の単位をもつ $\boldsymbol{H}$ を磁場の強さとよぶが，本書ではどちらも磁場とよぶことにする．

0.4　電気伝導と磁性の関わり：sd 交換相互作用

強磁性金属は電流を運ぶ伝導電子と磁化を担う局在スピンをもつ (**図 0–1**)．本書では，鉄，ニッケル，コバルトなどの 3d 遷移強磁性金属を念頭に，磁性は 3d 軌道の電子が担い，電気伝導は 4s 電子が担うというモデルに基づいて考える．現実には d 軌道電子もかなりの伝導性をもっているのでこれは思い切った簡単化であるが，本質を議論するには十分である．

伝導電子のスピン $\boldsymbol{s}$ は局在スピン $\boldsymbol{S}$ とスカラー型の相互作用，

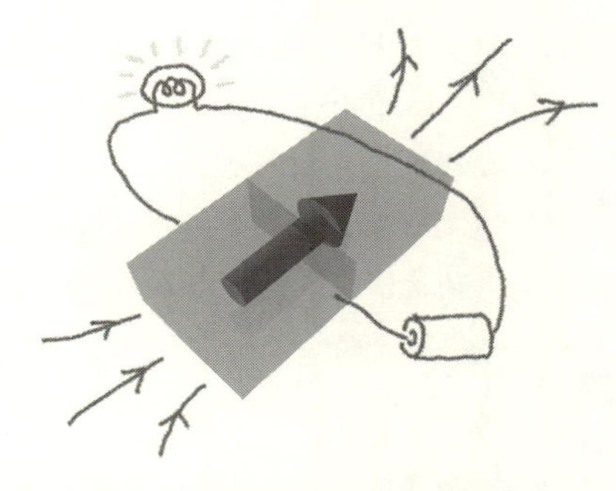

図 0–1　強磁性金属は，電流を運ぶ伝導電子と磁化を担う局在スピンをもつ．

$$H_{\mathrm{sd}} = -J_{\mathrm{sd}} \boldsymbol{S} \cdot \boldsymbol{s} \tag{0.13}$$

をする．これはsd型交換相互作用とよばれる．この相互作用の形は対称性からは自然であるが，この結合は量子的起源のものであり，局在スピンがつくる磁場により伝導電子スピンが分極する古典電磁気学効果が主因ではないことは注意しておくべきである．局在スピンが物質中でつくる磁場は大きくても数T程度の強さで，エネルギーにして 10^{-4} eV程度である．これに対して強磁性金属の**sd交換相互作用**の強さは多くの場合0.1 eV以上はあると考えられている*11．実はこの相互作用は伝導(s)電子と局在(d)軌道電子の波動関数の重なりによって生じる量子力学的効果である．この重なりによりs電子はd軌道に飛び移りそこで局在スピンを感じてs軌道に戻ってくるという過程が生じ，これがsd交換相互作用を生み出している(**図0–2**)．量子力学的な波動関数の重なりは強い効果を生むため強いsd交換相互作用が現れるのである．

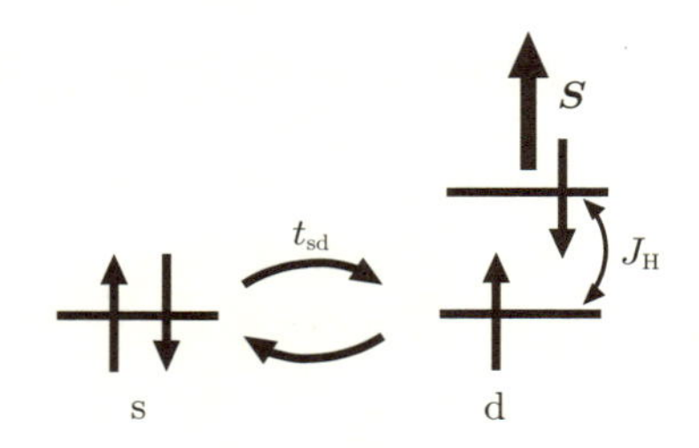

図0–2　sd交換相互作用は，t_{sd} という確率振幅でs電子がd軌道に飛び移りそこで局在スピンを感じてs軌道に戻ってくるという過程から生じる．

この仕組みを場の表示に基づいて見ておこう．d電子をスピンの2成分をもつ場の演算子 $d = (d_+, d_-)$ で表し，s電子を $c = (c_+, c_-)$ で表す．d電子のスピン演算子は，2成分の場でパウリ行列からなるベクトル $\boldsymbol{\sigma} = (\sigma_x, \sigma_y, \sigma_z)$ を挟んだもの，$\frac{1}{2} d^\dagger \boldsymbol{\sigma} d$ で表される．伝導電子は各点で局所的にその場所のd電子と相互作用するとする．d電子はフント結合により自分たちのつくる局在スピン $\boldsymbol{S}$ の方向に向けられているのでそのエネルギーを

*11　実際の物質でd電子がどの程度電気伝導に寄与しているのか，またs電子がどの程度スピン分極しているのかについては，はっきりしたことは知られていないようである．このことはsとdが混じり合っていることから自然かもしれない．スピン移行効果による磁壁速度の測定などからは強磁性体中の電流のスピン分極率としてオーダーとして1程度の値が示唆されている．

$$H_{\mathrm{H}} = -J_{\mathrm{H}} d^{\dagger}(\boldsymbol{S} \cdot \boldsymbol{\sigma}) d$$

と表そう．J_{H} はフント結合を表す相互作用定数でこれはクーロンエネルギー程度の強いものである．s 電子と d 電子の波動関数の重なりによる飛び移りの確率振幅を t_{sd} で表すとその効果は

$$H_{t_{\mathrm{sd}}} = t_{\mathrm{sd}}(c^{\dagger} d + d^{\dagger} c)$$

というハミルトニアンで表される．ここで電子はスピン状態を保持したまま軌道を移るとした．今は s 電子に対する局在スピンの効果を知りたいので，H_{H} と $H_{t_{\mathrm{sd}}}$ で与えられるモデルから d 電子を消去して s 電子についての有効ハミルトニアン (6.3.1 節) を求めればよい．d 電子のエネルギーを ϵ_{d} として，経路積分によると有効ハミルトニアンの時間について局所的な寄与は

$$H_{\mathrm{eff}} = -c^{\dagger} \frac{(t_{\mathrm{sd}})^2}{\epsilon_{\mathrm{d}} - J_{\mathrm{H}} \boldsymbol{S} \cdot \sigma} c$$

である．スピンに依存しない項は伝導電子のフェルミエネルギーのシフトであるので無視すると

$$H_{\mathrm{eff}} = -J_{\mathrm{sd}} c^{\dagger}(\boldsymbol{S} \cdot \boldsymbol{\sigma}) c$$

という交換相互作用が得られる．$c^{\dagger}\boldsymbol{\sigma}c$ は伝導電子のスピン演算子 ($\frac{1}{2}$ の因子を除いた) であるから，この結果により有効的な sd 相互作用の存在が確認できたことになる．ここで

$$J_{\mathrm{sd}} \equiv \frac{t^2 J_{\mathrm{H}}}{(\epsilon_{\mathrm{d}})^2 + (J_{\mathrm{H}} S)^2}$$

が sd 交換相互作用の大きさである．場の表示の $\frac{1}{2}c^{\dagger}\boldsymbol{\sigma}c$ が量子力学的スピン演算子 $\boldsymbol{s}$ である．こうして，金属強磁性体の伝導電子は

$$H_{\mathrm{e}} = -\frac{\hbar^2 \nabla^2}{2m} - \epsilon_{\mathrm{F}} - J_{\mathrm{sd}}(\boldsymbol{S} \cdot \boldsymbol{s}) = -\frac{\hbar^2 \nabla^2}{2m} - \epsilon_{\mathrm{F}} - M(\boldsymbol{n} \cdot \boldsymbol{\sigma}) \tag{0.14}$$

という量子力学的ハミルトニアンで記述されることがわかった．ここで $M \equiv J_{\mathrm{sd}} S/2$ はスピン分極のエネルギー，$\boldsymbol{n} \equiv \boldsymbol{S}/S$ は局在スピンの方向を表す単位ベクトルである．このハミルトニアンで記述されるモデルを **sd モデル**という．以下，本書ではこのモデルに基づいて様々な現象を記述する．スピン軌道相互作用 H_{so} も本質的役割を担うことがあり，必要に応じて考慮する．

スピン分極度　金属強磁性体中で伝導電子のスピン分極を表す量はいくつかある．sd 交換相互作用により電子密度はスピン $\pm$ に依存した値 $n_\pm$ になるが，ここから定義される $n_+ - n_-$ は全磁化への伝導電子の寄与を与える．電気伝導の文脈で重要なのは電流のスピン分極で，電子がスピンごとに運ぶ電流密度を $j_\pm$ としたとき $P \equiv \frac{j_+ - j_-}{j_+ + j_-}$ で定義される．これはスピン流密度と電流密度の比 j_s/j でもあり，スピン依存電気伝導度 $\sigma_{\mathrm{e}\pm}$ を用いれば $P = \frac{\sigma_{\mathrm{e}+} - \sigma_{\mathrm{e}-}}{\sigma_{\mathrm{e}+} + \sigma_{\mathrm{e}-}}$ である．電子のフェルミ面上での状態密度 $\nu_\pm$ から定義される $\frac{\nu_+ - \nu_-}{\nu_+ + \nu_-}$ は化学ポテンシャルの応答を考える際には有用である．

式 (0.14) は局在スピン $\boldsymbol{S}$ が空間座標や時間に依存している状況も記述し (原子間隔のスケールから見てゆっくりである限り)，以下の章で見るようにスピントロニクス現象の多くはこの時空への依存性から現れる．一方，局在スピンが一様の場合は局在スピンの方向を z 軸に取れば sd 交換相互作用は単純に伝導電子のエネルギーを

$$\epsilon_{\boldsymbol{k},\pm} \equiv \epsilon_{\boldsymbol{k}} \mp M$$

とスピンの向き $\pm$ に依存して分離するのみで ($\epsilon_{\boldsymbol{k}} \equiv \frac{\hbar^2 k^2}{2m} - \epsilon_\mathrm{F}$ である)，スピン $\pm$ の 2 つの電子は独立に輸送現象に寄与するのみである．ただしこの場合でも，2 つのスピンを混ぜる効果が入ることにより興味深い効果が現れる．例えば薄い強磁性体を複数組み合わせることでそれぞれの磁化の相対的向きに応じた抵抗が発生し，これが巨大磁気抵抗効果 (GMR) である (2.1.1 節)．スピン軌道相互作用により電子のスピンと軌道を混ぜると異常ホール効果が生じる (2.1.2 節)．物理的に興味深いのは局在スピンが空間時間に依存した構造をもっている場合で，このときはスピン軌道相互作用と同様に電子の軌道運動とスピンが絡みスピントロニクスの基本となるスピン移行トルク効果など多彩な現象が現れる (3 章)．以下の章ではこれらのことを詳しく見てゆく．

参考文献

[1] C. R. Ast, J. Henk, A. Ernst, L. Moreschini, M. C. Falub, D. Pacilé, P. Bruno, K. Kern, and M. Grioni. Giant spin splitting through surface alloying. *Phys. Rev. Lett.*, **98**, 186807 (2007).

[2] E. I. Rashba. *Sov. Phys. Solid State*, **2**, 1109 (1960).

[3] J. J. Sakurai. *Modern Quantum Mechanics*. Addison Wesley, 1994.

[4] 高梨弘毅. 磁気工学入門. 共立出版, 2008.

1

第 1 章

磁性の記述

本章では強磁性体の磁化を構成する局在スピンの記述を行う．本書の目的のためには古典論に基づく記述で十分であるが，まずは量子力学にもどって考えよう．

1.1 スピンの量子力学

物質の磁性は主に電子がもつスピンが多数集まったときの挙動から生じている．ここでは 1 個のスピンがもつ量子力学的性質を復習をしておこう．スピンを表す量子力学的演算子は $\hat{S}_x, \hat{S}_y, \hat{S}_z$ の 3 成分からなり (記号 ^ は演算子を表す)，それぞれは角運動量の交換関係

$$[\hat{S}_i, \hat{S}_j] = i\hbar\epsilon_{ijk}\hat{S}_k \tag{1.1}$$

を満たしている．ここで i, j, k は x, y, z を取る添字 (k についての和は略されている．アインシュタインの規約)，$[A, B] \equiv AB - BA$，ϵ_{ijk} は完全反対称テンソル，$\hbar$ はプランク定数を 2π で割った量で角運動量の単位をもつ．ϵ_{ijk} は具体的には $\epsilon_{ijk} = \epsilon_{jki} = \epsilon_{kij}$，$\epsilon_{ikj} = -\epsilon_{ijk}$，$\epsilon_{xyz} = 1$ である．

スピンは式 (0.11) によって磁気モーメントをつくるため，それを通じて磁場 $\boldsymbol{B}$ とハミルトニアン演算子

$$\hat{H}_{\mathrm{B}} = -\boldsymbol{B} \cdot \hat{\boldsymbol{m}} = -\hbar\gamma\boldsymbol{B} \cdot \hat{\boldsymbol{S}} \tag{1.2}$$

で表される相互作用をする．ここで γ は磁気回転比 (式 (0.11)) である．磁気モーメントの期待値は磁場と同じ向きを向こうとし，スピンは磁場と反対向きを向くことになる．$\hat{H}_{\mathrm{B}}$ の元でのスピンの運動は，ハイゼンベルクの運動方程式，

$$\frac{\partial}{\partial t}\hat{S}_i = \frac{i}{\hbar}[\hat{H}_{\mathrm{B}}, \hat{S}_i]$$

で表される．交換関係 (1.1) を使うと，

$$\frac{\partial \hat{\boldsymbol{S}}}{\partial t} = -\gamma \boldsymbol{B} \times \hat{\boldsymbol{S}} \tag{1.3}$$

となる．興味深いのは，スピンは量子的な存在であるにも関わらずこの運動方程式はトルク $\boldsymbol{B} \times \hat{\boldsymbol{S}}$ のもとで運動している古典的な剛体の回転運動と同じ形をしていることである．この方程式は，外部磁場のもとでのスピンはエネルギーの低い磁場と逆向き方向 ($-\boldsymbol{B}$ 方向) を軸とした歳差運動をすることを表している (**図 1–1**)．このときの回転方向は $-\boldsymbol{B}$ の方向から見て時計回りであり，スピンの運動は本質的に時間反転対称性を破っている．これはもちろんスピンが角運動量であることの自然な帰結であるが，このことは物質特性に興味深い形で現れる．

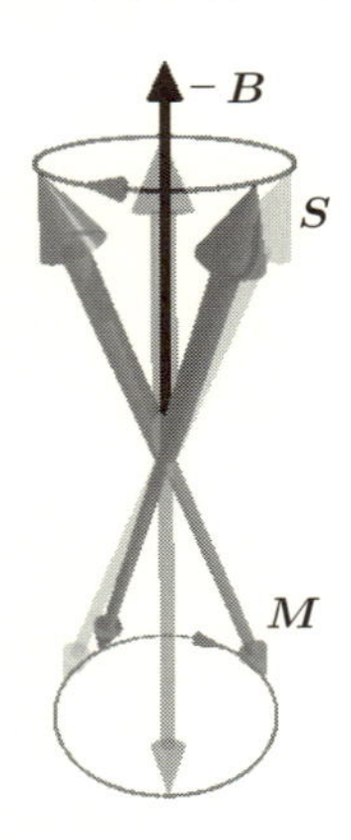

図 1–1　磁場 $\boldsymbol{B}$ 中のスピン $\boldsymbol{S}$ は，$-\boldsymbol{B}$ 方向から見て時計回りに歳差運動をする．電子の電荷が負であるため，磁化 $\boldsymbol{M}$ は $\boldsymbol{S}$ と逆を向いており，$+\boldsymbol{B}$ 方向から見て反時計回りになる．

1.2　スピンのラグランジアン

式 (1.3) を一般化して明らかなように，スピンを記述するハミルトニアン演算子を $\hat{H}_S$ としたとき，スピンの運動方程式は，スピンにはたらく実質的な磁場を表す演算子

$$\hat{\boldsymbol{B}}_S \equiv -\frac{1}{\hbar\gamma}\frac{\delta \hat{H}_S}{\delta \hat{\boldsymbol{S}}}$$

を用いて

$$\frac{\partial}{\partial t}\hat{\boldsymbol{S}} = -\gamma \hat{\boldsymbol{B}}_S \times \hat{\boldsymbol{S}} \tag{1.4}$$

である．この運動方程式 (1.4) はラグランジアン形式でも導くことができ，このためにはラグランジアンを

$$L_S(\theta, \phi) = \hbar S \dot{\phi} \cos\theta - H_S(\theta, \phi) \tag{1.5}$$

とすればよい[*1]．ここで $\dot{\phi} \equiv \frac{\partial \phi}{\partial t}$ は時間微分で (以下でも同様)，θ, ϕ はスピンベクトル $\boldsymbol{S}$ の極座標表示である．

$$\boldsymbol{S} \equiv S\boldsymbol{n} \equiv S(\sin\theta\cos\phi, \sin\theta\sin\phi, \cos\theta)$$

このラグランジアンから実際に運動方程式を導いて確認しておこう．変数 q についてのラグランジアン $L(q)$ から得られる運動方程式は

$$\frac{d}{dt}\frac{\delta L}{\delta \dot{q}} - \frac{\delta L}{\delta q} = 0$$

であるから ($\dot{\mathcal{O}} = \partial_t \mathcal{O}$ は場 $\mathcal{O}$ の時間微分である)，L_S から得られる極座標 θ と ϕ に対しての運動方程式は

$$\begin{aligned} \hbar S \sin\theta \dot{\theta} &= \frac{\delta H_S}{\delta \phi}, \\ -\hbar S \sin\theta \dot{\phi} &= \frac{\delta H_S}{\delta \theta} \end{aligned} \tag{1.6}$$

である．一方ベクトル $\boldsymbol{n}$ の時間微分は θ と ϕ 方向の単位ベクトル

$$\begin{aligned} \boldsymbol{e}_\theta &\equiv \begin{pmatrix} \cos\theta\cos\phi \\ \cos\theta\sin\phi \\ -\sin\theta \end{pmatrix}, \\ \boldsymbol{e}_\phi &\equiv \begin{pmatrix} -\sin\phi \\ \cos\phi \\ 0 \end{pmatrix} \end{aligned} \tag{1.7}$$

---

*1　この形は 4.3 節で示すように，経路積分で求めることもできる．

を用いると

$$\dot{\boldsymbol{n}} = \dot{\theta}\boldsymbol{e}_\theta + \sin\theta\dot{\phi}\boldsymbol{e}_\phi \tag{1.8}$$

と表せる．式 (1.6) をこの式に代入し

$$\frac{\delta H_S}{\delta\theta} = \cos\theta\left(\cos\phi\frac{\delta H_S}{\delta n_x} + \sin\phi\frac{\delta H_S}{\delta n_y}\right) - \sin\theta\frac{\delta H_S}{\delta n_z},$$
$$\frac{\delta H_S}{\delta\phi} = \sin\theta\left(-\sin\phi\frac{\delta H_S}{\delta n_x} + \cos\phi\frac{\delta H_S}{\delta n_y}\right)$$

を用いて書き換えると式 (1.4) に一致することがわかる．

1.3 マクロなスピンと緩和

1個のスピンは量子力学に支配されているが，多数のスピンからなる強磁性体の磁気的ふるまいは通常古典的に理解できる．これは強磁性相互作用により巨視的な数の磁気モーメントが互いに揃って運動しようとするからである．考えている物質内に N 個のスピンがあるとすると，全スピンを表す演算子 $N\hat{\boldsymbol{S}}$ は実質的に交換関係 (1.1) で $\hat{\boldsymbol{S}}$ を $N\hat{\boldsymbol{S}}$ としたものを満たし，式 (1.3) と同じ方程式—ただしスピンの大きさ S が巨視的な値 NS になったもの—に従って運動をする．N が大きい場合には，交換関係の右辺は左辺と比べて $1/N$ の程度小さい値になるので，全スピン $N\hat{\boldsymbol{S}}$ は古典的変数として扱える[*2]．本書では局在スピンを $\boldsymbol{S}$ で表しこれを古典変数として扱う．これは，強磁性金属の局在スピンの大きさは2–3程度をもちそれ自体の量子性は大きくないこと，また強磁性交換相互作用により集団的にふるまう際にはなおさら量子性は重要でなくなるからである．

多数のスピンの満たす運動方程式を考えるには，1個の量子的スピンのそれでは不十分である．このことは，方位磁石は地球の磁場を感じて北を向くという小学生の頃から慣れ親しんでいる磁石のふるまいからもわかる．なぜなら，運動方程式 (1.3) に従うスピンは図 1–1 に示されているとおり外部磁場の方向の周りを

*2 強磁性交換相互作用によりほぼ一体とみなしてよい長さを 1 nm とした場合，その中には $\left(\frac{1}{0.2}\right)^3 \simeq 10^2$ 個のスピンが含まれ (格子間隔を 0.2 nm として)，特別な状況をつくらない限り量子性は e^{-100} 程度の無視できる程度である．

歳差運動をするだけで，決して磁場の方向に揃うことはできないからである．

巨視的な磁化の運動方程式がどのようなものであるかは1930年代から議論があり，運動方程式 (1.3) に実質的な摩擦項を入れればよいことがわかっている [1, 2]．摩擦項の1つの入れ方は

$$\frac{\partial \boldsymbol{S}}{\partial t} = -\gamma \boldsymbol{B} \times \boldsymbol{S} - \alpha \frac{\gamma}{S}[\boldsymbol{S} \times (\boldsymbol{S} \times \boldsymbol{B})] \tag{1.9}$$

とすることである．係数 α は摩擦係数 (**ギルバート** (Gilbert) **緩和定数**とよばれる) で正である．最後の項は**図 1–2** にあるようにスピンを $-\boldsymbol{B}$ の方向に傾けようとするトルクを表しており，スピンの摩擦 (緩和) を表している*3．実際に運動方程式を，歳差運動の振幅が小さい極限で解いてみよう．$-\boldsymbol{B}$ を z 軸方向に取り角度 θ が小さい領域を考えると，スピンの向きを表す単位ベクトル $\boldsymbol{n}$ は，ϕ 方向の単位ベクトル $\boldsymbol{e}_\phi$ を用いて

$$\boldsymbol{n} = \hat{\boldsymbol{z}} - \theta(\hat{\boldsymbol{z}} \times \boldsymbol{e}_\phi) + O(\theta^2)$$

と表される．また，$\boldsymbol{n}$ の時間微分 (1.8) は θ が小さい領域では

$$\dot{\boldsymbol{n}} \simeq -\dot{\theta}(\hat{\boldsymbol{z}} \times \boldsymbol{e}_\phi) + \theta\dot{\phi}\boldsymbol{e}_\phi + O(\theta^2)$$

と近似される．したがって運動方程式 (1.9) は

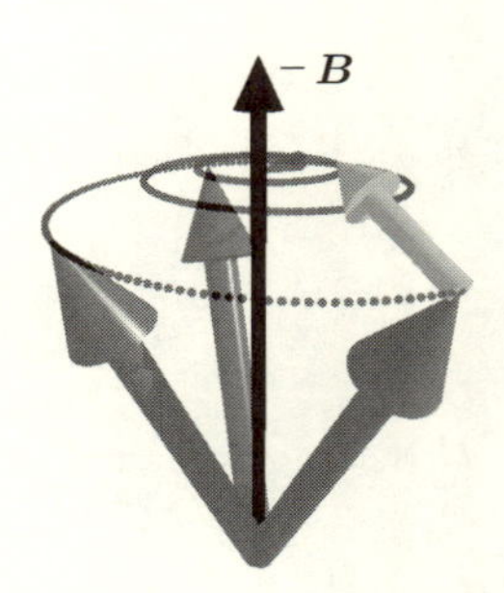

図 1–2　緩和項をもつ運動方程式では，スピンをエネルギーの低い方向に傾けようとするトルク (淡色矢印) がはたらくため，磁場中のスピンは歳差運動をしながらだんだんと安定な $-\boldsymbol{B}$ 方向を向く．

*3　ここで最後の項の $\frac{1}{S}$ の因子は，すべての項がスピンの大きさ S で1次に揃えるように導入したものである．

$$\dot{\phi} = \gamma|B|, \qquad \dot{\theta} = \alpha\gamma|B|\theta \tag{1.10}$$

となり，解は θ_0 を初期条件で決まる定数として

$$\phi = \gamma|B|t, \qquad \theta = \theta_0 e^{\alpha\gamma|B|t}$$

となる．つまり歳差運動は周期 $\frac{2\pi}{|\gamma B|}$ をもち，同時に寿命 $\frac{1}{\alpha|\gamma B|}$ での減衰をすることがわかる ($\gamma < 0$ であることに注意)．これでスピンの挙動は図 1–2 のように，巨視的世界の経験と整合するものとなる．式 (1.9) の摩擦項の形はランダウとリフシッツにより提案されたもので，運動方程式 (1.9) は**ランダウ–リフシッツ** (Landau–Lifshitz (LL)) **方程式**とよばれる．

摩擦項は現象論的扱いの範囲では他の形に表すこともでき，T. L. Gilbert は

$$\frac{\partial \boldsymbol{S}}{\partial t} = -\gamma \boldsymbol{B} \times \boldsymbol{S} - \frac{\alpha}{S}\left(\boldsymbol{S} \times \frac{\partial \boldsymbol{S}}{\partial t}\right) \tag{1.11}$$

という方程式 (**ランダウ–リフシッツ–ギルバート** (Landau–Lifshitz–Gilbert (LLG)) **方程式**) を提案した．ランダウ–リフシッツ方程式 (1.9) を α の 1 次までを考えれば式 (1.11) に帰着するので，α^2 の寄与を無視する限り，方程式 (1.9) と (1.11) は等価である．

LLG および LL 方程式はどちらも $\dot{\boldsymbol{S}} \cdot \boldsymbol{S} = 0$ を満たしており，スピンの大きさが変化しないことは保証されている．扱う現象によってはこれを破る方程式も用いられ，例えば**ブロッホ** (Bloch) **方程式**とよばれるものである．これは磁場として z 方向にかけた外部磁場に加えて横方向の小さな成分もある場合を考え，

$$\frac{dS_i}{dt} = -\gamma(\boldsymbol{B} \times \boldsymbol{S})_i + \frac{S_i^0 - S_i}{T_2} \quad (i = x, y),$$
$$\frac{dS_z}{dt} = -\gamma(\boldsymbol{B} \times \boldsymbol{S})_z + \frac{S_z^0 - S_z}{T_1}$$

としたものである．この方程式ではもっとも安定な z 方向を特別視し，熱平衡での局在スピンの向き $\boldsymbol{S}^0$ に向けての緩和過程を，異方的な緩和時間 T_1 と T_2 を導入して現象論的に記述している．この緩和項の形はスピンの大きさは保存しない巨視的視点に基づくもので，微視的視点が必要なスピントロニクスの議論にはそぐわない．

LL 方程式と比べると LLG 方程式は緩和項が $\boldsymbol{S}$ の時間微分から生じることを明示的に表しており，物理的意味がはっきりしているため，本書では LLG 方程式 (1.11) に基づいて話を進める．なお，緩和を量子力学的演算子に作用させることは根拠がないため，LLG 方程式で記述する場合はスピンは古典的な変数とみなすべきである．

LLG 方程式 (1.11) により角運動量の緩和はうまく記述できることがわかった．このときにエネルギーも緩和していなければならないが，このことを確かめておこう．磁場 $\boldsymbol{B}$ により運動する古典的なスピンのハミルトニアン

$$H_{\mathrm{B}} = -\hbar\gamma \boldsymbol{B} \cdot \boldsymbol{S} \tag{1.12}$$

の場合を考える．このハミルトニアンの時間微分は $\frac{dH_{\mathrm{B}}}{dt} = -\gamma \boldsymbol{B} \cdot \dot{\boldsymbol{S}}$ であり，LLG 方程式を使うと

$$\frac{dH_{\mathrm{B}}}{dt} = -\frac{\alpha}{S}\left(\frac{d\boldsymbol{S}}{dt}\right)^2 + O(\alpha^2)$$

が得られ，確かに α 項はエネルギー散逸を表していることがわかる．

スピン緩和が生じるのは物質内のスピンの現象が他の多数の自由度と相互作用しているためである．金属磁性体の場合は緩和の起源は主に伝導電子がスピン軌道相互作用によりスピンを軌道角運動量に受け渡し，最終的に結晶格子に散逸する過程である．実際，緩和定数は g 値と $\alpha \propto (g-2)^2$ という相関があることが実験的に知られており，このことからスピン軌道相互作用が緩和の起源であることがわかっている [3]．

ラグランジアン形式でスピン緩和を扱うためにはレイリー (Rayleigh) の処方箋に従い，

$$W_S \equiv \int \frac{d^3r}{a^3} \frac{\hbar\alpha}{2S} \dot{\boldsymbol{S}}^2$$

を考え，運動方程式を

$$\frac{d}{dt}\frac{\delta L_S}{\delta \dot{q}} - \frac{\delta L_S}{\delta q} = -\frac{\delta W_S}{\delta \dot{q}} \tag{1.13}$$

とすれば，LLG 方程式が得られる．ここで $q = \theta, \phi$ である．

なお磁化で LLG 方程式 (1.11) を表した場合，

$$\frac{\partial \boldsymbol{M}}{\partial t} = -\gamma \boldsymbol{B} \times \boldsymbol{M} + \frac{\alpha}{M}\left(\boldsymbol{M} \times \frac{\partial \boldsymbol{M}}{\partial t}\right) \tag{1.14}$$

となり緩和項の符号が逆になる．これは局在スピンと磁化の向きが逆であるためである．

強磁性共鳴　$-z$ 方向に大きさ H の時間変化しない外部磁場をかけ，一定の角振動数 ω で時間変化する弱い磁場 (マイクロ波) $\boldsymbol{h} = (h_x, h_y)$ を xy 面内にかけてスピンをゆすった場合の挙動を見てみよう．スピンの z 成分 S_z は xy 成分と比べてずっと大きいとして $\boldsymbol{S} = (s_x, s_y, S)$ と近似する ($(s_x)^2 + (s_y)^2 \ll S^2$ である)．LLG 方程式 (1.11) は微小成分については，

$$\begin{pmatrix} \partial_t & \mu_0\gamma H - \alpha\partial_t \\ -(\mu_0\gamma H - \alpha\partial_t) & \partial_t \end{pmatrix}\begin{pmatrix} s_x \\ s_y \end{pmatrix} = \mu_0\gamma S \begin{pmatrix} -h_y \\ h_x \end{pmatrix}$$

となる．スピンが外場と同じ角振動数 ω で振動する成分を考えると ($s_x, s_y \propto e^{-i\omega t}$)，解は

$$\boldsymbol{s} = \chi \boldsymbol{h}$$

$$\chi \equiv \frac{\mu_0\gamma S}{-\omega^2 + (\mu_0\gamma H + i\alpha\omega)^2}\begin{pmatrix} -(\mu_0\gamma H + i\alpha\omega) & i\omega \\ -i\omega & -(\mu_0\gamma H + i\alpha\omega) \end{pmatrix}$$

となる．面内帯磁率 χ の虚部はマイクロ波の吸収として測定されるが，これは ω の関数として見ると $\omega = \mu_0|\gamma H| \equiv \omega_H$ に共鳴ピークをもち，$\omega \sim \sqrt{(\omega_H)^2 \pm 2\alpha\omega\omega_H} \simeq \omega_H(1 \pm \alpha)$ の周波数でだいたい半分の強度になる ($\alpha \ll 1$ として近似を用いた)．つまり半値幅 $\alpha\omega_H$ をもつ．この共鳴を**強磁性共鳴** (Ferromagnetic Resonance, **FMR**) という．強磁性共鳴はスピンの緩和定数を知るための有用な方法である．

1.4　局在スピン間の磁気相互作用

1.4.1　交換相互作用

局在スピンには種々の相互作用がはたらいている．そのうち，2つの局在スピンの間にはたらくエネルギーはもともと電子の交換という描像で議論されたため，

交換相互作用とよばれている．絶縁体の場合には局在スピンをもつ磁性原子の間の電子軌道の重なりがそれを決めており，間に非磁性原子が存在する場合など状況によって相互作用は強磁性的または反強磁性的なものとなることが知られている [4]．金属の場合には伝導電子が各原子間を飛び回り相互作用をならしてしまうので，先に述べたように磁性が出るとすれば強磁性的になると思ってよい．金属の場合に伝導電子との相互作用から生じる強磁性交換相互作用は 6.3.1 節で簡単なモデルの場合に確認する．

原子のある格子点上の局在スピンを $\boldsymbol{S}_i$ とすると，強磁性交換相互作用は

$$H_J = -J_0 \sum_{ij} \boldsymbol{S}_i \cdot \boldsymbol{S}_j \tag{1.15}$$

と表される．i と j は隣り合う格子点で $J_0(>0)$ が強磁性交換相互作用の強さである*4．強磁性状態では隣り合う局在スピンはほぼ同じ向きを向いているので，その理論的記述は連続極限で扱うのが便利である．このためには $\boldsymbol{S}_i \cdot \boldsymbol{S}_j = -\frac{1}{2}(\boldsymbol{S}_i - \boldsymbol{S}_j)^2 + S^2$ として $\boldsymbol{S}_i - \boldsymbol{S}_j = (\boldsymbol{a}_{ij} \cdot \nabla)\boldsymbol{S}_i + O(a^2)$ と書き直せばよい．ここで $\boldsymbol{a}_{ij}$ は格子点 i と j を結ぶ長さ a のベクトルである．こうして格子上の強磁性交換相互作用 (1.15) は，等方的な場合の連続極限では

$$H_J = \frac{J}{2} \int \frac{d^3r}{a^3} (\nabla \boldsymbol{S})^2 \tag{1.16}$$

と表される．この表現では $\boldsymbol{S}(\boldsymbol{r})$ は連続空間の座標 $\boldsymbol{r}$ の関数で，$J \equiv J_0 a^2$ である．

さて，局在スピンを微視的に記述する際にスピンに働く磁場として何をとればよいのかを考えておこう．式 (1.4) は局在スピンにはたらくすべての磁場を $\boldsymbol{B}_S$ としたときに正しい．この全磁場は人が外からかけた外部磁場の他に，別のスピンとの交換相互作用や別のスピンが生み出す電磁気的相互作用も含んだものである．しかし物質から生じる相互作用を式 (1.15) のスピン間の相互作用として取り入れた場合には，これを磁場による歳差運動にも取り込んでは 2 重カウントになってしまう．以下の本書の記述では物質内でのスピン間相互作用は微視的ハミルトニアンとして考慮し，歳差運動として考慮する磁場は外部磁場 $\boldsymbol{H}$ のみである．この扱いでは，式 (0.12) の巨視的な電磁気学の記述は物質内のスピン相互作用を平

*4　一般には隣り合う格子点だけでなく，次近接格子点の間などの相互作用を考えることもできる．

均場的に扱うことに相当する．例えば強磁性相互作用 (1.15) と外部磁場 $\boldsymbol{H}$ のもとでのハミルトニアンは

$$H = -J_0 \sum_{ij} \boldsymbol{S}_i \cdot \boldsymbol{S}_j - \hbar\gamma\mu_0 \sum_i \boldsymbol{H} \cdot \boldsymbol{S}_i \tag{1.17}$$

である．ここで交換相互作用の 1 つのスピンを期待値で置き換える平均場近似をするとハミルトニアンは全磁場 $\boldsymbol{B} \equiv \mu_0 \boldsymbol{H} + \frac{J_0 z}{\hbar\gamma} \langle \boldsymbol{S} \rangle$ を用いて

$$H_{\mathrm{mf}} = -\hbar\gamma \sum_i \boldsymbol{S}_i \cdot \boldsymbol{B} \tag{1.18}$$

となる．ここで $\langle \boldsymbol{S} \rangle$ はスピンの期待値で z は各スピンが相互作用しているスピン数を 2 で割ったもの (3 次元立方格子であれば $z = 3$) である．この場合は $\boldsymbol{M} = \frac{J_0 z}{\hbar\gamma\mu_0} \langle \boldsymbol{S} \rangle$ が磁化となる．

1.4.2　磁気異方性エネルギー

局在スピンが有限になるだけではそれらの集合である磁化が特定の方向を向く必然性はない．というのはスピンの空間は我々の住んでいる座標空間とは元々は無関係のものであるからである．ところが実際はよく知られているように磁石のもつ磁化の向き，つまり N 極と S 極との間の方向，は磁石に固定されている．これは局在スピンに磁気異方性エネルギーがはたらいているからである．磁気異方性エネルギーは局在スピンの特定の成分に依存した異方的なエネルギーである．スピンについて 2 次の寄与 (2 次の異方性) を考えると，$(S_x)^2$，$(S_y)^2$ と $(S_z)^2$ の可能性があるが，$\boldsymbol{S}^2$ は定数であるため独立なのは 2 つの成分のみである．この 2 つの方向をエネルギーが低い方向と高い方向に選び，それぞれ**磁化容易軸**と**磁化困難軸**という．それぞれを z と y 軸に選んだ場合，磁気異方性を表すハミルトニアンは

$$H_K = \int \frac{d^3 r}{a^3} \frac{1}{2} \left[-K(S_z)^2 + K_{\mathrm{h}}(S_y)^2 \right] \tag{1.19}$$

である．ここで $K, K_{\mathrm{h}} (\geq 0)$ が向きに依存したエネルギーを表す[*5]．

高次の磁気異方性は一般に弱いが試料・結晶の対称性が高い場合は重要になるケースがある．また，局所的なスピンの向きに依存した異方性以外に，異なる格

[*5] K_{h} の添字は，hard axis (磁化困難軸) を表す．

子点 i と j の間の交換相互作用 J_{ij} が異方的になる場合もあるが，本書では考えない．

磁気異方性はスピンと実空間を結びつけるもので，電子にはたらくスピン軌道相互作用が主な起源である．実際，金属の場合に sd 交換相互作用のもとでスピン軌道相互作用を摂動的に扱い，長距離でのふるまいに注目することで局所的な磁気異方性エネルギーを導くことができる．絶縁体の場合には，結晶構造が電子軌道のエネルギーに影響する結晶場効果があり，これとスピン軌道相互作用の相乗効果により局在スピンの向きが軌道角運動量を通じて結晶構造に関係することになる．いずれにしてもスピン軌道相互作用のために局在スピンが結晶の向きを「見る」ことができ，磁石の向きと磁化の向きがリンクするわけである．

形状磁気異方性　物質固有の特性とは別に，物質の形状に依存した磁気異方性も存在し，形状磁気異方性とよばれている．これは物質表面に出る磁極が外部に磁場を作り静磁エネルギーを生み出す効果によるもので，1.4.5 節でふれる磁気双極子相互作用の 1 つの効果である．特に薄い平面状の強磁性体では，面に垂直に磁化が向くと平面全体に磁極が作られ大きなエネルギーの損になるため磁化は平面内に向く傾向がある (磁化容易面という)．面内では等方的であればこのときの磁気異方性エネルギーは (面を xy 面にとって)

$$H_{K_\mathrm{h}} = \int \frac{d^3r}{a^3}\frac{1}{2}K_\mathrm{h}(S_z)^2 \tag{1.20}$$

となる．一方，細線状の強磁性体では形状異方性による容易軸は細線方向になる．

強力な磁石は自動車から携帯電話まで様々な場面で不可欠であるが，強力な磁石には大きな磁気モーメントと強い磁気異方性が必須である．スピン軌道相互作用が電子に 2 次で与えるエネルギーは $\alpha_\mathrm{f}^2 E_0 \sim 1$ meV 程度の量であるが，重い元素ではスピン軌道相互作用が強いため大きな磁気異方性が現れる．特に重要なのが 4f 軌道が完全に満たされていない希土類元素である．実験的に確かに Sm と Nd などの 4f 元素が特に強い磁石をつくる上で有用であることが見出され，今では希土類磁石は今の社会になくてはならない存在となっている*6．なお Nd, Sm とも

*6　磁石の研究では日本が歴史的に大きな貢献をしており，ネオジム磁石も日本で 1982 年に佐川眞人氏により発見されたものである [5]．

4f 軌道は正味のスピンをもち，さらに 4f 軌道は大きな軌道角運動量をもっている．磁石に有用なのはこの軌道角運動量で，これが強い磁気異方性を生み出している．一方で 4f のスピンはそれだけでは高いキュリー温度をもつことはなく，鉄などの 3d スピンと組み合わせる必要がある．こうして強力な磁石には $Nd_2Fe_{14}B$ や $SmCo_5$ などの構造が必要なのである．

1.4.3　磁場中での磁化反転

容易軸磁気異方性をもつ強磁性体が十分小さければ磁化は一様とみなせる．この状況を**単一磁区** (single domain) 強磁性体という．単一軸になる大きさの目安になるのが磁化のねじれ具合を決める磁壁幅である (1.5.1 節，式 (1.24))．この長さより小さく単一磁区となっている強磁性体に磁場をかけた際の磁化反転を考えてみよう．z 軸を容易軸方向とする 2 次の容易軸磁気異方性を考え，大きさ H の外部磁場を $+z$ 方向にかけた場合，磁化の角度 θ に対してのポテンシャルは

$$V(\theta) = \frac{KS^2}{2}\sin^2\theta - \mu_0\hbar\gamma H(\cos\theta - 1)$$

である (**図 1–3**) ($\gamma < 0$ で局在スピンは磁場と反対の $-z$ 方向を向こうとする)．磁場がないときは $\theta = 0$ と π の間にポテンシャル障壁があるために磁化は安定である．磁場をかけると障壁は図にあるように減少しある磁場の値 $H_\mathrm{c} = -\frac{\gamma}{\mu_0}K$ で消滅する．この磁場の値 H_c が磁化反転に必要な磁場の値で**保磁力** (coercive field) とよばれる．このときの磁化の大きさ M を磁場 H の関数として符号込みでプロットすると**図 1–4** のようになる．以上の議論に有限温度の効果を考えると，$H < H_\mathrm{c}$ の領域でも H_c に近ければエネルギー障壁が小さいため熱活性により障壁を越えて磁化反転が進む．したがって M–H 曲線は H_c 付近で温度効果によりなだらかになる．この効果は測定において反転を待つ時間にも依存し，ヒステリシスをもつ．現実の磁性体で完全な単一磁区ではない場合や，多数の強磁性粒子に対しても M–H 曲線がなめらかになる．

単一磁区でない場合には磁化過程は磁化のねじれである磁壁の移動で決まる．1 個の磁壁が磁場をかけた場合にピン止めポテンシャルからはずれる現象であれば，保磁力 H_c は磁壁のピン止めポテンシャルが消える磁場の値で，磁化曲線は上の理想的な単一磁区の反転と同じように不連続となる．現実にはある程度の大きさ

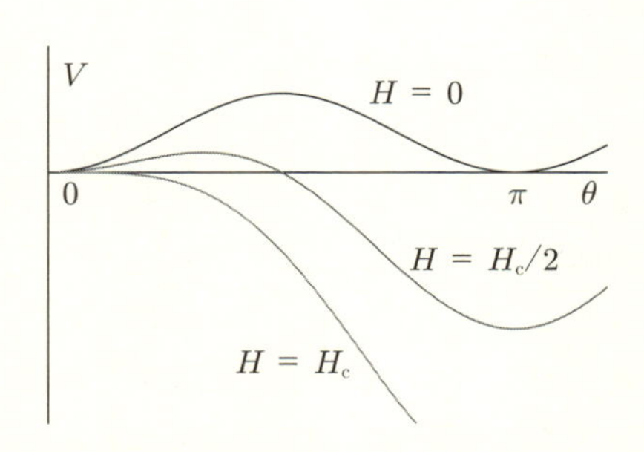

図 1–3　容易軸磁気異方性のみをもつ単一磁区強磁性体の外部磁場 H のもとでの容易軸と磁場のなす角度 θ に関してのポテンシャル．今の場合，$\mu_0\gamma H = K$ となる磁場で $\theta = 0$ 近傍のエネルギー障壁が消え，このときの磁場の値を保磁力 H_{c} という．

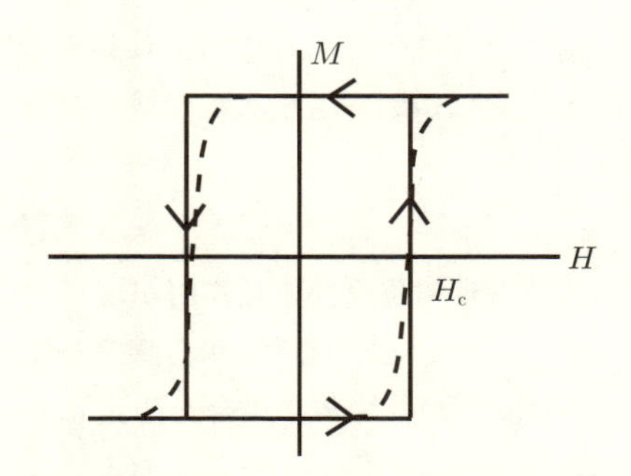

図 1–4　単一磁区強磁性体において外部磁場 H の関数として磁化 M をプロットした磁化曲線．$M = 0$ となる磁場の値が保磁力 H_{c} である．実線は絶対零度の場合で，有限温度では熱励起過程により点線のようになめらかになる．

の強磁性体であれば磁壁は多数存在し，場所ごとに異なるピン止めポテンシャルが存在するために，磁化曲線はなめらかになる．

磁石を技術応用に用いる上では大きな磁化と大きな保磁力をもつことが重要である．磁化の大きさは物質組成で決まるが，保磁力は様々な要因が関わり定量的予言は難しい．磁気異方性を大きくすることは各磁区の反転を阻止し，ピン止めを強化すれば磁区が広がることは防げ，保磁力は向上することは傾向としては間違いないが，マクロなネオジム磁石においてそれらがどう実際に見られる保磁力に寄与しているのか今のところ完全な理解はされていない．

1.4.4　反対称交換相互作用

一般には交換相互作用の大きさは結ぶ格子点 i と j ごとに違う値をもち得，またはスピンの方向 (μ, ν) について異方的であってもよい．つまり一般的には交換相互作用は

$$H_J = -\sum_{ij} J_{ij}^{\mu\nu} S_i^{\mu} S_j^{\nu}$$

と表される．考えている系にある方向について反転対称性がなければ，その方向

に沿った係数は空間座標の入れ替えで反対称になってもよい．その場合にはスピンの方向についても反対称な成分のみが意味があり結果的に

$$H_D = -\sum_{ij} \boldsymbol{D}_{ij} \cdot (\boldsymbol{S}_i \times \boldsymbol{S}_j)$$

のような**反対称交換相互作用**が現れることが許される．ここで $J_{ij}^{\mu\nu} = \epsilon_{\mu\nu\rho} D_{ij}^{\rho}$ である．このことを対称性から議論したのが I. E. Dzyaloshinskii [6] で，その後 T. Moriya [7] が絶縁体の場合を想定しスピン軌道相互作用の摂動論で局在電子軌道間の重なりの評価をすることで実際にベクトル $\boldsymbol{D}_{ij}$ が有限になり得ることを示した．このためこの形の相互作用は **Dzyaloshinskii–Moriya** (**DM**) **相互作用**とよばれている．

1.4.5　磁気双極子相互作用

ここまで，電子が生み出す磁気相互作用をあげたが，巨視的な磁性体では電磁気学的な相互作用も無視できない．この例が**磁気双極子** (dipole) **相互作用**である．この相互作用はまさに局在スピン (磁気双極子とみなせる) の集合がつくる磁極から発生する磁場が局在スピンに作用するものである．この相互作用のため，磁化が広範囲にわたり揃うよりも数 μm–数十 μm 程度の大きさに分割されたほうが静磁エネルギーを得することになり，巨視的な磁石では重要な相互作用である．磁化が揃った領域を**磁区**という．この相互作用のため磁極の出方で系の磁気エネルギーが影響されるので，これは磁気異方性にも形状に依存した寄与がありこれが1.4.2節でふれた形状磁気異方性である．またスピン波のモードにも磁気双極子相互作用由来のものがある．

1.5　磁化構造

1.5.1　容易軸磁気異方性のもとでの解：磁壁

強磁性交換相互作用と磁気異方性エネルギーのもとでの典型的な解を紹介しておこう．まず容易軸磁気異方性のみを考える．容易軸を z 軸にとると考えるハミルトニアンは

$$H = \int \frac{d^3r}{a^3} \left[\frac{J}{2} (\nabla \boldsymbol{S})^2 - \frac{K}{2} (S_z)^2 \right] \tag{1.21}$$

である．このハミルトニアンの基底状態をエネルギー最小条件から求めよう．ただしスピンの 3 成分 S_i について独立に変分を取ってはならないことに注意が必要である．これはスピンの大きさ S が一定という拘束条件があるからである．この間違いを避けるために極座標表示で方程式を求めよう．

$$H = \int \frac{d^3r}{a^3} \left[\frac{JS^2}{2} [(\nabla\theta)^2 + \sin^2\theta(\nabla\phi)^2] - \frac{KS^2}{2} \cos^2\theta \right] \tag{1.22}$$

を θ と ϕ で変分して 0 とすると，

$$\lambda_{\rm w}^2 \nabla^2\theta - \sin\theta\cos\theta(1 + \lambda_{\rm w}^2(\nabla\phi)^2) = 0 \tag{1.23}$$

および $\nabla(\sin^2\theta\nabla\phi) = 0$ を得る．ここで

$$\lambda_{\rm w} \equiv \sqrt{\frac{J}{K}} \tag{1.24}$$

は交換相互作用と磁気異方性との兼ね合いで出現する磁化の空間的ねじれのスケールで，これが**磁壁の厚さ**になる．以下，x 方向にのみ変化する一次元的構造を考え，$\phi =$ 一定の解を考える．式 (1.23) に $\frac{d\theta}{dx}$ を掛け両辺を x で積分すると

$$\lambda_{\rm w}^2 \left(\frac{d\theta}{dx}\right)^2 = \sin^2\theta + C \tag{1.25}$$

が得られる．C は積分定数である．この解には $\theta = n\pi$ (n は任意の整数) という一様磁化状態も含まれるが，ここでは磁化のねじれを伴う解，**磁壁** (magnetic domain wall) 解を求めよう．エネルギーが低い方向 $\theta = 0$ ではスピンの空間変化も 0 であるのが自然であるので，$C = 0$ であり，方程式は $\lambda_{\rm w}\frac{d\theta}{dx} = \pm\sin\theta$ となる．

$$\int \frac{d\theta}{\sin\theta} = \ln\tan\frac{\theta}{2}$$

を用いると，この解は

$$\tan\frac{\theta}{2} = e^{\pm\frac{x-X}{\lambda_{\rm w}}} \tag{1.26}$$

となる．ここで X は任意定数である．この解は無限遠点での異なる安定方向 ($\theta = 0$ と $\theta = \pi$) をつなぐものになっている．このような異なる安定解をつなぐ解をソ

リトン解という．符号は x とともに θ が増加するか減少するかを表し，ソリトン荷を $Q \equiv \frac{1}{\pi}\int_{-\infty}^{\infty} dx \frac{d\theta}{dx}$ で定義すれば式 (1.26) の符号は $Q = \pm 1$ に対応している．この解のスピンの各成分を表すと

$$\cos\theta = \pm\tanh\frac{x-X}{\lambda_{\rm w}}, \qquad \sin\theta = \frac{1}{\cosh\frac{x-X}{\lambda_{\rm w}}} \tag{1.27}$$

となり ϕ は任意の定数である．$\phi = 0$ の場合は磁壁内でスピンは磁壁の方向 (スピンの変化方向 (x 方向)) に倒れてゆき (**図 1–5**(左))，$\phi = \frac{\pi}{2}$ の場合はスピンは x 方向に垂直な面内で回転する (図 1–5(中))．この 2 つの状況は歴史的には区別され，前者の磁壁を**ネール** (Néel) **磁壁**，後者を**ブロッホ** (Bloch) **磁壁**とよぶ．ここではスピンが変化する方向 (x 方向) とスピンの容易軸 (z 軸) が垂直の場合を考えたが，スピン軌道相互作用などがなければ，スピンの空間と座標空間は独立であるので両者は任意にとって構わず，このためネール磁壁とブロッホ磁壁の区別に物理的意味はない．ただし現実には強磁性体の厚さによりどちらの磁壁が現れるかが変わるなど，両者の現れ方は異なる．これは形状異方性が変わるためである．

図 1–5　磁壁解の例．細線方向を x 軸，垂直方向を z 軸とすると，(左) は，式 (1.27) で $\phi = 0$ としたネール磁壁，(中央) は $\phi = \frac{\pi}{2}$ のブロッホ磁壁である．細線状の強磁性体では，通常は形状磁気異方性により容易軸は細線方向を向き，(右) のような磁壁が実現される．これもネール磁壁とよばれる．

1.5.2　困難軸磁気異方性のもとでの解：磁気渦

薄い強磁性体では形状異方性が重要になり面に垂直方向を磁化困難軸にする傾向がある．式 (1.20) で見たとおり，面直方向を z 軸に取り困難軸磁気異方性を $K_{\rm h}$ と表すとこのときのハミルトニアンは

$$H = \int\frac{d^3r}{a^3}\left[\frac{J}{2}(\nabla\boldsymbol{S})^2 + \frac{K_{\rm h}}{2}(S_z)^2\right] \tag{1.28}$$

である．このときは磁壁のような簡単な解析解はもたないので

$$\lambda_{\perp} \equiv \sqrt{\frac{J}{K_{\rm h}}}$$

が短い極限での近似的な解を考えよう．この場合ほとんどの領域では，$\theta = \frac{\pi}{2}$ であるため方程式は $\nabla^2\phi = 0$ となる．この方程式は非一様な解として

$$\phi = \tan^{-1}\frac{y}{x} + c \tag{1.29}$$

をもつ．ここで c は定数である．これは空間位置と局在スピンの面内の向きがリンクした磁気渦構造である．ただしこの形は渦の中心である原点近傍を除いてのみ有効である．典型例を**図 1–6** に示す．μm 程度の大きさの強磁性体であれば周に磁極を出さないために周囲で局在スピンの方向が閉じている構造 ($c = \pm\frac{\pi}{2}$) が安定である．

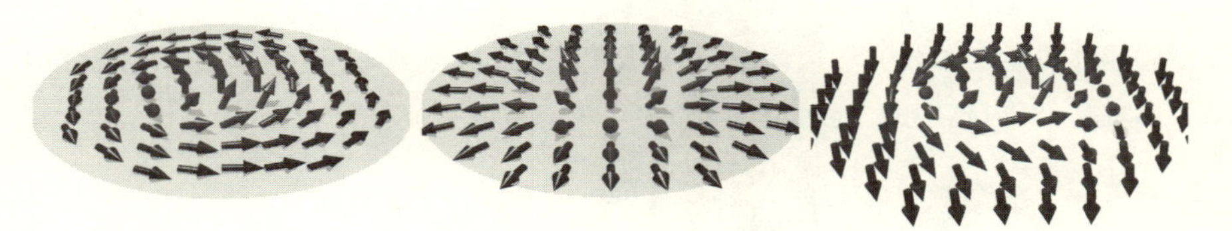

図 1–6　磁気渦解．(左) は，$c = \frac{\pi}{2}$ で周囲に磁極が出ないため渦と同じ程度の大きさの円盤で実現される．(中央) は，$c = 0$ のもの．どちらも渦度は $q = 1$ である．(右) は異なるハミルトニアン (p.34) で実現される磁気スキルミオン解で周囲でスピンの向きは下向きに揃っている．これはスピン空間の全体を覆った構造になっており無限遠を同一視した 2 次元球面上で定義される幾何学量 (式 (3.15)) が 1 となっている．

磁気渦の構造を指定する量は渦度 (vorticity) q と分極 p である．渦度は $q = \frac{1}{2\pi}\int_C d\boldsymbol{r}\cdot\nabla\phi$ で与えられている量で，渦の周囲 C に沿って ϕ が何回転するかを表す整数である．周を半時計回りに回って q を定義すると，図 1–6 の 2 つの渦はどちらも周に沿って ϕ が増加しており $q = 1$ となっている．分極は渦の中心での局在スピンの向きで，中心で $\theta = 0$ か $\theta = \pi$ かに応じて $p = \pm 1$ である．渦度も含めた解は

$$\phi = q\tan^{-1}\frac{y}{x} + c \tag{1.30}$$

と表される．なお 3.2 節で登場する幾何学的巻き数は 2 次元面上の幾何学量で，

曲線上で定義されるここでの渦度 q とは異なる量である．磁気渦構造は，周囲が一様に揃っていないためにスピン空間の半分しか覆うことができず幾何学的巻き数は $\pm\frac{1}{2}$ である．

磁気渦は1970年代には磁気バブルメモリとして情報記録に用いられていたが，半導体メモリの急成長により短い間に姿を消した．

1.5.3　DM相互作用のもとでの解

磁気らせん解　一般にはDM相互作用(1.4.4節)は結晶の対称性と方向に依存して複雑なものになり得るが，対称性がよい場合には連続極限で

$$H_D = \int \frac{d^3r}{a^3} D\boldsymbol{S}\cdot(\nabla\times\boldsymbol{S})$$

のように D がスカラー量の形になる．DM相互作用があると基底状態はもはや一様強磁性状態ではあり得ず，**磁気らせん**構造などが現れる．強磁性交換相互作用とスカラーのDM相互作用からなるハミルトニアン

$$H = \int \frac{d^3r}{a^3}\left[\frac{J}{2}(\nabla\boldsymbol{S})^2 + D\boldsymbol{S}\cdot(\nabla\times\boldsymbol{S})\right]$$

の場合に具体的に考えてみよう．z 方向にのみ空間変化している構造を考え極座標表示をするとこれは $H = \int\frac{d^3r}{a^3}\left[\frac{J}{2}\left[(\nabla_z\theta)^2+\sin^2\theta(\nabla_z\phi)^2\right]-D\sin^2\theta\nabla_z\phi\right]$ となる．角度 θ と ϕ で変分を取って基底状態を表す方程式を求め，スピンの向きが xy 面内で回転する典型的なものを考えると，解は $(\nabla_z)^2\phi=0$ である．つまり一定の変化率 k で $\phi=kz$ と変化するらせんが解の1つになっている．構造は**図1–7**のようなものである．このらせんのピッチ k はエネルギー最小の条件から決まり，

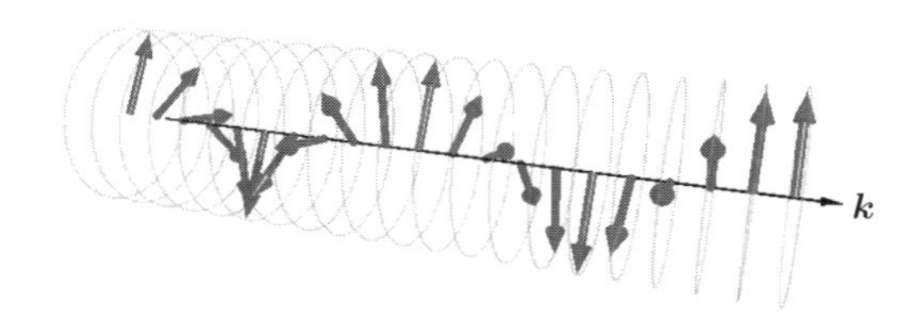

図1–7　DM相互作用のもとで現れるスピンの変化方向 $\boldsymbol{k}$ と垂直な面でスピンが回転する磁気らせん構造．

$$k = \frac{D}{J} \tag{1.31}$$

である．今考えたハミルトニアンは回転不変であることから，このらせん解で変化方向を表すベクトル $\boldsymbol{k}$ が 2 次元面内にある場合は

$$\boldsymbol{n} = \hat{\boldsymbol{z}} \cos(\boldsymbol{k} \cdot \boldsymbol{r}) + (\hat{\boldsymbol{k}} \times \hat{\boldsymbol{z}}) \sin(\boldsymbol{k} \cdot \boldsymbol{r}) \tag{1.32}$$

という形に表せる*7．

磁気スキルミオン解　DM 相互作用と交換相互作用のもとでは**磁気スキルミオン** (Skyrmion) 解とよばれるものが存在する．これは図 1–6(右) に示したような磁気渦解と似た 2 次元での幾何学的構造で，ただし遠方での局在スピンの向きは 1 つの方向を向いている点が異なる．このため幾何学的巻数は整数をもつ．DM 相互作用のもとで非自明な (有限の幾何学的巻数をもつ) 幾何学的構造が現れることは A. Bogdanov と A. Hubert が 1994 年に指摘した [8]．この構造は単独でも安定なソリトン構造であり，2 次元空間で局所的な相互作用でそのようなソリトンが現れることは DM 相互作用が反転対称性を破ることによる特殊性である．出現機構は全く異なるが，DM によるこの構造は素粒子物理で T. H. R. Skyrme [9] が議論したソリトン構造にちなんで磁気スキルミオンとよばれるようになった．磁気スキルミオンは現実には多数生成され格子を組んで出現することも議論された (磁気スキルミオン格子)[8]．磁気スキルミオンは基本的には幾何学量をもった 2 次元構造で，磁気渦と同じ挙動を示し，同じティール (Thiele) 方程式により記述される．主な違いはその大きさで，磁気双極子相互作用が原因である磁気渦は μm 程度の構造であるのに対して，DM 相互作用が生み出すスキルミオンは通常 100 nm 以下の構造である．

磁気スキルミオン格子は超伝導の磁気渦と同様最低エネルギー状態では三角格子である．この状態はらせんの方向 $\boldsymbol{k}$ が互いに 120° をなす 3 つのらせん解 (1.32) の重ね合わせで近似的に表すことができる．らせん解は 1 つの波数 k の sin, cos 波のみで記述されるが，磁気スキルミオン格子は，それがソリトンが凝縮したも

*7　なお，ハミルトニアンを $\boldsymbol{S}$ でそのまま変分して方程式を出したくなるが，これは間違いである．スピンの場合は長さが固定されているため，3 つの成分 S_x, S_y, S_z のすべてが独立変数であるわけではないからである．

のであれば高調波が存在するという違いがある．

1.6　磁壁と磁気渦のダイナミクス

1.5.1，1.5.2 節では時間変化のない磁壁や磁気渦の解を求めた．ここでは時間変化を考慮した運動方程式を導こう．磁化構造の時間変化は各点の局在スピンがLLG 方程式により運動しているために生じるものであるが，巨視的視点から見るときには構造を代表する**集団座標**の運動として記述するのが便利である．集団座標としてどのような量を取るべきかさえ決めれば，その後は系のラグランジアンがわかっているので自動的に議論をすすめることができる．

1.6.1　外部磁場中の磁壁の運動

1 次元的な磁壁を考える．異方性は容易軸と困難軸の両方を考慮し，駆動力として容易軸の $+z$ 方向にかけた一様な外部磁場 H_z を考える．$H_z > 0$ の場合局在スピンは $-z$ 方向を向きたがるため磁壁は $+x$ 方向に移動しようとする．考えるべきラグランジアンは式 (1.5)，(1.21)，(1.28) により

$$L_S(\theta, \phi) = \int \frac{d^3r}{a^3}\left[\hbar S\dot{\phi}\cos\theta - \left[\frac{J}{2}(\nabla \boldsymbol{S})^2 - \frac{K}{2}(S_z)^2 + \frac{K_{\rm h}}{2}(S_z)^2\right]\right] - H_H \tag{1.33}$$

で，外部磁場の効果は

$$H_H = -\int \frac{d^3r}{a^3}\mu_0\hbar\gamma H_z S_z$$

である．磁壁の挙動を調べるにはこのラグランジアンに磁壁解を代入して中心座標 X のふるまいを見ればよい．以下では式 (1.27) で与えられる磁壁構造のうち符号が正のものを考える．ただし静的な解である式 (1.27) では磁壁の中心座標 X は任意の定数であったが，駆動力を与えた今の場合は中心座標も時間変化をする形 $X(t)$ とする必要がある．したがって考える磁壁構造は

$$\cos\theta = \tanh\frac{x - X(t)}{\lambda_{\rm w}} \tag{1.34}$$

である．磁壁の面を表す角度 ϕ は静的解と同じく定数としておく．外部磁場を表す項はそのままでは遠方の積分から生じる不定の定数を含むので，磁壁の位置が $X=0$ であるときの寄与を引いて評価すると $\int dx[\tanh\frac{x-X}{\lambda_{\mathrm{w}}}-\tanh\frac{x}{\lambda_{\mathrm{w}}}]=-2X$ を用いて

$$H_H=\frac{\hbar N_{\mathrm{w}}S}{\lambda_{\mathrm{w}}}\mu_0\gamma H_z X$$

となる．つまりたしかに磁壁は $+x$ 方向に下がるポテンシャルを感じている[*8]．ここで $N_{\mathrm{w}}\equiv\frac{2A\lambda_{\mathrm{w}}}{a^3}$ は磁壁内のスピン数，$A\equiv\int dxdy$ は磁壁の断面積である．

集団座標としては磁壁の中心位置 $X(t)$ がまず興味のある量である．しかしこの量だけでは運動は記述できない．これはラグランジアン (1.33) に，磁壁解 (1.34) を代入しても，ϕ が定数であれば時間変化を表す項は消えてしまうからである．言い換えると，時間変化する磁壁を記述するためには磁壁の面を表す角度 ϕ も時間変化する変数 $\phi(t)$ とみなすことが必要である．実はここがスピンのダイナミクスの特性の肝である．そこで 2 つの時間変化する量 $X(t)$ と $\phi(t)$ で表した磁壁解

$$\cos\theta=\tanh\frac{x-X(t)}{\lambda_{\mathrm{w}}},\qquad \phi=\phi(t) \tag{1.35}$$

を用いてラグランジアンを表してみよう．$\int dx\frac{1}{\cosh^2(x/\lambda_{\mathrm{w}})}=2\lambda_{\mathrm{w}}$ を使うとラグランジアンは

$$L=\frac{\hbar N_{\mathrm{w}}S}{\lambda_{\mathrm{w}}}\left[-\dot{\phi}X-\frac{K_{\mathrm{h}}\lambda_{\mathrm{w}}S}{2\hbar}\sin^2\phi-\mu_0\gamma H_z X\right] \tag{1.36}$$

となる．磁壁をつくるために本質的であった容易軸異方性エネルギーはダイナミクスには寄与しないことがわかる．磁壁の運動にはスピン緩和も本質的であるので，式 (1.13) に従って緩和項も入れよう．そこで定義された W_S を X と ϕ で表すと

$$W_S=\alpha\frac{\hbar N_{\mathrm{w}}S}{2}\left[\frac{\dot{X}^2}{\lambda_{\mathrm{w}}^2}+\dot{\phi}^2\right]$$

である．これらから導かれる運動方程式は

[*8] $\gamma<0$ であることに注意．

$$\dot{X} - \alpha\lambda_{\mathrm{w}}\dot{\phi} = v_{\mathrm{c}} \sin 2\phi \tag{1.37}$$

$$\dot{\phi} + \alpha\frac{\dot{X}}{\lambda_{\mathrm{w}}} = -\mu_0\gamma H_z \tag{1.38}$$

となる．ここで

$$v_{\mathrm{c}} \equiv \frac{K_{\mathrm{h}}\lambda_{\mathrm{w}}S}{2\hbar}$$

である．ラグランジアンを X で変分して得られた式 (1.38) は力のバランスを表す式で，右辺は磁壁にはたらくポテンシャル $V(X, \phi)$ から決まる力 $F = -\frac{\partial V}{\partial X}$ に係数 $\frac{\lambda_{\mathrm{w}}}{\hbar N_{\mathrm{w}} S}$ を掛けたものとなっている．

式 (1.36) と (1.37)，(1.38) で表されるラグランジアンと運動方程式は，通常の古典粒子のものと異なったものに見えるが，実は座標 X と共役な運動量 P についてのハミルトン方程式になっている．一般に座標 X と運動量 P で表したハミルトニアンから得られるハミルトン方程式は

$$\dot{X} = \frac{\delta H}{\delta P}, \qquad \dot{P} = -\frac{\delta H}{\delta X} \tag{1.39}$$

である．1つめの方程式は系の運動量と速度の関係を与え，2つめは系にはたらく力が $-\frac{\delta H}{\delta X}$ であることを示している．単純な質量 M の粒子の場合は $\dot{X} = \frac{P}{M}$ である．これを磁壁の場合と比べると，磁壁の運動量は $\lambda_{\mathrm{w}}\phi$ で，磁壁に働く力は $\mu_0\gamma\lambda_{\mathrm{w}}H_z$ であることが読み取れる．式 (1.37) が示すように運動量 $\lambda_{\mathrm{w}}\phi$ と速さ $\dot{X}$ は非線形な関係にあることは磁壁の特徴である．

こうして磁壁の古典的運動を表す運動方程式を得ることができたが，ここではラグランジアンに基づいて考えたことが大いに役立った．というのも，磁壁の運動はスピンの挙動に基づいて考えると**図 1–8** のようにかなり複雑な過程であるからである．外部磁場をかけると，まず磁壁内の局在スピンは磁場方向周りの歳差運動を始める．磁化容易軸方向に磁場をかけた場合，歳差運動は各スピンの向きに垂直方向に起こるため，ϕ で与えられる磁壁の面は立ち上がることになる (図 1–8(中))．ϕ の立ち上がりにより発生する困難軸方向の磁場は局在スピンを困難軸周りに歳差運動させようとする (図 1–8(下))．困難軸周りの局在スピンの回転は磁壁の並進運動に等しいので，この過程により磁壁は並進するのである．この考察から ϕ の運動と困難軸方向の異方性が磁壁の並進運動に不可欠であることの意味がわかる．

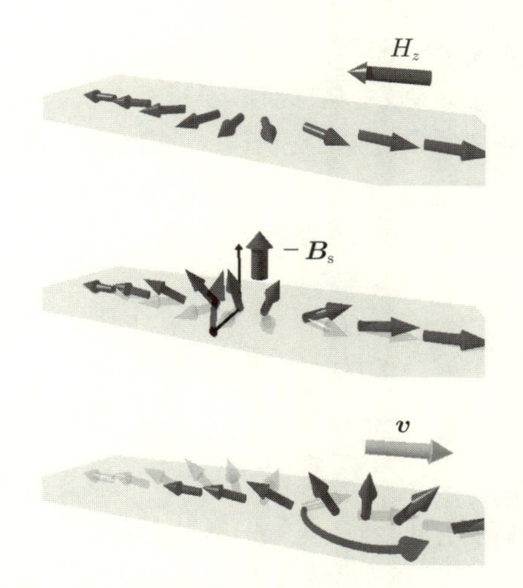

図 1–8　容易軸方向に大きさ H_z の外部磁場をかけた場合 (上) に磁壁が動くメカニズム．容易軸方向の磁場は磁壁内のスピンを歳差運動させ磁壁面内から立ち上げる (中央)．このために面に垂直な方向に有効磁場 $\boldsymbol{B}_\mathrm{s}$ が発生し，その周りの歳差運動により磁壁の並進運動が起こる (下)．

一方でラグランジアン形式による計算では，このような物理的な考察をすることなくラグランジアンの書き換えにより自動的に正しい結論が得られたことは，理論手法の有用性を物語る．なお，x と ϕ による磁壁の運動の記述は J. Slonczewski により物理的考察に基づいて提示された [10]．

定常磁場のもとでの運動　式 (1.38) の解のふるまいは磁場の値が

$$H_\mathrm{w} \equiv -\frac{\alpha v_\mathrm{c}}{\lambda_\mathrm{w}\mu_0\gamma}$$

よりも弱いか強いかで大きく異なる ($\gamma < 0$ である)*9．$|H_z| < |H_\mathrm{w}|$ の弱磁場領域では $\dot{\phi} = 0$ の定常解が存在する．このとき磁壁は

$$\dot{X} = \frac{\lambda_\mathrm{w}\mu_0\gamma H_z}{\alpha}$$

で与えられる等速運動をし，角度 ϕ は磁壁の速さと $\dot{X} = v_\mathrm{c}\sin 2\phi$ により関係し

*9　添字 w は，Walker's breakdown を表す．

ている．このときは磁場が磁壁に与える力は磁壁に働く摩擦力 $\alpha\dot{X}$ で吸収され，一方磁壁の運動に必要なトルクを磁壁面 ϕ が傾くことで生み出している．一方，$|H_z| > |H_{\rm w}|$ の領域では ϕ が最大まで傾いても磁壁の運動を保持できなくなり，結果的に ϕ も時間的に変化し，磁壁は動きながら磁化の向きをスクリューのように回していく運動が起こる．このときの解は

$$\sin 2\phi = \frac{H_z}{H_{\rm w}} + \frac{1-\left(\frac{H_z}{H_{\rm w}}\right)^2}{\frac{H_z}{H_{\rm w}} + \sin 2\omega t}$$

$$\omega = \frac{v_{\rm c}}{\lambda_{\rm w}} \frac{\alpha}{1+\alpha^2} \sqrt{\left(\frac{H_z}{H_{\rm w}}\right)^2 - 1}$$

となる．つまり ϕ は時間と共に回転し続ける．磁壁の速さも時間的に振動し

$$\dot{X} = -v_{\rm c}\left(\frac{H_z}{H_{\rm w}} + \frac{1-\left(\frac{H_z}{H_{\rm w}}\right)^2}{\frac{H_z}{H_{\rm w}} + \sin 2\omega t}\right)$$

となる．時間平均を取った速さは

$$\left\langle \dot{X} \right\rangle = -v_{\rm c}\left(\frac{H_z}{H_{\rm w}} - \frac{1}{1+\alpha^2}\sqrt{\left(\frac{H_z}{H_{\rm w}}\right)^2 - 1}\right)$$

である．これらの磁場中のふるまいを**図 1–9** に図示した．なお，α が小さいために

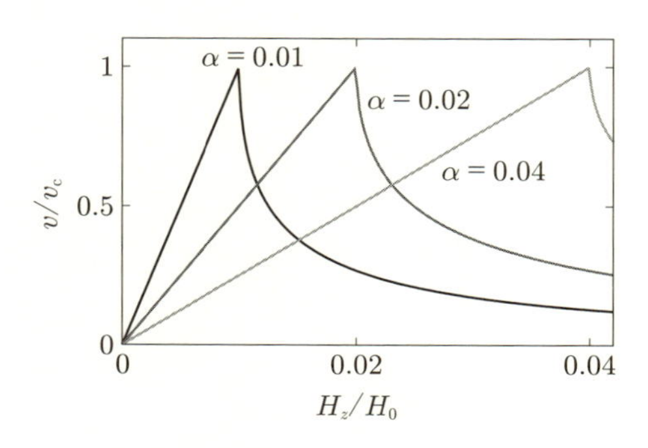

図 1–9　定常磁場 H_z 中の磁壁の平均速度．$\alpha = 0.01, 0.02, 0.04$ の場合である．磁場と速度は，それぞれ $H_0 \equiv -\frac{v_{\rm c}}{\lambda_{\rm w}\mu_0\gamma}$ および $v_{\rm c}$ により規格化してある．

図では見えないが，$H_z \gg H_{\mathrm{w}}$ では $\left\langle \dot{X} \right\rangle \to -\lambda_{\mathrm{w}}\mu_0\gamma H_z \frac{\alpha}{1+\alpha^2}$ となる．

磁場の値が H_{w} を超えた領域での磁壁の特異なふるまいは **Walker's breakdown** とよばれる．

ここで考えた並進対称性がある場合には，磁壁の位置 X がどこにあっても挙動は変わらないため，並進運動を表す変数 X は基本的にはエネルギー 0 の励起 (ゼロモード) である．ただし磁壁では変数 ϕ が運動に関与するため K_{h} が有限であれば上で見たように運動は単純な並進ではなくなる．

ピン止めポテンシャル　ここでは並進対称性が破れた場合として，物質中の欠陥により磁壁がトラップされるピン止め効果を考えよう．

欠陥のモデルとして磁性原子が 1 つ抜けた場合を考える．欠陥の位置を原点とする．その場所では強磁性交換相互作用と磁気異方性エネルギー (ここでは容易軸のみを考える) が弱まる (もしくは存在しない) ので欠陥の存在を

$$V_{\mathrm{p}} = \int d^3r \left[-\frac{J_{\mathrm{p}}}{2} \sum_i (\nabla_i \boldsymbol{S})^2 + \frac{K_{\mathrm{p}}}{2}(S_z)^2 \right] \delta(\boldsymbol{r})$$

というポテンシャルとして取り入れよう．交換相互作用がないことと容易軸異方性がないことはともに磁壁にはエネルギーの得になる．この局所的なポテンシャルは原子スケールから見て巨視的な大きさをもつ磁壁の構造を変える効果はないとみなし，解 (1.27) により集団座標 X と ϕ によりこのポテンシャルを表すと

$$V_{\mathrm{p}} = -\frac{v_{\mathrm{p}}}{2} \frac{1}{\cosh^2 \frac{X}{\lambda_{\mathrm{w}}}}$$

となる．ここで $v_{\mathrm{p}} \equiv S^2(K_{\mathrm{p}} + \lambda_{\mathrm{w}}^2 J_{\mathrm{p}})$ は磁壁を欠陥の位置に止めおこうとするピン止めポテンシャルの強さである．このポテンシャルから生じる力 $F_{\mathrm{p}} \equiv -\frac{\partial V_{\mathrm{p}}}{\partial X} = -\frac{v_{\mathrm{p}}}{\lambda_{\mathrm{w}}} \frac{\sinh \frac{X}{\lambda_{\mathrm{w}}}}{\cosh^2 \frac{X}{\lambda_{\mathrm{w}}}}$ を取り込むと運動方程式 (1.38) は

$$\dot{\phi} + \alpha \frac{\dot{X}}{\lambda_{\mathrm{w}}} = \gamma B_z - \frac{v_{\mathrm{p}}}{\hbar S N_{\mathrm{w}}} \frac{\sinh \frac{X}{\lambda_{\mathrm{w}}}}{\cosh^2 \frac{X}{\lambda_{\mathrm{w}}}} \tag{1.40}$$

となる．これを式 (1.37) と連立させて解けばピン止めされている磁壁が磁場によりはずれて運動を始める現象を記述することができる．今のポテンシャルの場合，

$X \sim 0$ ではピン止め力は

$$F_{\mathrm{p}} = -\frac{v_{\mathrm{p}}}{\lambda_{\mathrm{w}}^2} X + O(X^3) \tag{1.41}$$

と線形で近似される．

古典粒子極限　磁壁は式 (1.37) にあるように速度が共役運動量と非線形な関係にあるためその運動は点粒子のものとは異なるが，ある極限では磁壁はあたかも点粒子のようにふるまう．それは X または ϕ のいずれかの変数が微小にとどまる場合である．ϕ が小さい領域を考えよう．これは磁壁にかかっている力や電流によるトルクが小さい場合や，困難軸異方性が強い場合に実現される．この領域では $\sin 2\phi \sim 2\phi$ であるから，運動方程式は線形となり ϕ を消去することができる．得られる方程式は

$$M_{\mathrm{w}} \ddot{X} + M_{\mathrm{w}} \frac{1}{\tau_{\mathrm{w}}} \dot{X} = F \tag{1.42}$$

と慣性質量をもつ古典的粒子のものになる．ここで

$$M_{\mathrm{w}} = \frac{\hbar^2 N_{\mathrm{w}}}{K_{\mathrm{h}} \lambda_{\mathrm{w}}^2}, \quad \frac{1}{\tau_{\mathrm{w}}} = \frac{\alpha}{\hbar} K_{\mathrm{h}} \tag{1.43}$$

はそれぞれ**磁壁の慣性質量**と磁壁の緩和時間の逆数 (摩擦係数に比例) である．力として線形近似したピン止め力 (式 (1.41)) を考えると，磁壁はピン止めポテンシャル中で単振動をし，角振動数は

$$\Omega_{\mathrm{p}} = \frac{1}{\hbar} \sqrt{\frac{v_{\mathrm{p}} K_{\mathrm{h}}}{N_{\mathrm{w}}}}$$

である．巨視的な磁壁であればこの角振動数は $(N_{\mathrm{w}})^{-\frac{1}{2}}$ に比例して小さい．なおピン止め力が強い極限では X が固定され，代わりに共役変数である ϕ が点粒子としてふるまう [11]．

磁壁が慣性質量をもつことは 1948 年に W. Döring [12] が予言していた．これは次のようにも理解できる [2]．磁壁の並進運動は垂直方向の局在スピンの立ち上がりによるものであるので，いったん運動が始まれば外部磁場を切った後も局在スピンの垂直方向の成分が残り，(摩擦がなければ) 等速度で磁壁が運動する．つまり磁壁は慣性質量をもつ．運動中の磁壁のもつ磁気的エネルギーを評価すると，

ちょうど普通の粒子のように速さの2乗に比例していることもわかる．この慣性質量は磁化の立ち上がりから生じるため，磁気困難軸のエネルギーで決まっている．磁壁の質量は実験でも確認されている [13].

上で見たように数式により導出すれば，複雑なスピンダイナミクスを考えることなく磁壁が慣性質量をもつことは明らかで，またさらに慣性質量をもつ「粒子」とみなすことができるのはどのような場合であるのかもはっきりする．これは現代の理論物理の手法のメリットの1つであろう．

1.6.2 磁気渦の運動方程式

次に磁気渦の場合を考えよう．ハミルトニアン (1.28) に基づいて，渦の中心の座標を $(X(t), Y(t))$ としてこれらの運動を調べる．ここでは x 方向，y 方向とも一辺の長さ L，厚さ d の薄い板状の強磁性体の場合を考える．基本とする構造は式 (1.30) より

$$\phi(t) = q \tan^{-1} \frac{y - Y(t)}{x - X(t)} + c \tag{1.44}$$

および $\theta \sim \frac{\pi}{2}$ で，これをラグランジアンに代入すればよい．渦の中心での局在スピンの向きは $p = \pm$ として $p\hat{z}$ である．p の符号によってラグランジアンの時間微分項は異なったものを用いる必要があることに注意すると*10

$$\begin{aligned} L_{\mathrm{B}} &= \hbar S \frac{d}{a^3} \int_{-\frac{L}{2}}^{\frac{L}{2}} dx \int_{-\frac{L}{2}}^{\frac{L}{2}} dy \dot{\phi}(p - \cos\theta) \\ &= \hbar S pq \frac{d}{a^3} \int_{-\frac{L}{2}+X}^{\frac{L}{2}+X} dx \int_{-\frac{L}{2}+Y}^{\frac{L}{2}+Y} dy \frac{y\dot{X} - x\dot{Y}}{x^2 + y^2} \end{aligned}$$

となる．これを $|X|, |Y| \ll L$ として評価すると，

$$L_{\mathrm{B}} = \hbar S \frac{d}{a^3} pq \left(Y\dot{X} - X\dot{Y} \right)$$

が得られる．つまり磁気渦の場合は X, Y が互いに共役量になっている．このため，磁気渦は力を受けると直角な方向に運動を起こすという特異な性質をもつ．いうまでもなくこの性質は磁気渦が幾何学的巻き数，つまり 3.2 節で議論する有効磁場をもち，それが自身に対してホール効果を起こすからである．

*10 θ が $\frac{\pi}{2}$ からずれる中心領域は小さいとして無視する．

磁気渦の gyrovector とよばれる量を

$$\boldsymbol{G} \equiv \hbar S \frac{2d}{a^3} pq \boldsymbol{e}_z \equiv G \boldsymbol{e}_z$$

で定義すると, 磁気渦の位置ベクトル $\boldsymbol{X} \equiv (X, Y)$ を用いて $L_{\mathrm{B}} = -\frac{1}{2}\boldsymbol{G}\cdot(\boldsymbol{X} \times \dot{\boldsymbol{X}})$ と表すことができる.

摩擦を表す項 W_S は $\int \frac{d^2r}{r^2} = 2\pi \ln \frac{L}{a_{\mathrm{v}}}$ (a_{v} は渦中心の半径) として

$$W_S = \frac{\alpha_{\mathrm{v}}}{2} \dot{\boldsymbol{X}}^2$$

となる. ここで $\alpha_{\mathrm{v}} \equiv \frac{2\pi\hbar d}{Sa^3} \ln \frac{L}{a_{\mathrm{v}}}$ は渦の実効的摩擦係数である. 最後に磁気渦の感じるポテンシャルを $V(\boldsymbol{X})$ としておけば, 磁気渦の満たす運動方程式は

$$\boldsymbol{G} \times \dot{\boldsymbol{X}} + \alpha_{\mathrm{v}} \dot{\boldsymbol{X}} + \frac{\partial V}{\partial \boldsymbol{X}} = 0$$

というものになる. この運動方程式は A. A. Thiele [14] が議論したものでティール (Thiele) 方程式とよばれる. この範囲では磁気渦は質量をもたない粒子となっているが, 変形の効果を取り入れると運動方程式に加速度に比例する質量項が現れる.

参考文献

[1] 太田恵造. 磁気工学の基礎 II–磁気の応用. 共立出版, 1973.

[2] 近角聰信. 強磁性体の物理. 裳華房, 1978.

[3] 宮崎照宣, 土浦宏紀. スピントロニクスの基礎–磁気の直観的理解をめざして. 森北出版, 2013.

[4] 金森順次郎. 磁性. 培風館 (新物理学シリーズ), 1969.

[5] 佐川眞人, 平林眞, 浜野正昭. 永久磁石–材料科学と応用. アグネ技術センター, 2007.

[6] I. E. Dzyaloshinskii. A thermodynamic theory of ferromagnetism of antiferromagnetics. *Journal of Physics and Chemistry of Solids*, **4**, 241 (1958).

[7] T. Moriya. Anisotropic superexchange interaction and weak ferromagnetism. *Phys. Rev.*, **120**, 91 (1960).

[8] A. Bogdanov and A. Hubert. Thermodynamically stable magnetic vortex states in magnetic crystals. *J. Magn. Magn. Mater.*, **138**, 255 (1994).

[9] T. H. R. Skyrme. A non-linear field theory. *Proc. Roy. Soc. London A: Mathematical, Physical and Engineering Sciences*, **260**, 127 (1961).

[10] J. C. Slonczewski. Dynamics of magnetic domain walls. *Int. J. Magn.*, **2**, 85 (1972).

[11] S. Takagi and G. Tatara. Macroscopic quantum coherence of chirality of a domain wall in ferromagnets. *Phys. Rev. B*, **54**, 9920 (1996).

[12] W. Döring. Uber die tragheit der wande zwischen weisschen bezirken. *Z. Naturforsch*, **3A**, 373 (1948).

[13] E. Saitoh, H. Miyajima, T. Yamaoka, and G. Tatara. Current-induced resonance and mass determination of a single magnetic domain wall. *Nature*, **432**, 203 (2004).

[14] A. A. Thiele. Steady-state motion of magnetic domains. *Phys. Rev. Lett.*, **30**, 230 (1973).

第2章

スピントロニクス現象入門

本章ではスピントロニクス現象の代表的なものを紹介する．ここでは微視的理解に踏み込まない現象論にとどめる．

2.1 スピンに依存した電気伝導効果 (電流磁気効果)

物質の電気伝導特性が磁場や磁性により変化することは19世紀から知られ，総じて**電流磁気効果** (galvanomagnetic effect) とよばれている．今のスピントロニクスも古くから知られているこうした効果の延長上にある．ここでは19世紀から知られた現象から今のスピントロニクスで注目されている現象までを整理してみよう．

2.1.1 磁気抵抗効果

まず電気抵抗のうち縦電気抵抗，つまりかけた電圧の方向に発生する電流成分に関する抵抗，の磁性による効果を紹介する．

異方性磁気抵抗効果　1857年にW. Thomsonが強磁性金属FeとNiにおいて電気抵抗が磁化の方向に依存して変化するという**磁気抵抗効果** (magnetoresistance effect) を報告している[1],*1,*2．磁化の向きと電流のなす角度をθとすると実験で得られる電気抵抗率は

$$\rho(\theta) = \rho_\perp + \Delta\rho\cos^2\theta$$

*1　W. Thomsonは敬称Lord Kelvinをもち，熱力学の基礎を築いた一人でもある．さらに電磁気学の応用においては多くの特許をもち経済的成功も収めた．

*2　磁気抵抗効果という用語は，「磁場が感じる抵抗」のようでどうにも居心地が悪いが，専門用語になってしまっているので本書でもこの用語を用いる．なお「磁場が感じる抵抗」は，磁気抵抗 (magnetic resistance) という専門用語でよばれ，まぎらわしい．

と表すことができる*3．多くの強磁性体では $\Delta\rho > 0$ である [2]．磁気抵抗効果としての変化率 $\Delta\rho/\rho_\perp$ は数%程度と小さい．この強磁性金属そのものがもつ小さな磁気抵抗効果は**異方性磁気抵抗効果** (**AMR**, Anisotropic Magnetoresistance effect) とよばれる．異方性磁気抵抗効果の起源はスピン軌道相互作用である [2]．

磁気抵抗効果は磁化の向きという情報を電気的に読み取るための磁気ヘッドとして応用上有用である．異方性磁気抵抗効果もファラデーの法則による誘導起電力を用いるよりも高感度な読み取りが可能である MR (magnetoresistive) ヘッドとして 1970 年代頃に盛んに用いられた．

巨大磁気抵抗効果　1980 年代には磁性金属と非磁性金属の薄い層を重ねたいわゆる金属人工格子の作成が可能になりその磁気および電気的特性が注目されていた．そんな中 Fe/Cr の積層構造において磁場印加により電気抵抗が大きく変化することが A. Fert により報告された [3]．基本的な考えは，電流が磁化が平行に揃った構造中を流れるほうが反平行の場合よりも散乱が少ないというもので，起源は伝導電子と磁化の間の sd 型交換相互作用である．この効果は**巨大磁気抵抗効果** (**GMR**, Giant Magnetoresistance effect) とよばれる．初期の GMR は層に平行に電流を流した際の抵抗変化であり，**図 2–1** のように垂直に流した場合よりは小さい抵抗変化であった．それでも，各層の厚さが 10〜数十Å の構造で変化率は 4.2 K の低温では 80%にもなる当時としては巨大なものであった．GMR を示すためには系が無磁場では磁性層の磁化が互いに反平行になるよう設計する必要があり，それは非磁性層の間隔を制御することで実現される．GMR 構造を磁気記録の読み取りヘッドに利用する際には，1 つの磁性層を厚くして磁化を固定しておき，もう一方の磁化を外部磁場により向きが変わる (フリー層) ように設計する．小さな磁石として記録された磁気情報の上を GMR 素子がスキャンすると，磁気情報から発生する磁場によりフリー層の磁化が変化しそれを抵抗変化として検出することで記録した情報を読み取るのである．

GMR の磁気抵抗比は発見以後急速に向上し，ハードディスクの読み取りヘッドに応用され飛躍的な容量向上に貢献した*4．現象の発見から普及まで 10 年程度

---

*3　θ についての高次の項は無視できるとしている．

*4　GMR ヘッドの出る前 1990 年代前半のコンピュータのハードディスクの容量は 100 MB 程度で，2018 年頃の標準的なものである 500 GB–1 TB からは想像できないほど小さかった．

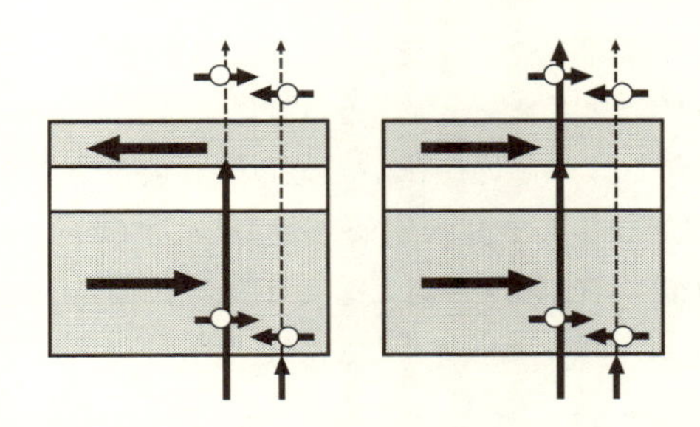

図 2–1　2 枚の強磁性金属層を，非磁性金属 (白色の層) を介して接合した巨大磁気抵抗効果を発現する構造．古典的な考察では，垂直に電流を流した際に，2 枚の磁化が平行であれば一方のスピンをもつ電子は通り抜けられるが，反平行の場合にはどちらのスピンをもつ電子もブロックされるため，2 つの磁化の相対的な向きに依存した大きな磁気抵抗効果が発生する．これが巨大磁気抵抗効果 (GMR) である．当初の GMR は電流を非磁性金属の面内に流すという面内 GMR とよばれる構造で実現された．中間層を絶縁体にして電流をトンネル効果により流す場合は，トンネル型磁気抵抗効果 (TMR) 素子となる．

の短期間で進んだことは磁性が基礎と応用両面をつなぐ活気に満ちていた時代を象徴することである．A. Fert は同時期に同様の発見をしていた P. Grünberg と共に GMR 発見の功績により 2007 年日本国際賞，次いで 2007 年ノーベル物理学賞を受賞した．

トンネル磁気抵抗効果　GMR 系の非磁性金属を薄い絶縁体に置き換えた系で垂直に電圧をかけた場合には，電子がトンネル現象により磁性層の間を飛び移る (図 2–1)．この際には強磁性体の電子の状態密度のスピン依存をそのまま反映した大きな磁気抵抗効果が期待される．このような系における磁気抵抗効果を**トンネル磁気抵抗効果** (**TMR**, Tunnel Magnetoresistance effect) という．この効果は 1970 年代から知られてはいたが [4]，実用面から大きく注目されるのは 2004 年に制御された結晶質の MgO を絶縁層に用いることで 100%をはるかに超える大きな磁気抵抗変化 [5, 6] が実現されてからである．このときに本質的なのは 2 つの強磁性層間をトンネルする際に電子の波動関数の特性を保持したまま飛び移ることである．このことは理論的には指摘されていたが [7]，実験での実現は当時は困難なものであった．

著しく大きな効果を示す TMR 効果は 2005 年頃以降 TMR ヘッドとして実用

化されGMRヘッドに置き換わることになった．

TMR素子に垂直に定常電流をかけると電流により発生するトルク(スピントルクとよばれる)によりフリー層の磁化が一定の周波数の歳差運動を起こす．この特性を示す素子を**スピントルク発振子** (Spin Torque Oscillator, **STO**) とよぶ．スピントルク発振子はGHz領域の交流電流を生成するための有用な素子である．これのもつ特性がニューロンと同様のはたらきをもつことに注目して，脳と似た計算(ニューロモロフィックコンピューティング)を実現する試みも最近行われている[8]．

磁気メモリ　TMR素子において磁化フリー層の磁化に面内で磁気異方性をもたせ容易軸の2方向が安定となるようにすれば，その向きが磁化固定層の磁化に対して平行か反平行により1ビットの情報を保持することができる．多数のTMR素子を並べることで実現されるのがMagnetoresistive Random Access Memory (**MRAM**) とよばれる磁気メモリである．磁化で記録すれば情報を保持するために電流を流し続けたりすることが必要ない不揮発メモリが実現され，また磁化状態の変化は構造変化をほとんど伴わない可逆過程であるため原理上劣化がないという大きな利点がある．MRAMにおいて情報を書き込むには磁場をかける方法とスピン偏極した電流を用いる方法がある．前者は磁場を発生するためのコイルを各素子に用意する必要があり微細化には適さない．さらに，反転にはある一定の大きさの電流が必要で，小さい素子であれば大きな電流密度が必要になることは高密度化において本質的な障害になる．一方スピン偏極電流を用いた場合には反転は素子を流れる電流密度に応じて起きるためこの問題は生じない．この反転のためには平衡状態でフリー層が反平行磁化になるように設計しておき，電流を素子に垂直に流す．すると固定層を流れた電流はスピン偏極をもちフリー層に流れ込み，これにより平行配置への反転が起こる．このことを式に基づき指摘したのがJ. Slonczewski[9]とL. Berger[10]である．伝導電子のスピン偏極が磁化に角運動量を受け渡した結果起きる磁化反転であるので，**スピン移行効果**とよばれる．この反転においては磁化の緩和が本質的役割をし，反転に必要な電流密度はギルバート緩和定数αに比例する．

磁場を用いるMRAMは2006年頃には商品化され，高い信頼性と耐久性が要求される一部の航空機や車に搭載されているが，コスト面の弱点により2018年時点では大きなマーケットにはなっていない．スピン移行効果を用いたものは電流注入型 (STT (Spin-transfer Torque)) MRAM とよばれるが，性能を保った大量生産が難しく普及はまだ先のようである．

磁壁の移動は磁化の変化であるので，磁壁位置に注目したメモリも考えられる．また長い細線状強磁性体に一連の局所的磁化の向きとして情報を記録するレーストラックメモリも S. Parkin により提案されている [11]．レーストラックメモリでは細線上の磁化全体を電流によるスピン移行効果を用いてスライドさせることでヘッド部まで移動させ，読み出しと書き込みを行う．

2.1.2 ホール効果，スピンホール効果

次に，かけた電圧あるいは電流に垂直に電気信号が現れる横伝導現象を紹介しよう．

正常ホール効果　ホール効果 (Hall effect) は磁場中で物質に電流を流した際に垂直方向に電圧が生じる，あるいは電圧をかけたときに垂直方向にも電流が発生するという現象である．この現象は E. H. Hall により 1879 年に報告された [12]．この現象の起源は電荷をもつ粒子に対して磁場が生み出すローレンツ力である．電場のもとで電荷が運動している際にはこれがはたらくと電荷は円運動するが，結晶中の不純物などによる不規則な散乱が電荷に起こるとこの円運動の軌道が電場に垂直方向にドリフトしてゆき，結果的に垂直方向にも電流あるいは電位差が発生する．磁場によるホール効果は異常ホール効果と区別して正常ホール効果ともよばれる．この効果は電子に働く力を古典的に考えて理解することができる．一定の電場 $\boldsymbol{E}$ と磁場 $\boldsymbol{B}$ のもとで電子の速度 $\boldsymbol{v}$ についての古典的運動方程式は

$$m\left(\dot{\boldsymbol{v}} + \frac{1}{\tau_{\mathrm{e}}}\boldsymbol{v}\right) = e(\boldsymbol{E} + \boldsymbol{v} \times \boldsymbol{B})$$

である．ここで τ_{e} は電子の弾性散乱の時間で，この効果が摩擦力として働いている．定常状態での解は $\boldsymbol{v}$ を磁場に垂直な面内で考え，$\boldsymbol{E}$ に平行な成分 $v_{\parallel}$ と垂直成分 $v_{\perp}$ に分けて解けば

$$\begin{pmatrix} v_{\parallel} \\ v_{\perp} \end{pmatrix} = \frac{1}{1 + (\omega_{\mathrm{c}}\tau_{\mathrm{e}})^2} \frac{e\tau_{\mathrm{e}}}{m} E \begin{pmatrix} 1 \\ \omega_{\mathrm{c}}\tau_{\mathrm{e}} \end{pmatrix}$$

と得られる．ここで $\omega_{\mathrm{c}} \equiv \frac{eB}{m}$ は磁場による回転運動の角振動数である．電子の速度に電荷 e と電子数密度 n を掛ければ電流になるから電流は

$$\boldsymbol{j} = \frac{\sigma_{\mathrm{B}} E}{\sqrt{1+(\omega_{\mathrm{c}}\tau_{\mathrm{e}})^2}}[\cos\theta_{\mathrm{H}}\hat{\boldsymbol{E}} + \sin\theta_{\mathrm{H}}(\hat{\boldsymbol{z}} \times \hat{\boldsymbol{E}})] \tag{2.1}$$

となる．ここで

$$\sin\theta_{\mathrm{H}} \equiv \frac{\omega_{\mathrm{c}}\tau_{\mathrm{e}}}{\sqrt{1+(\omega_{\mathrm{c}}\tau_{\mathrm{e}})^2}}$$

で，$\hat{\boldsymbol{E}}$ は電場方向の単位ベクトル，$\hat{\boldsymbol{z}}$ は磁場の方向の単位ベクトル，$\sigma_{\mathrm{B}} \equiv \frac{e^2 n\tau_{\mathrm{e}}}{m}$ は古典的なボルツマン電気伝導度である．実験的にはホール効果では電流とその方向に垂直な方向に現れる電場との比であるホール抵抗率 ρ_{H} がよく用いられる．式 (2.1) によれば，電流 $\boldsymbol{j}$ を x 方向に取った場合横方向の電場は $E_y = E\sin\theta_{\mathrm{H}}$ であり，電流の大きさは電場の大きさ E と $j = \frac{\sigma_{\mathrm{B}} E}{\sqrt{1+(\omega_{\mathrm{c}}\tau_{\mathrm{e}})^2}}$ と関係しているので，

$$\rho_{\mathrm{H}} \equiv \frac{E_y}{j_x} = \frac{B}{en} \equiv R_{\mathrm{H}} B$$

である．このホール抵抗率の磁場の比例係数は $R_{\mathrm{H}} \equiv \frac{1}{en}$ と電荷と密度のみで決まるのが特徴である．電流を運ぶキャリアの符号をこの測定により決めることができる．

ホール効果は磁場センサーとして様々な場面で用いられている．

異常ホール効果　異常ホール効果は強磁性体の場合に磁場なしで生じるホール効果である．強磁性体は磁化をもち，電磁気学においては磁化は磁場と同じようにふるまうので，現代の我々からは異常ホール効果はあたりまえの現象に思えるかもしれない．しかしこの効果は磁化を磁場として読み代えるときに期待される正常ホール効果よりもずっと大きな「異常な」効果である．この効果は sd 型交換相互作用により磁化と電子スピンが結合し，その影響がスピン軌道相互作用により電子の実空間の運動に現れることで発生する．つまりこれはローレンツ力による正常ホール効果とは異なり量子性が本質的である．このため理論的説明は相対論的量子力学が完成し電子の輸送現象を量子論的に記述する枠組が完成するのを待って，1954–55 年に Karplus and Luttinger [13], Smit [14] などにより行われた [15].

異常ホール効果を式で考えてみよう．スピン選択散乱としてのはたらきがはっきりするので δ 関数型のポテンシャル $V_i = v_i a^3 \delta(\boldsymbol{r})$ から発生するスピン軌道相互作用を考える．これは不純物原子に伴うスピン軌道相互作用のモデルとみなせる．電子の波数変化を追うために場の表示で考えると，スピン軌道相互作用は

$$
\begin{aligned}
H_{\mathrm{so}} &= \lambda_{\mathrm{so}} \int d^3 r c^\dagger [(\nabla V_i \times \boldsymbol{p}) \cdot \boldsymbol{\sigma}] c \\
&= i \lambda_{\mathrm{so}} \hbar a^3 v_i \sum_{\boldsymbol{k}\boldsymbol{k}'} c^\dagger_{\boldsymbol{k}'} [(\boldsymbol{k}' \times \boldsymbol{k}) \cdot \boldsymbol{\sigma}] c_{\boldsymbol{k}} \qquad (2.2)
\end{aligned}
$$

という形に波数表示で表される[*5]．この相互作用の形は，入射電子の波数 $\boldsymbol{k}$ と散乱後の波数 $\boldsymbol{k}'$ が電子スピンの向きに垂直な面内で回転することを示している．つまりスピン軌道相互作用により電子の運動がスピンの向きに応じて垂直方向に曲げられ，入射波数 $\boldsymbol{k}$ に垂直な電流成分がスピンに依存する (**図 2–2**)．これがいわゆる skew scattering とよばれる過程である．強磁性金属の場合には↑と↓のスピンをもつ電子数は異なるため，スピン軌道相互作用のこの効果により垂直方向に正味の電流 (ホール電流) が発生する．フェルミ面上での状態密度の多いほうの電子のスピンを↑とすると図 2–2 の状況では正味図の奥に向かう電子の流れがあり，手前側に電流が流れることになる (**図 2–3**(左))．これが異常ホール効果の 1

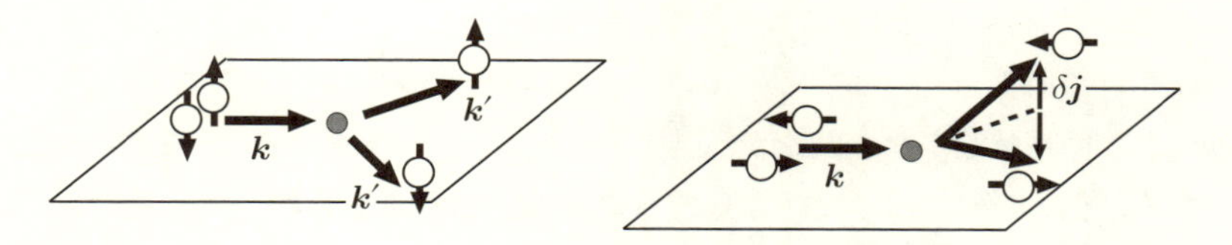

図 2–2　(左)：短距離型のポテンシャルに伴う，スピン軌道相互作用から生じる電子のスピン依存散乱．波数 $\boldsymbol{k}$ の方向に入射した↑スピンと↓スピンは，異なった方向 $\boldsymbol{k}'$ に散乱される．結果的に入射に垂直な方向にスピン流が発生する．これがスピンホール効果の 1 つのメカニズムで，skew scattering 過程とよばれる．(右)：同様にスピン軌道相互作用により電子の波数ベクトルが変化した際には，その変化分と電子のスピンの向きに依存して電流 $\delta \boldsymbol{j}$ が生じる．この過程は side jump 過程とよばれる．

---

*5　相対論からの真空での結果を用いれば，$\lambda_{\mathrm{so}} = \frac{\hbar^2 v_i}{4 m_e^2 c^2}$ であるが物質中ではこの関係はかならずしも満たされない．

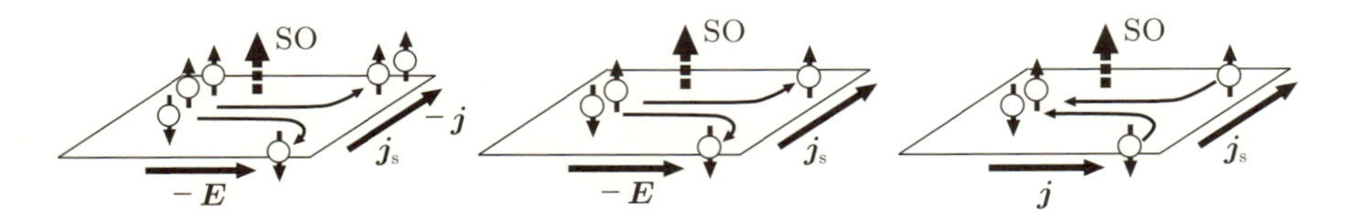

図 2–3　(左)：異常ホール効果の概念図．強磁性体では電子数がスピン依存するため，スピン軌道相互作用から生じる電子のスピン依存散乱が入射電流に垂直な方向の電流 (異常ホール電流) になる．(中央)：非磁性体では電流成分は生じないがスピン軌道相互作用によりスピンの流れ $\boldsymbol{j}_{\mathrm{s}}$ が生じる (スピンホール効果)．(右)：スピンホール効果の逆効果はスピン流に対して電流が生じる (逆スピンホール効果)．

つのメカニズム (skew scattering 効果) である．

skew scattering 過程のみの議論は不十分なものである．というのは，スピン軌道相互作用のもとでは電流演算子そのものが変更を受けるからである．式 (2.2) から生じる電流への補正は (電子のもつ電荷を e として)

$$\delta \boldsymbol{j} = -ie\lambda_{\mathrm{so}}\hbar a^3 v_i \sum_{\boldsymbol{k}\boldsymbol{k}'} c^{\dagger}_{\boldsymbol{k}'}[(\boldsymbol{k}'-\boldsymbol{k})\times\boldsymbol{\sigma}]c_{\boldsymbol{k}} \tag{2.3}$$

である．この式によれば電子の運動波数 $\boldsymbol{k}$ から $\boldsymbol{k}'$ に変化した際，その変化とスピンの両方に垂直な方向への電流が発生する．これがいわゆる side jump 機構で，この過程も異常ホール効果に寄与する．

Karplus and Luttinger [13], Smit [14] の頃には上の 2 つのメカニズムのどちらが重要かという議論がなされたが，現代的な視点では両者は当然どちらも考慮すべきである．例えば式 (2.3) で与えられる電流補正を考慮しなければ物理的な (ゲージ不変な) 電流を議論することはできない．こうしたことを統一的に見落としなく考慮するためには場の理論のファインマン図はとても有用である．もちろん，結果として skew scattering と side jump の大きさが異なりいずれか主要項になることはある．実際のところホール伝導度 σ_{xy} で見たとき，side jump の寄与は縦伝導度 σ_{xx} に依存しないのに対して skew scattering のほうは σ_{xx} に比例することが知られており，伝導度が大きいクリーンな系では skew scattering の寄与が重要になる [15]．なお，不純物散乱がないクリーン極限でも異常ホール効果は存在し，それを**内因性** (intrinsic) 異常ホール効果，それに対して不純物によって引き起こされるものを**外因性** (extrinsic) とよび，区別されている．

以上のように，ホール効果を引き起こす量としては外部磁場と磁化が古くから知られているわけであるが，実質的に磁場としてはたらきホール効果を生む量は他にも知られており，スピンの立体構造を表す指標であるスピン**スカラーカイラリティ**はその有名な例である．これは 3 つの原子上にある局在スピンを $\boldsymbol{S}_1$，$\boldsymbol{S}_2$，$\boldsymbol{S}_3$ としたときに $\boldsymbol{S}_1 \cdot (\boldsymbol{S}_2 \times \boldsymbol{S}_3)$ というスカラー量で，3 つのスピンベクトルの作る体積に比例した量である．連続極限ではこの量はスピンの作る立体角に比例し，3.1 節で見るようにこの量は伝導電子に対する有効磁場としてはたらくため，ホール効果を生み出す．実際の異常ホール効果の大きさは，電子が各原子上でどの程度局在スピンの情報を感じているかなどによる重みを考慮して平均化したスカラーカイラリティで決まる．最近は多極子のあるものも磁化と同じように異常ホール効果に寄与するものがあることが指摘されている [16]．ホール抵抗の起源，外部磁場 H，磁化 M，スカラーカイラリティ χ と多極子の寄与 ρ_{mp} をまとめると

$$\rho_H = R_H H + R_M M + R_\chi \chi + \rho_{\mathrm{mp}}$$

と表されることになる (簡単のため磁場と磁化は考えている面に垂直としている)．R_H，R_M，R_χ は係数である．一般には χ や ρ_{mp} も全磁化 M に依存するので，温度や外部磁場の関数としての全体の挙動は複雑になり得る．

運動量空間と実空間のベリー位相　ホール係数は線形応答理論によると方向の異なる電流演算子の相関関数で表される．これに基づくとホール伝導度は波数空間でのベリー (Berry) 位相 (正確にはベリー曲率とよばれる有効磁場) の総和で表されることが示せる [17, 18]．格子の周期性により波数空間は有限領域で周期的に閉じているため，波数空間に特異性がなければこの値は 0 である．2 次元空間において特異性がある場合には波数空間の幾何学的巻数 (Chern 数) がホール伝導度を決めることになる．絶縁体であればこの積分は整数となり量子ホール効果が現れる．金属の場合は電子のバンドごとにどれだけの特異性があるか，つまり波数空間のベリー曲率でホール伝導度が決まる．一方，**図 2–4** に示すようなスピンのスカラーカイラリティは実空間でのスピン構造から生じるベリー曲率を問題にしている．両者は別の量である．どちらが異常ホール効果を決めるかは不純物の濃度の大小で決まることがわかっている [19]．クリーンな (弾性散乱の寿命が長い) 系では波数空間のバンド構造で輸送特性は決まるため波数空間のベリー曲率で異

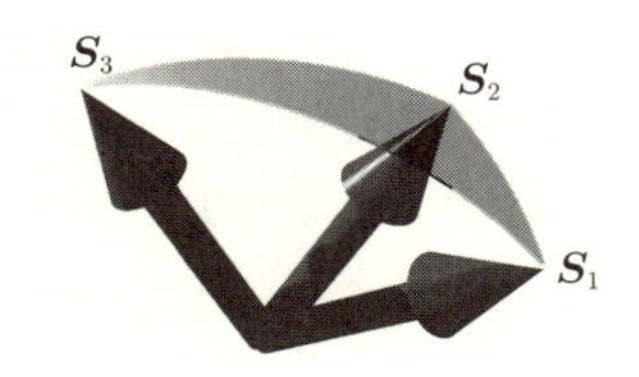

図 2–4　3つのスピン $\boldsymbol{S}_1, \boldsymbol{S}_2, \boldsymbol{S}_3$ がつくるスカラーカイラリティ $\boldsymbol{S}_1 \cdot (\boldsymbol{S}_2 \times \boldsymbol{S}_3)$ は立体度を表す．

常ホール係数は決まる．一方弾性散乱の寿命が短くなると局在スピンとの sd 交換相互作用 J_{sd} のバンドへの影響がバンドのぼやけ $\hbar/\tau_{\mathrm{e}}$ により見えなくなってしまい波数空間のベリー曲率は意味がなくなる．この状況では実空間でのベリー曲率がホール伝導度を決めることになる．波数空間と実空間のクロスオーバーは $J_{\mathrm{sd}}\tau_{\mathrm{e}}/\hbar \sim 1$ で起きる．

スピンホール効果　図 2–3(左) でスピン軌道相互作用による異常ホール効果の模式図を示したが，この状況を電子がスピン分極していない非磁性体の場合に考えたのがスピンホール効果である (図 2–3(中))．このときは伝導電子のスピン分極がないために垂直方向に正味の電子の流れはないが，図では↑が手前から奥に，↓成分は逆に手前側に流れている．つまり $\boldsymbol{j}_{\mathrm{s}}$ で表されるスピンの流れ (**スピン流**) が生じている．この効果を**スピンホール効果**とよぶ．強磁性体の異常ホール効果においてもスピン流は生じているが，電流も一緒に現れるためスピン流のほうはあまり注目されない．これに対して非磁性体の場合には電流を伴わないスピン流 (**純スピン流**) が発生する．純スピン流では電荷の流れによるジュール熱による大きな損失がないために省電力デバイスの観点から注目されている*6．スピンホール効果の観測は，スピン流が流れたために系の端に生じるスピン蓄積を観測することで行われる [20](**図 2–5**)．

逆スピンホール効果　スピンホール効果の図 2–3(中) を時間反転してみるとわかるように，スピン流をスピン軌道相互作用のある系に流せば垂直方向に電流が発

*6　とはいえ，現実にはスピンから角運動量が電子系や結晶格子に逃げる過程が存在し，これによるスピン流緩和のためエネルギー損失は生じる．

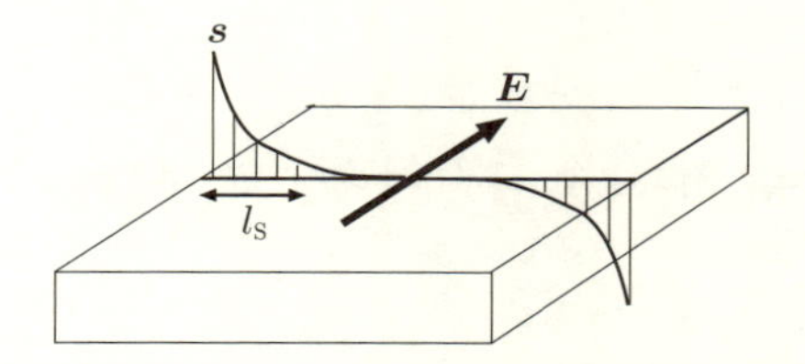

図 2–5 スピンホール効果によるスピン流は，外部電場 $\boldsymbol{E}$，電流 $\boldsymbol{j}$ に垂直な方向の端点にスピン蓄積 $\boldsymbol{s}$ をつくる．スピンホール効果の実験での観測はこれを検出することにより行われる．

生することが期待される．これが**逆スピンホール効果**である図 2–3(右)．この方法はスピン流を電流あるいは電圧という測定しやすい量で検出できるため今のスピントロニクス研究においてなくてはならない方法となっている．

スピンホール効果を電流とスピン流の大きさを結ぶ関係として現象論的に $j_{\rm s} = \theta_{\rm SH} j$ と表すことがある．比例係数 $\theta_{\rm SH}$ はスピンホール角とよばれスピン軌道相互作用の大きさを反映している．この単純な描像では，図 2–2 を時間を逆転して考えれば逆スピンホール効果は $j = \theta_{\rm ISH} j_{\rm s}$ と表されることになる．線形応答理論で計算すれば $\theta_{\rm SH}$ はスピン流と電流の相関関数 $\chi_{j_{\rm s}j}$ の虚部を外場の角振動数 Ω と電気伝導度 $\sigma_{\rm B}$ で割ったものである．これは電流を印加するための外場はベクトルポテンシャル $\boldsymbol{A}$ で，これが電流と $\boldsymbol{j} = -\sigma_{\rm B}\dot{\boldsymbol{A}}$ と結びついているからである．一方の逆効果はスピン流に対する駆動場 (実質スピンゲージ場である) を $\boldsymbol{A}_{\rm s}^{\alpha}$ としたとき (α はスピンの方向)，同じ相関関数を時間反転させたもので表されるので，スピン流の伝導度を $\boldsymbol{j}_{\rm s}^{\alpha} = -\sigma_{\rm s}\dot{\boldsymbol{A}}_{\rm s}{}^{\alpha}$ と定義すれば，$\theta_{\rm ISH} = \frac{\sigma_{\rm B}}{\sigma_{\rm s}}\theta_{\rm SH}$ となっている．これらの関係をより一般的にオンサーガー (Onsager) の関係の文脈で議論することもできる．

ただ，これらの式はスピン流をキーワードに現象を整理するには便利であるが，あくまでも現象論的な気持ちを表現したものであり，そもそもスピン流の定義が一意でないため安易に用いるべきではない．また，逆スピンホール効果の場合にスピン流の平衡成分が電流になっては熱力学の法則に反することになるため，右辺のスピン流は非平衡で誘起されたスピン流のみである [21]．

スピンホール効果と逆スピンホール効果は J. E. Hirsch [22] による理論の論文がよく引用されているが，M. I. Dyakonov and V. I. Perel [23] によりそれ以前の1971年に理論的指摘がされている．

逆スピンホール効果をスピンポンピング効果と組み合わせると，磁化の運動からスピン流を発生させ，それに対しての逆スピンホール効果により最終的に起電力を発生することができる．このことを提唱し最初に実験的に示したのはE. Saitoh (齊藤) である[24]．この効果は現象論的にはスピンポンピング効果を規定するパラメータであるスピン混合コンダクタンスと逆スピンホール効果を決めるスピンホール角で解釈される．この現象を物理量である量の間の関係として局在スピン (磁化) の運動 $\dot{\boldsymbol{S}}$ から起電力が発生する現象と見れば，スピン軌道相互作用のもとで磁化が誘起する起電力として曖昧性のない記述が可能で，物理的にはこのほうが自然な解釈であろう．

2.2　電磁交差相関効果と光学応答

スピントロニクスの基本にあるのはスピンと電荷の結合であるが，これは電場と磁場を混ぜる電磁**交差相関**効果でもある．この効果は当然光 (電磁波) の応答にも特異な効果を引き起こす．本節ではこのことを簡単に議論しよう．

スピン軌道相互作用のもつ対称性によって異なった電磁応答が現れる．まずはある特定のベクトルに対して空間反転が破れている，ラシュバ型スピン軌道相互作用を考えよう．ハミルトニアン式 (0.10) から明らかなように，この相互作用は電場のもとでスピン $\boldsymbol{\sigma}$ の期待値である磁化 $\boldsymbol{M}$ を発生し，逆に磁場のもとで電流を発生させる電磁交差相関効果をもつ．式では角振動数 ω に依存した係数 κ_{ME} を用いて

$$\boldsymbol{M} = \kappa_{ME}(\boldsymbol{\alpha}_{\mathrm{R}} \times \boldsymbol{E}), \qquad \boldsymbol{j} = i\hbar\omega\gamma\kappa_{ME}(\boldsymbol{\alpha}_{\mathrm{R}} \times \boldsymbol{B}) \tag{2.4}$$

と表される[25]．定常電場でも磁化は生成されるが，電流の生成は ω の因子からわかるように定常磁場では起きず時間変化が必要である．電場からの磁化の生成は文献[26, 23]により指摘されていたが，V. M. Edelstein[27]により詳しく理論的に議論されたため **Rashba–Edelstein 効果**とよばれる．逆の作用は逆スピンホール効果の一種であるが，**逆 Rashba–Edelstein 効果**とよばれる．実験では強磁性体と Ag と Bi からなる多層構造で観測されている[28]．

式 (2.4) で表されるラシュバ型スピン軌道相互作用の交差相関性は光に対して

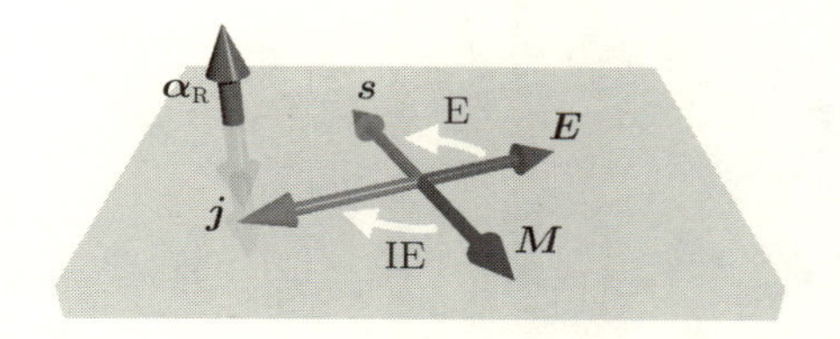

図 2–6 ラシュバ型スピン軌道相互作用がラシュバベクトル $\boldsymbol{\alpha}_\mathrm{R}$ に垂直な面内に生み出す電磁交差相関現象．外部電場 $\boldsymbol{E}$ に対しては，スピン密度 $\boldsymbol{s}$ を発生し，磁化 $\boldsymbol{M}$ に対しては，電流密度 $\boldsymbol{j}$ を発生する．それぞれ，Rashba–Edelstein (E)，逆 Edelstein (IE) 効果とよばれる．

も興味深い効果を引き起こす (**図 2–6**)．交流の入射電場 $\boldsymbol{E}$ がラシュバベクトルに垂直な面に入射した場合，2 次の作用として Rashba–Edelstein 効果によりスピン密度あるいは磁化が生成し，それがさらに逆エデルシュタイン効果により電流密度を誘起する効果がある．これは面内のプラズマ振動数を変え，電磁波成分がラシュバベクトルに並行か垂直な面内かに応じて誘電率が異方的になる．方向依存した 2 つのプラズマ振動数の間の振動数領域では系は方向ごとに金属的，絶縁体的と異なる応答を示す，いわゆるハイパボリック**メタマテリアル**[29] が実現し，入射電磁波は負の屈折などの特異なふるまいを見せる[25]．このような電磁特性は通常電磁メタマテリアル物質として人工構造による実現が議論されているが，異方的スピン軌道物質は天然のメタマテリアル物質であり，しかも相互作用が強い場合にはメタマテリアル特性が赤外領域以上の振動数で発現するという点で有用である．

ラシュバ型スピン軌道相互作用に加えて磁化 $\boldsymbol{M}$ がある場合には空間反転と時間反転の両方の対称性が破れる．このときには電磁波の透過率反射率が方向に依存する**方向 2 色性**が対称性からは許される．実際このときの電磁波に対する有効ハミルトニアンは

$$H^{\mathrm{R}}_{EB} = \int d^3r \boldsymbol{u}_\mathrm{R} \cdot (\boldsymbol{E} \times \boldsymbol{B}) \tag{2.5}$$

の形の項をもち，ベクトル $\boldsymbol{u}_\mathrm{R}$ は $\boldsymbol{\alpha}_\mathrm{R} \times \boldsymbol{M}$ に比例していることが示せる[30]．この項により電磁波は $\boldsymbol{u}_\mathrm{R}$ に対しての向きにより異なった透過率と反射率を示す．$\boldsymbol{E} \times \boldsymbol{B}$ が電磁波の運動量に比例していることから，$\boldsymbol{u}_\mathrm{R}$ は光に対するベクトルポテンシャルとしてはたらいている．ベクトルポテンシャルは運動量と結合するた

め何らかの内的な流れを表す量であり，この意味では方向2色性は $\boldsymbol{\alpha}_{\mathrm{R}} \times \boldsymbol{M}$ という流れが光に及ぼすドップラーシフトであるということができる．実際式 (2.5) のもとでの全電磁場は

$$\boldsymbol{E}_{\mathrm{tot}} = \boldsymbol{E} + \frac{1}{\epsilon_0}(\boldsymbol{u}_{\mathrm{R}} \times \boldsymbol{B}), \qquad \boldsymbol{B}_{\mathrm{tot}} = \boldsymbol{B} + \mu_0(\boldsymbol{u}_{\mathrm{R}} \times \boldsymbol{E}) \tag{2.6}$$

であり，$\boldsymbol{u}_{\mathrm{R}}$ に比例した速度で動いている系へのローレンツ変換と同じ形である．また，実はこの量 $\boldsymbol{\alpha}_{\mathrm{R}} \times \boldsymbol{M}$ は伝導電子スピンに対しての有効ゲージ場としてはたらくことが知られており [31, 32]，同じ量が電子スピンと光ということなった自由度に同じようにゲージ場としてはたらくことは興味深い．

他のスピン軌道相互作用の場合も対称性に応じた電磁特性が現れる．ワイル (Weyl) 型とよばれる

$$\mathcal{H}_{\mathrm{W}} = -\lambda_{\mathrm{W}}(\boldsymbol{p} \cdot \boldsymbol{\sigma}) \tag{2.7}$$

というスピン軌道相互作用 (λ_{W} は定数) では，すべての方向についての空間反転対称性が等方的に破れている．この場合に電磁場の有効ハミルトニアンには

$$H_{EB}^{\mathrm{W}} = g_{\mathrm{W}} \int \mathrm{d}^3 r (\boldsymbol{B} \cdot \dot{\boldsymbol{E}} - \boldsymbol{E} \cdot \dot{\boldsymbol{B}}) \tag{2.8}$$

という形が現れる (g_{W} は結合定数) [33]．右辺は電磁場のもつ**カイラリティ**になっており [34]，この項によりカイラルな光学応答が生じる．式 (2.8) を考慮した全電磁場は

$$\boldsymbol{E}_{\mathrm{tot}} = \boldsymbol{E} - \frac{g_{\mathrm{W}}}{\epsilon_0}\dot{\boldsymbol{B}}, \qquad \boldsymbol{B}_{\mathrm{tot}} = \boldsymbol{B} - \mu_0 g_{\mathrm{W}} \dot{\boldsymbol{E}} \tag{2.9}$$

となっている．

電磁交差相関効果に基づく光学応答は絶縁体の場合に**マルチフェロイクス**分野で詳しく議論されている [35]．マルチフェロイクスにはスピントロニクスと多くの共通の物理があるが，歴史的経緯のためか両者の交流はこれまではあまりないようである．

2.3　温度勾配による輸送現象

物質中の温度差によって誘起される輸送現象にも簡単に触れておこう．温度勾配があると粒子のもつ平均の速さに差があるため粒子の流れが生じる．これはちょ

うど電場のもとで荷電粒子に力が働いているのと同じように考えてもよかろう．したがって現象論的には温度勾配のもとでも電場で見られるすべての現象が起きる．縦伝導に対応するのは**ゼーベック** (Seebeck) **効果**で，温度勾配 ∇T により電子が駆動された結果として発生する起電力は $E = S\nabla T$ と表される．この S はゼーベック係数とよばれる．横伝導のホール効果に対応した，磁場のもとで温度勾配により横方向に電圧が生じる効果は**ネルンスト** (Nernst) **効果**とよばれる．温度勾配により電圧や電流が生じるが，その逆効果として電気的なエネルギー流 (熱流ともいえる) の生成がある．ゼーベック効果の逆は電流により熱流を生成するペルチェ (Pertier) 効果で，これはワインセラーなどに用いられている．温度効果が特に重要なのは電場で駆動できない絶縁体の場合である．例えば絶縁体磁性体中のスピン波を駆動するには温度勾配が現実的な手段である．

温度勾配による輸送現象は巨視的な物質で現実に存在するものであるが，これらを量子論的に議論する厳密な定式化は今のところ存在しない．温度勾配がある系は非平衡状態であり，非平衡の量子統計物理学は確立していないからである．そもそも温度は巨視的な系で定義される変数であり，量子論の微視的スケールでのハミルトニアンに温度が直接入ることはできない．それでも熱輸送の問題を理論は避けて通るわけにはいかず，線形応答理論に温度勾配をどのように取り入れるかは 1960 年頃に活発に議論された．そのうち現在よく用いられているのが J. M. Luttinger による定式化[36] である．ラッティンジャーは温度勾配効果の記述のために系のエネルギー (ハミルトニアン) 密度に結合するスカラーポテンシャル ψ_T を導入した．温度が結合するのがハミルトニアンであることはラッティンジャーの論文でははっきり説明されていないが，次のように考えれば受け入れることができよう．系の熱平衡状態を規定するボルツマン因子 $e^{-\beta H}$ は，温度が場所により弱く変化している場合には，$T(\boldsymbol{r}) = T_0 + \delta T(\boldsymbol{r})$ として δT の最低次まで取り $\exp\left(-\frac{1}{k_{\mathrm{B}}}\int d^3r \frac{\mathcal{H}}{T}\right) \simeq \exp\left(-\frac{1}{k_{\mathrm{B}}}\int d^3r \frac{\mathcal{H}}{T_0}\left(1-\frac{\delta T}{T_0}\right)\right)$ と拡張してみたくなる*7．$\mathcal{H}$ はハミルトニアン密度である．ここで $-\frac{\delta T}{T_0}$ をスカラーポテンシャル ψ_T と見れば温度依存性の効果はハミルトニアンに $\psi_T\mathcal{H}$ という項を加えることで取り入れられることになる．温度勾配はスカラーポテンシャルにより

$$\nabla\psi_T = -\frac{\nabla T}{T_0}$$

*7 裏付けはない．

の関係で表される．このスカラーポテンシャルをラッティンジャーは gravitational potential とよんでいる．一般相対論で重力場は系のエネルギー密度と結合するからであろう．温度勾配を表すポテンシャルが決まれば熱輸送係数は線形応答理論で計算することができる．このような扱いをするためには系の部分をある程度巨視的なスケールで見た場合に局所熱平衡にあり局所的に温度が定義されていなければならないであろう．局所熱平衡にあれば系のエネルギー密度 $\mathcal{E}$ はエネルギー流密度 $\boldsymbol{j}_{\mathcal{E}}$ と連続の式

$$\dot{\mathcal{E}} + \nabla \cdot \boldsymbol{j}_{\mathcal{E}} = 0$$

を満たす．この保存則はエネルギーについての U(1) ゲージ対称性と見ることができるので，電磁場の場合と同様にベクトルポテンシャル $\boldsymbol{A}_T$ により温度勾配を $\dot{\boldsymbol{A}}_T = \frac{\nabla T}{T_0}$ と表すことも可能である [37, 38, 39]．こうした定式化により，形式的には温度勾配は電荷に結合する電磁場と全く同列に議論することができる．違いは電荷に対応する量はエネルギーになる点である．これにより輸送係数を表す相関関数にエネルギーの因子が加わるため計算上は問題が多少複雑になる．実際，高エネルギーで増大する傾向を注意深く扱わないと絶対零度で係数が発散するという間違った結果を得ることがいくつかの例で知られている [40, 41]．

2.3.1　スピンゼーベック効果

スピン流は温度勾配により駆動することも可能である．この効果は電流の場合のゼーベック効果になぞらえて**スピンゼーベック効果**とよばれる．初めのスピンゼーベック効果の報告は 2008 年にパーマロイの小さい板の両端に Pt をつけた系に温度勾配をかけて行われ，Pt 電極の両端に起電力が発生することが確認された [42]．この現象は温度勾配に沿ってスピン流が流れそれが Pt に入り逆スピンホール効果により電圧に変換されたものと当初は解釈されたが，その後この解釈は誤りであることが明らかになった．現在では，熱的に駆動されたスピンの歳差運動が起こすスピンポンピング効果で本来の意味のスピンのゼーベック効果とは全く異なる現象であると考えられている．しかし名称は変わらず，スピン流が Pt に向けて温度勾配に垂直に生成されることから横 (transverse) をつけて横スピンゼーベック効果とよばれている．その後本来の意味に沿ったスピンゼーベック効果の観測が絶縁体強磁性体 YIG を用いて行われ，これは縦 (longitudinal) スピン

ゼーベック効果とよばれている[43].

2.4 電流によるスピン注入

ここでは強磁性体金属 (F) と非磁性金属 (N) の接合における電流によるスピン注入を考える (図 2–8). この現象は強磁性側から電流を流した際にスピンごとにはこぶ電流の量が F と N とで異なるため界面に印加電流に比例した非平衡スピン蓄積が生じる現象である. スピン蓄積の勾配によりスピン流が拡散的に生じるため実質的にスピン流を非磁性金属に注入していると見ることができる. このスピン流生成法は M. Johnson と R. H. Silsbee により 1985 年にすでに用いられている古典的な方法であるが, 2000 年以降になって簡単なスピン流生成法として広く用いられることになった.

F と N はそれぞれ領域 $z < 0$ と $z > 0$ にあり, 界面は平坦で $z = 0$ にあるとする. また界面をまたぐ電子移動ではスピン反転は起きないとする. 電子の流れは F 側から N 側に向かう状況 (外部からかける電場は左向き) を考える. このとき伝導度のミスマッチにより FN 界面周辺に電子の蓄積が非平衡定常状態として発生する (**図 2–7**). この状況をスピン依存した電子の密度分布を求めることで記述しよう.

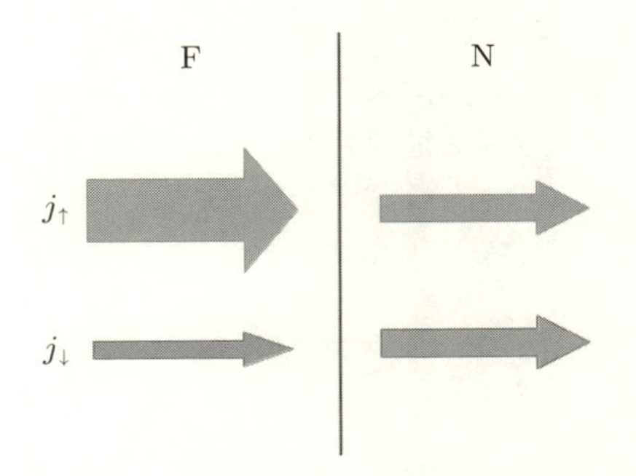

図 2–7 強磁性 (F) と非磁性 (N) の金属接合に電流を流すと, majority spin (↑) 電子の運ぶ電流 $j_\uparrow$ は F 内では大きく N では小さくなるため, ↑ スピン密度は界面で増加する. 逆に ↓ スピンの界面での密度は N へ流出しなければならないため減少する. このために界面にスピン蓄積が発生する.

まずはF側のみを考え，そこでのスピン σ $(\uparrow,\downarrow)$ をもつ電子の密度分布を $\delta n_\sigma(z)$ とする (δ は非平衡量であることを示すためにつけた)．電子密度分布を決めるのは電子の**連続の式**

$$\dot{\delta n_\sigma} + \nabla\cdot\boldsymbol{j}_\sigma = \mathcal{T}_\sigma \tag{2.10}$$

である．ここで $\boldsymbol{j}_\sigma$ はスピン σ をもつ電子の運ぶ電流密度，右辺の $\mathcal{T}_\sigma$ は緩和を表す項である．もちろん物質中で電子が消滅生成することはないが，そのスピンは反転できるためスピンを指定した電子密度を議論すると緩和があるように見えるのである．スピン σ の電子のスピン反転確率を $1/\tau_{\rm sf}^\sigma$ とすると，緩和による密度変化は現在の密度に比例して起こるので

$$\mathcal{T}_\sigma = -\frac{\delta n_\sigma}{\tau_{\rm sf}^\sigma} + \frac{\delta n_{\overline{\sigma}}}{\tau_{\rm sf}^{\overline{\sigma}}} \tag{2.11}$$

と書ける．$\overline{\sigma}$ は σ の反対向きスピンを表す．右辺第1項はスピン σ をもつ電子が消える過程，第2項は反対向きのスピン $\overline{\sigma}$ をもつ電子がスピン反転することによりスピン σ の密度が増える効果を表している．電流密度は非平衡電子密度から拡散により発生する部分と外部電場により駆動される部分があり，

$$\boldsymbol{j}_\sigma = -D_\sigma\nabla\delta n_\sigma + \sigma_{{\rm e},\sigma}E \tag{2.12}$$

と表される．D_σ と $\sigma_{{\rm e},\sigma}$ はF中のスピン σ をもつ電子の拡散係数と電気伝導度，E はF中の電場である．式 (2.10), (2.11), (2.12) から，定常状態でのF中の δn_σ を決める微分方程式 (定常状態の**拡散方程式**) が次のように得られる．

$$-D_\sigma\nabla^2\delta n_\sigma = -\frac{\delta n_\sigma}{\tau_{\rm sf}^\sigma} + \frac{\delta n_{\overline{\sigma}}}{\tau_{\rm sf}^{\overline{\sigma}}} \tag{2.13}$$

この方程式は次のような δn_σ についての閉じた式になる．

$$\left[\nabla^2 - \left(\frac{1}{D_\sigma\tau_{\rm sf}^\sigma} + \frac{1}{D_{\overline{\sigma}}\tau_{\rm sf}^{\overline{\sigma}}}\right)\right]\delta n_\sigma = 0 \tag{2.14}$$

つまり電子密度はそのスピンによらず同じ減衰長 (**スピン緩和長**)

$$l_{\rm s} \equiv \left(\frac{1}{D_\sigma\tau_{\rm sf}^\sigma} + \frac{1}{D_{\overline{\sigma}}\tau_{\rm sf}^{\overline{\sigma}}}\right)^{-\frac{1}{2}} \tag{2.15}$$

で減衰することがわかる．したがって F 側 $(z < 0)$ のスピンごとの電子密度分布は

$$\delta n_\sigma(z) = \overline{\delta n_\sigma} e^{z/l_{\rm s}} \tag{2.16}$$

で与えられる．$\overline{\delta n_\sigma}$ は界面での電子密度である．このとき F 側のスピンごとの電流密度は式 (2.12) より

$$j_\sigma(z) = -\frac{D_\sigma}{l_{\rm s}} \overline{\delta n_\sigma} e^{z/l_{\rm s}} + \sigma_{{\rm e},\sigma} E \tag{2.17}$$

となる．N 側 $(z > 0)$ の電流密度分布 (添字 N をつける) も以上の F 側の議論と同じく求まり，界面での電子密度 $\overline{\delta n_{{\rm N}\sigma}}$ を用いると

$$j_{{\rm N}\sigma}(z) = \frac{D_{\rm N}}{l_{\rm sN}} \overline{\delta n_{{\rm N}\sigma}} e^{-z/l_{\rm sN}} + \sigma_{\rm N} E_{\rm N} \tag{2.18}$$

となる．ここで $D_{\rm N}$，$l_{\rm sN}$ および $\sigma_{\rm N}$ は N 中の拡散係数，スピン緩和時間と電気伝導度で，これらはスピンに依存しない．また，$E_{\rm N}$ は N 中の電場である．ほしい量は電流により N 中に注入されるスピン流密度 (e を除いて定義する) の値であるが，界面でのこれは式 (2.18) より

$$j_{\rm s} = \frac{D_{\rm N}}{l_{\rm sN}} (\overline{\delta n_{{\rm N}\uparrow}} - \overline{\delta n_{{\rm N}\downarrow}}) \tag{2.19}$$

である．

スピン流の値を知るためには $\overline{\delta n_{{\rm N}\uparrow}}$，$\overline{\delta n_{{\rm N}\downarrow}}$ を求める必要がある．未知定数は F 側の $\overline{\delta n_\sigma}$ と合わせて 4 つである．これらの一部は定常状態では F と N のスピンごとの電流密度は等しい (さもないとスピン依存した電荷が時間的に変化してしまう) 条件から決まる．まず界面から十分離れたところで全電流が等しいことから

$$(\sigma_{{\rm e},\uparrow} + \sigma_{{\rm e},\downarrow}) E = 2\sigma_{\rm N} E_{\rm N} \tag{2.20}$$

が要求される．界面での電流密度がスピンごとに一致する条件からは

$$\frac{D_\sigma}{l_{\rm s}} \overline{\delta n_\sigma} + \frac{D_{\rm N}}{l_{\rm sN}} \overline{\delta n_{{\rm N}\sigma}} = \sigma \frac{P}{2} j_\infty \tag{2.21}$$

という界面での電荷密度 $\overline{\delta n_\sigma}$ と $\overline{\delta n_{{\rm N}\sigma}}$ の間の関係が得られる．ここで $P \equiv \frac{\sigma_{{\rm e},\uparrow} - \sigma_{{\rm e},\downarrow}}{\sigma_{{\rm e},\uparrow} + \sigma_{{\rm e},\downarrow}}$，$j_\infty \equiv (\sigma_{{\rm e},\uparrow} + \sigma_{{\rm e},\downarrow}) E$ は界面から離れた点での電流密度である．この式は電流に

より流れ込むスピン分極がF側とN側の界面のスピン分極にどのように分配されるかを表している．右辺がスピン σ に比例していることから，誘起された電荷密度はスピンの向きに応じて逆符号である．**図 2–8** は解の様子である．

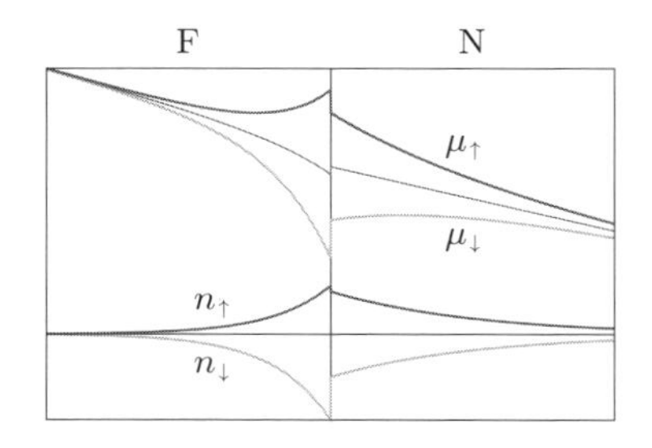

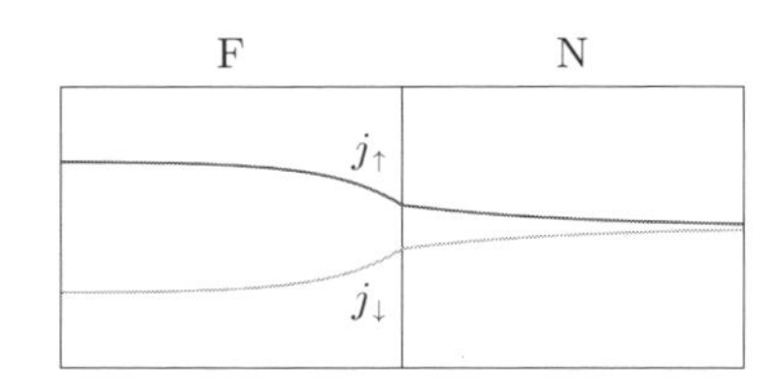

図 2–8　強磁性 (F) と非磁性 (N) の金属接合に一定の電流を流した状況で実現される定常状態のスピン ($\sigma=\uparrow,\downarrow$) ごとの電荷密度 n_σ とスピン依存化学ポテンシャル μ_σ のふるまい (左) と流れ j_σ の様子 (右)．μ_σ は電位も含んだものである．

さて境界条件 (2.21) はスピン2成分についての2つの式で，F側とN側の界面電子密度の4つある未知変数はこれだけでは決まらない．すべてを決めるには，界面をまたいだF側とN側での電子密度のずれと界面に流れる電流との関係を用いる．非平衡に電子密度が誘起されるとその点での化学ポテンシャルが変化したことになる．今は電子密度はスピンごとに異なった値になっているからスピンごとに異なった化学ポテンシャル (**スピン依存化学ポテンシャル**) をもつことになる．F側とN側のそれをそれぞれ $\delta\mu_\sigma$，$\delta\mu_{\mathrm{N}\sigma}$ と表そう (N側もスピンに依存している)．それぞれ誘起される電荷密度とは

$$\delta n_\sigma = \nu_\sigma \delta\mu_\sigma, \qquad \delta n_{\mathrm{N}\sigma} = \nu_{\mathrm{N}} \delta\mu_{\mathrm{N}\sigma} \tag{2.22}$$

のようにそれぞれの状態密度 ν_σ および ν_{N} を通じて関係している．スピン依存化学ポテンシャルは式 (2.17)，(2.18) で決まる界面での電流密度 $j_\sigma(z=0)$ と整合している必要がある．界面のもつスピンごとの抵抗 $R_{\mathrm{I}\sigma}$ に界面の面積を掛けたものを面抵抗率 $\mathcal{R}_{\mathrm{I}\sigma}$ とすると，この条件は

$$\delta\mu_\sigma - \delta\mu_{\mathrm{N}\sigma} = \mathcal{R}_{\mathrm{I}\sigma} j_\sigma(z=0) \tag{2.23}$$

である[*8]．式 (2.21) にこの 2 つの式を考慮して界面でのスピンごとの誘起電子密度 $\overline{\delta n_\sigma}$，$\overline{\delta n_{\mathrm{N}\sigma}}$ が定まる．注入されるスピン流 (式 (2.19)) を決めている N 側の密度は

$$\overline{\delta n_{\mathrm{N}\sigma}} = \frac{\sigma_{\mathrm{e},\uparrow}+\sigma_{\mathrm{e},\downarrow}}{2}\frac{l_{\mathrm{sN}}}{D_{\mathrm{N}}}\frac{\sigma P - \frac{D_\sigma \nu_\sigma}{l_{\mathrm{s}}}\mathcal{R}_{\mathrm{I}\sigma}}{1+\frac{D_\sigma \nu_\sigma}{l_{\mathrm{s}}}\left(\frac{l_{\mathrm{sN}}}{D_{\mathrm{N}}\nu_{\mathrm{N}}}+\mathcal{R}_{\mathrm{I}\sigma}\right)}E \tag{2.24}$$

である[*9]．

なお，式 (2.14) より，非平衡誘起スピン密度 $s(z) \equiv \delta n_\uparrow - \delta n_\downarrow$ も「**スピン化学ポテンシャル**」$\mu_{\mathrm{s}} \equiv \delta\mu_\uparrow - \delta\mu_\downarrow$ も同じ拡散方程式

$$\left[\nabla^2 - \frac{1}{(l_{\mathrm{s}})^2}\right]\mu_{\mathrm{s}} = 0 \tag{2.25}$$

を満たすことがわかる[*10]．

一部の実験では界面における電位差の存在を界面非平衡スピン蓄積の発生の実験的証拠とみなしているようであるが，上の議論でわかるようにこの値とスピン蓄積の定量的な関係は界面抵抗などの微視的な特性に依存するもので安易に解釈してはいけない．

2.5　磁化構造のもとでの電子の輸送特性

0.4 節では強磁性金属の伝導電子のハミルトニアンが運動エネルギー項と sd 交換相互作用からなる式 (0.14) で与えられることを述べた．本節では局在スピン $\boldsymbol{S}$ が空間に依存している場合に伝導電子の輸送特性にどのような影響があるのかを考えてみよう．局在スピンの空間構造はスピン軌道相互作用と同様に，電子スピンと空間運動を結びつけるはたらきをもつことが以下で考える簡単な問題で明らかになる．この効果は有効的なゲージ場という概念に自然につながってゆく．

---

*8　界面でスピン依存化学ポテンシャルが連続，$\delta\mu_\sigma = \delta\mu_{\mathrm{N}\sigma}$ という連続条件を課して考えている文献で多いが，これは界面における抵抗 ($\mathcal{R}_{\mathrm{I}}$) が 0 であることを暗に仮定していることになる．

*9　電気伝導度と拡散係数が $\sigma_{\mathrm{e}} = e^2 D\nu$ と関係していることを用いると少し簡略化できる．

*10　ただし，物理的には拡散しているのはスピンや μ_{s} ではなくあくまでも電子である．

2.5.1　磁壁を通過する伝導電子の問題

典型的な場合として，磁壁中を伝導電子が通る際に何が起きるかを考える (**図 2–9**)．磁壁は多くの場合数十〜100 nm 程度の大きさをもつ磁区の境界であり，巨視的に見ると非常に薄い構造である．磁壁は電子のスピンとの相互作用をもつのみであるので[*11]，一見磁壁は電子スピンを回転させるのみで電子に対してエネルギー障壁として作用し散乱を起こすことはないように思える．しかし運動している電子にとって実は磁壁は散乱体としてはたらき，それだけでなくスピンの回転を通じた特殊な駆動力を与えることがわかる．本節では，この問題を定性的に，電子の量子論に基づいて考えてみよう．

磁壁の厚さを λ_{w} と表す．磁壁を構成する局在スピンと伝導電子スピンの間には式 (0.14) の sd 交換相互作用が存在し，これが伝導電子にスピンと場所に依存したポテンシャルとしてはたらく．J_{sd} の符号の取り方は以下の話にあまり影響しないので正の場合を考える．磁壁構造として 1 次元的なものを考え局在スピンが変化する方向を z 軸に取る．局在スピンが最もエネルギーが低くなる向き (磁化容易軸という) も z 軸であるとする．これは図 1–5(右) のようないわゆるネール (Néel) 磁壁であるが，スピン軌道相互作用を考慮していない今の範囲ではスピン空間の量子化軸は座標空間のそれとは独立に選んで構わないため以下の考察は他のタイプの磁壁にも同じく適用される．無限遠での局在スピン方向は $z = \infty$ では $S_z = S$，$z = -\infty$ では $S_z = -S$ とし，z 方向の値 $s_z = 1/2$ と $-1/2$ をもつ電子スピンをそれぞれ $\rightarrow$ と $\leftarrow$ で表す．この場合 sd 交換相互作用の対角 (σ_z) 成分のため $\leftarrow$

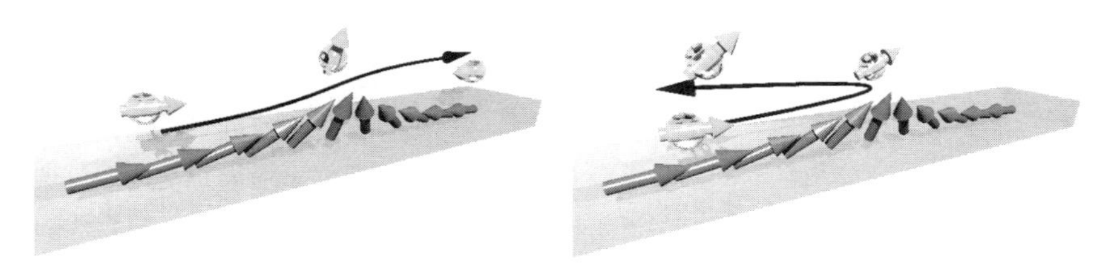

図 2–9　磁壁に入射した伝導電子の透過 (左) と反射 (右)．透過は断熱極限で主要な寄与で，スピンの反転を伴いスピン移行効果により磁壁に速度を与える．反射は非断熱性から生じる効果で，磁壁に力を与えることで駆動する．これらは 2 つの異なった磁壁の駆動メカニズムである．

[*11] スピン軌道相互作用がない状況で．

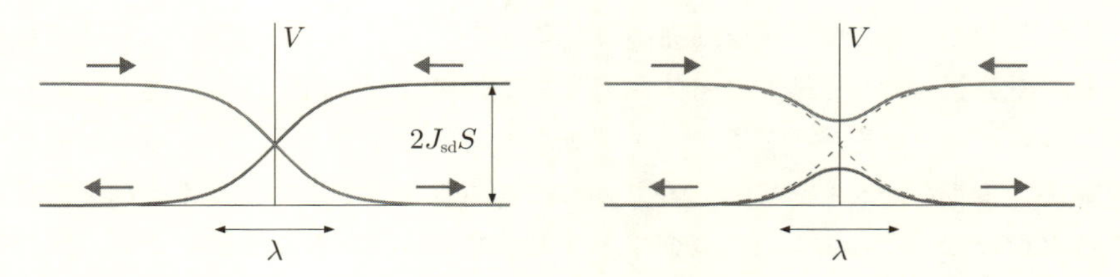

図 2–10　磁壁が電子に対して作るポテンシャル障壁の模式図．(左) は，電子スピンについて対角な成分 (σ_z) のみを考えたポテンシャル．電子のスピンが $\rightarrow(\leftarrow)$ の場合には磁壁の左 (右) 側で高い障壁を感じる．実際には磁壁内で電子スピンの反転が起きるため (σ_x 項による)，電子が磁壁の両側でそれぞれ $\leftarrow$ と $\rightarrow$ のスピンをもつことで実質的なポテンシャルは下げられる (右)．

電子は障壁の左側の領域ではエネルギーが低いが，右側領域ではエネルギーが高くなる．逆に $\rightarrow$ スピンをもつ電子は左側でエネルギーが高い (**図 2–10**(左))．つまり磁壁による局在スピンの向きの変化はポテンシャル障壁を生み出す．具体的に磁壁を式 (1.27) で与えられた解で中心を $x=0$ にもつ

$$S_z(z)=\tanh\frac{z}{\lambda_{\mathrm{w}}},\quad S_x(z)=\frac{1}{\cosh\frac{z}{\lambda_{\mathrm{w}}}},\quad S_y=0$$

という構造であるとすれば，エネルギー E の定常状態を表す伝導電子のシュレディンガー方程式は

$$\left[-\frac{\hbar^2}{2m}\frac{d^2}{dz^2}-J_{\mathrm{sd}}S\left(\sigma_z\tanh\frac{z}{\lambda_{\mathrm{w}}}+\sigma_x\frac{1}{\cosh\frac{z}{\lambda_{\mathrm{w}}}}\right)\right]\Psi(z)=E\Psi(z)\qquad(2.26)$$

である．ここで $\Psi(z)=(\Psi_{\leftarrow}(z),\Psi_{\rightarrow}(z))$ は 2 成分のスピンについての波動関数である．もしも伝導電子スピンの向きを固定されていれば，σ_z に比例した項で表されているポテンシャル障壁は電子の反射を引き起こす．しかし磁壁中では式 (2.26) の σ_x 項のために伝導電子スピンは回転することができ，これを考えるとエネルギー障壁は図 2–10(右) のようになる (正確には，スピンの混ざりが完全に起きれば最もエネルギーの低い状態は完全にフラットなエネルギー「障壁」となる)．この状態で左からスピン $\leftarrow$ をもつ電子を入射した場合磁壁にさしかかるとエネルギーが上昇し始めるが，電子がゆっくりと通る場合には電子スピンは反転して最もエネルギーの低い状態を保持することができる．局在スピンの方向がゆっく

りと変化してゆくこの状況を**断熱極限**とよぶ[*12]．この極限では電子は磁壁で反射されず電気抵抗は生じない (図 2–9(左))．これに対して電子が早く通り抜ける場合には電子スピンを磁壁に合わせて回転させることができず，電子は右側領域では高いエネルギーをもつことになり，このエネルギー障壁により電子は反射されることになる (図 2–9(右))．つまり，有限の電気抵抗が生じる．

これらの状況が決まる条件を 1 次元の場合に定量的に考えてみよう．伝導電子はフェルミ速度 $v_{\rm F} = \frac{\hbar k_{\rm F}}{m}$ で運動している．これが，厚さ $\lambda_{\rm w}$ の磁壁中を通過する時間は $\lambda_{\rm w}/v_{\rm F}$ である．一方で局在スピンとの sd 交換相互作用により電子スピンが回転するのにかかる時間は $\hbar/J_{\rm sd}S$ 程度である．したがって，

$$\frac{\lambda_{\rm w}}{v_{\rm F}} \gg \frac{\hbar}{J_{\rm sd}S}$$

であれば電子はそのスピン障壁の構造に合わせて回転させることができ，断熱極限が実現されることになる．断熱極限からのずれ (**非断熱性**) はパラメータ $\frac{\hbar v_{\rm F}}{\lambda_{\rm w} J_{\rm sd} S}$ で表される．ただ，ここで考えたのは不純物などによる電子の散乱が弱く平均的自由行程が磁壁の厚さより長い状況で，これが変わると断熱条件も変更を受ける．現実には有限の非断熱性があり磁壁は電気抵抗に寄与する．多くの場合これは小さい値で 1 つの磁壁による電気抵抗の検出が実験的に報告されたのは 1990 年代が最初と思われる [44]．しかし今では電気抵抗計測は容易となり磁壁の検出の 1 つの便利な手段となっている．

磁壁中の電子の通過の問題は，L. Berger により 1986 年まで議論された [45, 46]．非断熱性を表すパラメータの具体的な議論は，その後 X. Waintal and M. Viret [47] によって行われた．磁壁を通過する電子の問題は量子力学の演習問題としても好適な話題であるが，1974 年に G. G. Cabrera and L. M. Falicov [48] により解析された．

2.5.2　断熱極限におけるスピン移行効果

上で見たように断熱極限では，磁壁を通り抜けた電子のスピンは入射時と比べて反転している (図 2–9(左))．この通過により変化する電子のスピン角運動量は，

*12　断熱極限は，元々はゆっくりした時間変化の場合を指す用語であるが，時間変化をもたない空間的な構造の場合でも，その中を通過する粒子にとっては時間変化する外場と等価であるのでこの用語が用いられている．

局在スピン系，言い換えると磁壁が吸収しているはずである[*13]．電子スピン一個が通過した時のスピン角運動量増加分は (右向きスピンを正として) $\hbar/2 \times 2 = \hbar$ である．これを補うためには磁壁側にはこの分の角運動量の減少が生じていなければならず，これは磁壁の位置が右側に移動して $\leftarrow$ の向きをもつ局在スピンの数が増えることを意味する．局在スピンが原子間隔 a で規則的に並んで立方格子を組んでいるとすると，角運動量 $-\hbar$ を受け取った磁壁は距離 $[\hbar/(2\hbar S)]a$ だけ右に移動しなくてはならない．これは磁壁が距離 ΔX だけ右に動いたとき，左向きおよび右向きスピンの領域は $\Delta X/a$ の大きさだけそれぞれ増加および減少し全体の角運動量の変化は $\frac{\Delta X}{a}\hbar S \times 2$ となるからである (**図 2–11**)．今，考えている系に j_{s} の大きさのスピン偏極流密度が流れているとする．このとき単位面積あたり単位時間あたりの伝導電子の角運動量変化は $\hbar j_{\mathrm{s}}$ であり，これを単位面積あたり $1/a^2$ 個存在する局在スピンが吸収するために磁壁は単位時間ごとに $(j_{\mathrm{s}})(a^3/2S)$ だけ右に移動し続けることになる．つまり，スピン流の下では磁壁は速さ

$$v_{\mathrm{st}} \equiv \frac{a^3}{2S} j_{\mathrm{s}} \tag{2.27}$$

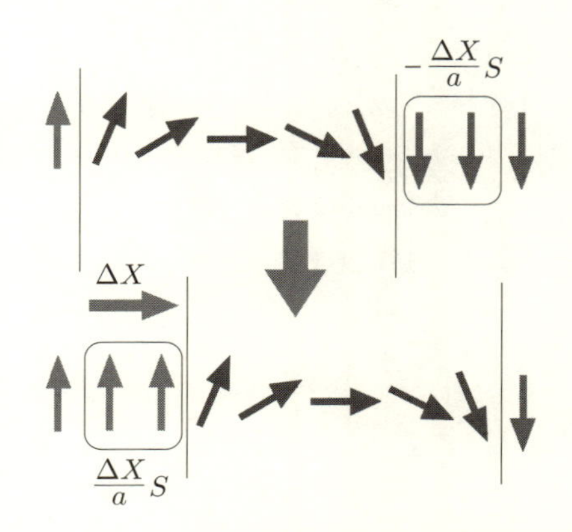

図 2–11　(上) から (下) のように磁壁が距離 ΔX だけ移動するためには，スピン S をもつ局在スピンに対し $\frac{2\Delta X}{a}\hbar S$ だけの角運動量が供給されなければならない．断熱極限でスピン偏極電流を流した際には，伝導電子スピンの反転過程がこの角運動量変化を与えるため磁壁の移動が起こる．

---

*13　フォノンなどの自由度に角運動が逃げてゆく過程はゆっくりしているため，短い時間スケールでは電子と局在スピン系の全角運動は保存しているとみなせる．

で運動する．これが**スピン移行効果**とよばれるスピン流が磁化構造を動かすメカニズムである．

なお，本書ではスピン偏極電流密度（スピン流）j_{s} を↑と↓のスピンをもつ電子の運ぶ電流密度の差を電子の電荷の大きさ e で割ったものとして $j_{\mathrm{s}} \equiv (j_{\uparrow} - j_{\downarrow})/e$ と定義する（場による定義は式 (4.21) である）．これに e を掛けた ej_{s} が電流と同じ $\mathrm{A/m^2}$ の単位をもつ．j_{s} にスピンの大きさ $\frac{1}{2}$ を掛けるとスピン流密度になる．

歴史的にはスピン移行効果はスピン偏極電流（スピン流）による磁壁の運動の場合に，1986 年に L. Berger [46] が指摘し議論した*14．

さて，ここまで考えた断熱極限における磁壁と伝導電子の特性をまとめると，1. 磁壁は電気抵抗に寄与しない，2. 磁壁はスピン偏極した電流によって駆動される，である．この 2 つの事実は，磁壁は電子を反射しないにもかかわらず，一方で電子の流れにより引きずられ運動を起こすことを示しており，一見とても不思議である．しかしこの 2 つの事実は，磁壁が局在スピンから構成された磁気的な構造であることの最も顕著な現れである．つまり磁壁はスピン角運動量と空間変化した構造に伴う運動量の両方をもった物体であるため，2 つの駆動メカニズムをもつのである．スピン移行効果は角運動量のやり取りにより磁壁が動く現象であり，一方で電気抵抗は電子と磁壁の運動量のやり取りがない限り生じない．断熱極限は角運動量のやり取りは行われるが運動量のやり取りがないため力は作用しない状況なのである．磁場により力をかけて加速度を与えるのみならず，電流により速度を直接付加できるというのは通常の粒子では考えられない特質である．このふるまいの運動方程式による記述は 6.5 節で行う．

*14　スピン移行効果という名称が使われるようになったのは，1996 年に L. Berger [10] と J. C. Slonczewski [9] が，独立に 2 枚の薄い強磁性体を重ねた接合における電流誘起磁化反転をスピン角運動量の移行の観点で議論してからのことで，スピン移行効果が注目を浴びるのもこれらの論文以降である．

参考文献

[1] W. Thomson. On the electrodynamic qualities of metals: –effects of magnetization on the electric conductivity of nickel and of iron. *Proc, Royal. Soc. London*, **8**, 546 (1857).

[2] T. R. McGuire and R. I. Potter. Anisotropic magnetoresistance in ferromagnetic 3d alloys. *IEEE Trans. Magn.*, **MAG-11**, 1018 (1975).

[3] M. N. Baibich, J. M. Broto, A. Fert, F. Nguyen Van Dau, F. Petroff, P. Etienne, G. Creuzet, A. Friederich, and J. Chazelas. Giant magnetoresistance of (001)Fe/(001)Cr magnetic superlattices. *Phys. Rev. Lett.*, **61**, 2472 (1988).

[4] M. Julliere. Tunneling between ferromagnetic films. *Phys. Lett. A*, **54**, 225 (1975).

[5] S. Yuasa, T. Nagahama, A. Fukushima, Y. Suzuki, and K. Ando. Giant room-temperature magnetoresistance in single-crystal Fe/MgO/Fe magnetic tunnel junctions. *Nat. Mater.*, **3**, 868 (2004).

[6] S. S. P. Parkin, C. Kaiser, A. Panchula, P. M. Rice, B. Hughes, M. Samant, and S.-H. Yang. Giant tunnelling magnetoresistance at room temperature with MgO (100) tunnel barriers. *Nat. Mater.*, **3**, 862 (2004).

[7] W. H. Butler, X.-G. Zhang, T. C. Schulthess, and J. M. MacLaren. Spin-dependent tunneling conductance of Fe–MgO–Fe sandwiches. *Phys. Rev. B*, **63**, 054416 (2001).

[8] J. Grollier, D. Querlioz, and M. D. Stiles. Spintronic nanodevices for bioinspired computing. *Proc. IEEE*, **104**, 2024 (2016).

[9] J. C. Slonczewski. Current-driven excitation of magnetic multilayers. *J. Magn. Magn. Mater.*, **159**, L1 (1996).

[10] L. Berger. Emission of spin waves by a magnetic multilayer traversed by a current. *Phys. Rev. B*, **54**, 9353 (1996).

[11] S. Parkin and S.-H. Yang. Memory on the racetrack. *Nat. Nano.*, **10**, 195 (2015).

[12] E. H. Hall. On a new action of the magnet on electric currents. *American J. Mathematics*, **2**, 287 (1879).

[13] R. Karplus and J. M. Luttinger. Hall effect in ferromagnetics. *Phys. Rev.*, **95**, 1154 (1954).

[14] J. Smit. The spontaneous Hall effect in ferromagnetics I. *Physica*, **21**, 877 (1955).

[15] N. Nagaosa, J. Sinova, S. Onoda, A. H. MacDonald, and N. P. Ong. Anomalous Hall effect. *Rev. Mod. Phys.*, **82**, 1539 (2010).

[16] M.-T. Suzuki, T. Koretsune, M. Ochi, and R. Arita. Cluster multipole theory for anomalous Hall effect in antiferromagnets. *Phys. Rev. B*, **95**, 094406 (2017).

[17] D. J. Thouless, M. Kohmoto, M. P. Nightingale, and M. den Nijs. Quantized Hall conductance in a two-dimensional periodic potential. *Phys. Rev. Lett.*, **49**, 405 (1982).

[18] 野村健太郎. トポロジカル絶縁体・超伝導体. 丸善, 2016.

[19] M. Onoda, G. Tatara, and N. Nagaosa. Anomalous Hall effect and skyrmion number in real and momentum spaces. *J. Phys. Soc. Japan*, **73**, 2624 (2004).

[20] Y. Kato, R. C. Myers, A. C. Gossard, and D. D. Awschalom. Observation of the spin hall effect in semiconductors. *Science*, **306**, 1910 (2004).

[21] A. Takeuchi, K. Hosono, and G. Tatara. Diffusive versus local spin currents in dynamic spin pumping systems. *Phys. Rev. B*, **81**, 144405 (2010).

[22] J. E. Hirsch. Spin Hall effect. *Phys. Rev. Lett.*, **83**, 1834 (1999).

[23] M. I. Dyakonov and V. I. Perel. Possibility of orienting electron spins with current. *Sov. Phys. JETP Lett.*, **13**, 467 (1971).

[24] E. Saitoh, M. Ueda, H. Miyajima, and G. Tatara. Conversion of spin current into charge current at room temperature: Inverse spin-hall effect. *Appl. Phys. Lett.*, **88**, 182509 (2006).

[25] J. Shibata, A. Takeuchi, H. Kohno, and G. Tatara. Theory of anomalous optical properties of bulk rashba conductor. *Journal of the Physical Society of Japan*, **85**, 033701 (2016).

[26] E. I. Rashba. *Sov. Phys. Solid State*, **2**, 1109 (1960).

[27] V. M. Edelstein. Spin polarization of conduction electrons induced by electric current in two-dimensional asymmetric electron systems. *Solid State Comm.*, **73**, 233 (1990).

[28] J. C. Rojas Sanchez, L. Vila, G. Desfonds, S. Gambarelli, J. P. Attane, J. M. De Teresa, C. Magen, and A. Fert. Spin-to-charge conversion using rashba

coupling at the interface between non-magnetic materials. *Nat Commun*, **4**, 2944 (2013).

[29] E. E. Narimanov and A. V. Kildishev. Metamaterials: Naturally hyperbolic. *Nat Photon*, **9**, 214 (2015).

[30] H. Kawaguchi and G. Tatara. Effective hamiltonian theory for nonreciprocal light propagation in magnetic rashba conductor. *Phys. Rev. B*, **94**, 235148 (2016).

[31] K.-W. Kim, J.-H. Moon, K.-J. Lee, and H.-W. Lee. Prediction of giant spin motive force due to rashba spin-orbit coupling. *Phys. Rev. Lett.*, **108**, 217202 (2012).

[32] N. Nakabayashi and G. Tatara. Rashba-induced spin electromagnetic fields in the strong sd coupling regime. *New J. Phys.*, **16**, 015016 (2014).

[33] H. Kawaguchi and G. Tatara. Effective hamiltonian approach to optical activity in weyl spin-orbit system. *J. Phys. Soc. Japan*, **87**, 064002 (2018).

[34] Daniel M. Lipkin. Existence of a new conservation law in electromagnetic theory. *J. Math. Phys.*, **5**, 696 (1964).

[35] 有馬孝尚. マルチフェロイクス–物質中の電磁気学の新展開. 共立出版, 2014.

[36] J. M. Luttinger. Theory of thermal transport coefficients. *Phys. Rev.*, **135**, A1505 (1964).

[37] J. Moreno and P. Coleman. Thermal currents in highly correlated systems. *arXiv:cond-mat/9603079* (1996) (unpublished).

[38] A. Shitade. Heat transport as torsional responses and keldysh formalism in a curved spacetime. *Prog. Theo. Exper. Phys.*, **2014**, 123I01 (2014).

[39] G. Tatara. Thermal vector potential theory of transport induced by a temperature gradient. *Phys. Rev. Lett.*, **114**, 196601 (2015).

[40] T. Qin, Q. Niu, and J. Shi. Energy magnetization and the thermal hall effect. *Phys. Rev. Lett.*, **107**, 236601 (2011).

[41] H. Kohno, Y. Hiraoka, M. Hatami, and G. E. W. Bauer. Microscopic calculation of thermally induced spin-transfer torques. *Phys. Rev. B*, **94**, 104417 (2016).

[42] K. Uchida, S. Takahashi, K. Harii, J. Ieda, W. Koshibae, K. Ando, S. Maekawa, and E. Saitoh. Observation of the spin seebeck effect. *Nature*, **455**, 778 (2008).

[43] K. Uchida, H. Adachi, T. Ota, H. Nakayama, S. Maekawa, and E. Saitoh. Observation of longitudinal spin-seebeck effect in magnetic insulators. *Appl.*

Phys. Lett., **97**, 172505 (2010).

[44] Kimin Hong and N. Giordano. Effect of microwaves on domain wall motion in thin ni wires. *EPL (Europhys. Lett.)*, **36**, 147 (1996).

[45] L. Berger. Low-field magnetoresistance and domain drag in ferromagnets. *J. Appl. Phys.*, **49**, 2156 (1978).

[46] L. Berger. Possible existence of a josephson effect in ferromagnets. *Phys. Rev. B*, **33**, 1572 (1986).

[47] X. Waintal and M. Viret. Current-induced distortion of a magnetic domain wall. *Europhys. Lett.*, **65**, 427 (2004).

[48] G. G. Cabrera and L. M. Falicov. Theory of the residual resistivity of bloch walls. pt. 1. paramagnetic effects. *Phys. Stat. Sol. (b)*, **61**, 539 (1974).

第3章

スピンに作用する有効電磁場

現代の科学技術はエレクトロニクスが基盤となっている．ここでは電磁場と電荷密度 en や電流密度 $\boldsymbol{j}$ との結合がすべての基本である．この結合は電磁場のスカラーおよびベクトルポテンシャル $\phi, \boldsymbol{A}$ とのゲージ結合で，$\boldsymbol{A}$ の1次まででは $en\phi$ と $\boldsymbol{A}\cdot\boldsymbol{j}$ の形をしている．

一方でスピントロニクス現象の基本となる相互作用は sd 交換相互作用である．いうまでもなくこれは電磁場のゲージ相互作用とは異なる相互作用で形も全く異なる．しかしながら，sd 交換相互作用が強いというスピントロニクスで興味ある極限では，電子スピンの低エネルギーでのふるまいは電磁場と同等の場で表されることがわかる．このような電磁場やゲージ場と同等な場を**有効電磁場**，**有効ゲージ場**という．

有効場という概念は系の低エネルギー励起を考える際に一般的に登場するものである．スピントロニクスの文脈で考えるのは電子スピンが sd 相互作用により背景の局在スピン (磁化) に強い拘束を受けながら運動をする現象である．これを実験室系から見ると，局在スピンが空間的時間的に変化しているときには伝導電子スピンもそれに合わせてスピンを回転させるという複雑な応答をしている．しかしこれを電子スピンの気持ちになって sd 相互作用で安定化される方向を基準に考えてみると，局在スピンの時空での変化分による弱い効果を感じるのみになる．この変化分による効果が一般的に有効ゲージ場で表されるのである．観測の基準を変えることは量子力学ではユニタリ変換で記述される．つまりユニタリ変換により局在スピンの変化に追従して電子スピンが量子化軸を変えるという回転座標系に移ることで低エネルギーのふるまいが抽出でき，そのとき局在スピンの時空での変化の効果は有効ゲージ場で表されるのである．

本章ではこのことを量子力学的考察により示すことが目的である．磁化構造中を伝導電子が断熱的に通り抜ける場合，そのスピンは各点での局在スピンの構造に従って回転すること，またその反作用として磁化構造の運動が引き起こされることを 2.5 節で述べた．これらの事実は電子の運動に伴い電子スピンの波動関数に付加される量子的な位相により，また最終的には電子スピンに結合する有効電磁場の概念で説明することができる．さらにスピンベ

図 3–1　磁化構造中を運動する伝導電子は，sd 交換相互作用のためにスピンの回転を起こす．これが波動関数に位相を付加させ，スピンベリー位相やスピン起電力といった有効電磁場現象を生み，さらに，スピン移行効果やスピンポンピング効果などの多彩なスピントロニクス現象を生み出す．

リー位相，スピン起電力やスピンポンピング効果などの基本的なスピントロニクス現象も，有効ゲージ場の概念で電磁気現象との類推で理解することができる．このことは物理現象の普遍性の観点で重要である．

3.1　ユニタリ変換，位相と有効ゲージ場

考えるのは式 (0.14) で与えられる sd モデルである．局在スピンの向きを単位ベクトル $\boldsymbol{n} \equiv \boldsymbol{S}/S$ で表す．強い sd 交換相互作用により $\boldsymbol{n}$ の方向に向けられた電子スピンの波動関数は

$$|\boldsymbol{n}\rangle = \cos\frac{\theta}{2}|\uparrow\rangle + \sin\frac{\theta}{2}e^{i\phi}|\downarrow\rangle \tag{3.1}$$

である [1]．ここで θ と ϕ は $\boldsymbol{n}$ の極座標である．

練習問題 3.1.1.　式 (3.1) で与えられる状態に対してスピンベクトルの期待値 $\langle\boldsymbol{n}|\boldsymbol{\sigma}|\boldsymbol{n}\rangle$ を計算し，それが $\boldsymbol{n}$ の方向を向いていることを確認せよ．$\boldsymbol{\sigma} = (\sigma_x, \sigma_y, \sigma_z)$ である．

この波動関数を，電子スピンを z 軸から $\boldsymbol{n}$ の方向に回転させる変換 $U(\boldsymbol{n})$ (**図 3–2**) を用いて表すと便利である．

$$|\boldsymbol{n}\rangle = U(\boldsymbol{n})|\uparrow\rangle \tag{3.2}$$

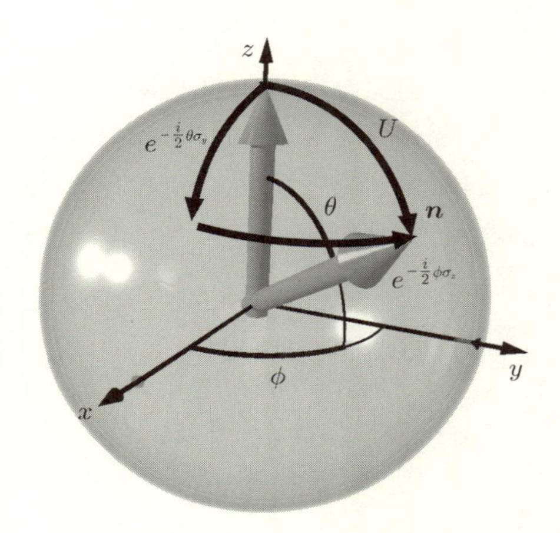

図 3–2　局在スピン方向 $\boldsymbol{n}$ に向けられている伝導電子スピンの波動関数 $|\boldsymbol{n}\rangle$ は，北極を向いた状態 $|\uparrow\rangle$ に対して，y 軸と z 軸周りの回転演算 $e^{-\frac{i}{2}\phi\sigma_z}$ と $e^{-\frac{i}{2}\theta\sigma_y}$ を作用させて表すことができる．これらの演算に適当な位相因子をつけたのがユニタリ変換 $U(\boldsymbol{n})$ で，$|\boldsymbol{n}\rangle = U(\boldsymbol{n})|\uparrow\rangle$ である．

この変換は，状態をまず $+y$ 軸周りに角度 θ 回転し，次に $+z$ 軸周りに ϕ 回転するものである．スピン $\frac{1}{2}$ の場合に，正の i 方向に対して右ねじの方向に角度 γ だけスピンの向きを回転させる演算行列は $e^{-\frac{i}{2}\gamma\sigma_i}$ であるので，ほしい変換演算子は，

$$e^{-\frac{i}{2}\phi\sigma_z}e^{-\frac{i}{2}\theta\sigma_y}e^{-\frac{i}{2}\gamma\sigma_z} = e^{-\frac{i}{2}(\phi+\gamma)}\begin{pmatrix} \cos\frac{\theta}{2} & -e^{i\gamma}\sin\frac{\theta}{2} \\ e^{i\phi}\sin\frac{\theta}{2} & e^{\frac{i}{2}(\phi+\gamma)}\cos\frac{\theta}{2} \end{pmatrix} \tag{3.3}$$

で与えられる．式 (3.2) を実現する上では式 (3.3) の最後の z 軸周りに γ だけ回転する因子は何も影響せず不要であるが，使いやすい形を得るために加えた．以下では $\gamma = \pi - \phi$ と選び，全体に虚数因子も加えた形を採用することにしよう．

$$U(\boldsymbol{n}) \equiv e^{\frac{i\pi}{2}}e^{-\frac{i}{2}\phi\sigma_z}e^{-\frac{i}{2}\theta\sigma_y}e^{-\frac{i}{2}(\pi-\phi)\sigma_z} = \begin{pmatrix} \cos\frac{\theta}{2} & e^{-i\phi}\sin\frac{\theta}{2} \\ e^{i\phi}\sin\frac{\theta}{2} & -\cos\frac{\theta}{2} \end{pmatrix} \tag{3.4}$$

である．

回転の演算子はベクトルの長さを変えないので

$$U^\dagger U = 1, \qquad U^{-1} = U^\dagger$$

(1 は単位行列) の性質をもち，こうした変換を**ユニタリ** (unitary) **変換**という．

さて，ここで局在スピンの方向がゆっくりと時間変化している状況を考える．ある時刻に $\boldsymbol{n}$ の方向であった局在スピンの向きが，微小時間 Δt 後に $\boldsymbol{n}'$ になっていたとすると，(その変化が十分ゆっくりであれば) その時刻の電子スピンの状態は

$$|\boldsymbol{n}'\rangle = U(\boldsymbol{n}')|\uparrow\rangle$$

になっているはずである．この変化に伴う電子スピンの波動関数の重なりは $\langle \boldsymbol{n}'|\boldsymbol{n}\rangle = \langle\uparrow|U(\boldsymbol{n}')^{-1}U(\boldsymbol{n})|\uparrow\rangle$ である．変化が微小であれば $U(\boldsymbol{n}') = U(\boldsymbol{n}) + \partial_t U(\boldsymbol{n})\Delta t + O((\Delta t)^2)$ と展開できるので，

$$\langle \boldsymbol{n}'|\boldsymbol{n}\rangle = 1 - \Delta t\langle\uparrow|U(\boldsymbol{n})^{-1}\partial_t U(\boldsymbol{n})|\uparrow\rangle = e^{i\varphi} + O((\Delta t)^2) \tag{3.5}$$

と書ける．ここで

$$\varphi \equiv -i\Delta t\langle\uparrow|U(\boldsymbol{n})^{-1}\partial_t U(\boldsymbol{n})|\uparrow\rangle$$

と定義した．$(U^{-1}\partial_t U)^\dagger = -U^{-1}\partial_t U$ であることから φ は実数であり $e^{i\varphi}$ は位相因子である．有限の時間差を考えた際に波動関数につく位相は[*1]

$$e^{-\frac{i}{\hbar}\int dt A_{\mathrm{s},t}} \tag{3.6}$$

と表される．ここで

$$A_{\mathrm{s},t} \equiv -i\hbar\langle\uparrow|U(t)^{-1}\partial_t U(t)|\uparrow\rangle \tag{3.7}$$

である．波動関数に対して時間積分で与えられる位相が付加されることは，スカラーポテンシャルがはたらいていることと等価である．今は電子の波動関数に付随する位相であるので，$A_{\mathrm{s},t}$ は電子スピンに作用する有効的な**スカラーポテンシャル**である．

同じ考えは局在スピンの向きが場所ごとに異なる状況にも適用できる．位置 $\boldsymbol{r}$ での局在スピンの向きを $\boldsymbol{n}(\boldsymbol{r})$ と表す．$\boldsymbol{r}$ から微小なベクトル $d\boldsymbol{r}$ だけ離れた位置

---

*1　波動関数の位相は，今の重なりの位相と逆符号である．

へ電子が移動した際に波動関数の重なり $\langle \boldsymbol{n}(\boldsymbol{r}+d\boldsymbol{r})|\boldsymbol{n}(\boldsymbol{r})\rangle$ から波動関数の位相を同様に読み取ると，$e^{\frac{1}{\hbar}d\boldsymbol{r}\cdot\boldsymbol{A}_{\mathrm{s}}}$ である．ここで

$$\boldsymbol{A}_{\mathrm{s}} \equiv i\hbar\langle\uparrow|U(\boldsymbol{r})^{-1}\nabla U(\boldsymbol{r})|\uparrow\rangle \tag{3.8}$$

である．電子が経路 C で表される有限の距離を移動した際に波動関数は

$$e^{\frac{i}{\hbar}\int_C d\boldsymbol{r}\cdot\boldsymbol{A}_{\mathrm{s}}} \tag{3.9}$$

という位相をもつ．電子が移動した経路に沿った線積分で与えられる位相がつくということから，$\boldsymbol{A}_{\mathrm{s}}$ は電子スピンに作用する有効電磁場のベクトルポテンシャルと解釈できる．閉じた経路 C に対しては位相はストークスの定理により C の張る面上の積分として表せる．

$$\int_C d\boldsymbol{r}\cdot\boldsymbol{A}_{\mathrm{s}} = \int_S d\boldsymbol{S}\cdot\boldsymbol{B}_{\mathrm{s}}$$

ここで現れた

$$\boldsymbol{B}_{\mathrm{s}} \equiv \nabla\times\boldsymbol{A}_{\mathrm{s}} \tag{3.10}$$

は**有効磁場**という意味をもつ．一方，位相の時間変化があると電位が存在し**有効電場**が定義できる．位相が式 (3.6) と (3.9) の 2 つで与えられる今の場合，有効電場は

$$\boldsymbol{E}_{\mathrm{s}} \equiv -\nabla A_{\mathrm{s},t} - \dot{\boldsymbol{A}}_{\mathrm{s}} \tag{3.11}$$

である．

こうして，sd 交換相互作用により伝導電子スピンが局在スピンの向きに強く拘束されている断熱極限では，伝導電子スピンは有効電磁場を感じることがわかった．この電磁場は局在スピンの時間変化と空間変化から発生するものである．実際，式 (3.4) を用いて具体型を求めると，**ベクトルポテンシャル**およびスカラーポテンシャルをまとめた有効ゲージ場は

$$A_{\mathrm{s},\mu} = \pm\frac{\hbar}{2}(1-\cos\theta)\partial_\mu\phi \tag{3.12}$$

である．ここで $\mu = t, x, y, z$ で，符号は $\mu = t$ の時間成分では正，空間成分では負である (時間成分 $A_{\mathrm{s},t}$ と空間成分 $\boldsymbol{A}_\mathrm{s}$ の定義の符号の差は通常の電磁気の定義に従っている．元々はこの符号の差は電磁気がローレンツ不変な構造をもっていることの現れである)．$\mu = t$ の場合がスカラーポテンシャル，$\mu = x, y, z$ の場合はベクトルポテンシャルである．ここでゲージ場の係数には電子スピンの大きさ $\frac{1}{2}$ を含めて定義した[*2]．本書ではこの有効ゲージ場を**有効スピンゲージ場**あるいは**スピンゲージ場**とよぶ．式 (3.12) から有効電磁場を求めるとそれらは局在スピンの単位ベクトル $\boldsymbol{n}$ で表すことができ

$$\begin{aligned}\boldsymbol{E}_{\mathrm{s},i} &= \frac{\hbar}{2}\boldsymbol{n}\cdot(\dot{\boldsymbol{n}}\times\nabla_i\boldsymbol{n}),\\ \boldsymbol{B}_{\mathrm{s},i} &= -\frac{\hbar}{4}\sum\nolimits_{jk}\epsilon_{ijk}\boldsymbol{n}\cdot(\nabla_j\boldsymbol{n}\times\nabla_k\boldsymbol{n})\end{aligned} \tag{3.13}$$

となる．これらのスピン電磁場は電子のスピンに結合するので，時間成分 $A_{\mathrm{s},t}$ はスピン密度を誘起し，空間成分 $\boldsymbol{A}_\mathrm{s}$ はスピン流の生成をするはたらきをもつ (**図 3–3**)．

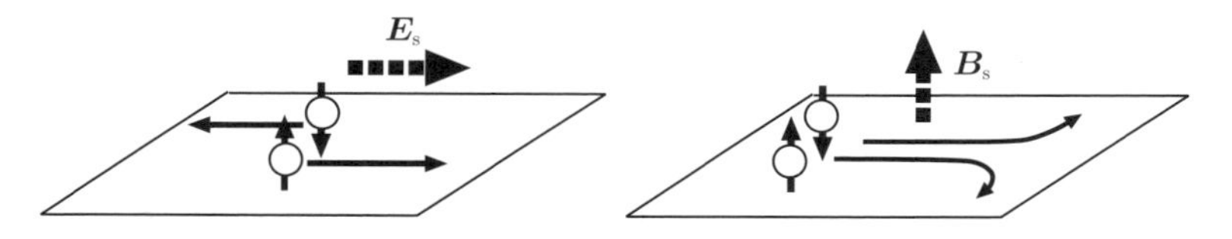

図 3–3　磁化構造をもつ金属磁性体中では，sd 交換相互作用により伝導電子スピンに $\boldsymbol{E}_\mathrm{s}$ と $\boldsymbol{B}_\mathrm{s}$ という有効電磁場が発生する．これらは，電子スピンの向きに比例した作用をするためスピン流を駆動する．

3.2　スピン電磁場とモノポール

スピン電磁場はスピンの波動関数に付随する位相から発生したので，この有効電磁場は通常の電荷の電磁場と同じく U(1) ゲージ場である (U(1) という群は位相変換を表すものである)．したがってスピン電磁場は通常と同じマクスウェル (Maxwell) 方程式を満たすはずである．実際，式 (3.13) の定義から

[*2]　スピンゲージ場，スピン電磁場を通常の電磁気のそれらと同じ単位をもつように定義するには，係数に $\frac{1}{e}$ をつけて定義すればよい．

$$\nabla \cdot \boldsymbol{B}_{\mathrm{s}} = 0, \qquad \nabla \times \boldsymbol{E}_{\mathrm{s}} + \dot{\boldsymbol{B}}_{\mathrm{s}} = 0 \tag{3.14}$$

がいえそうである．なぜなら $\boldsymbol{n}$ は極座標という 2 つの独立な自由度で表されるので 3 方向の微分からなる立体角は必然的に 0 ($\sum_{ijk}\epsilon_{ijk}(\nabla_i\boldsymbol{n})\cdot(\nabla_j\boldsymbol{n}\times\nabla_k\boldsymbol{n})=0$) であるからである．式 (3.14) の 1 つめの式は電磁気学でよく知られた単磁極 (磁気**モノポール**) がないことを表し，2 つめはファラデー (Faraday) の法則である．これらの電磁場の性質はスピン電磁場も兼ね備えているわけである[*3]．

しかしながら，自然は人が素朴に考えるよりももう少し深い面をもっていることがある．実は式 (3.14) は局所的には正しい式であるが，幾何学的構造によっては等式が破れてもかまわない．有効磁場のわき出し密度 ρ_{m} を

$$\nabla \cdot \boldsymbol{B}_{\mathrm{s}} \equiv \rho_{\mathrm{m}}$$

と定義すると局所的には $\rho_{\mathrm{m}} = 0$ である．ところがこの全空間における積分 $Q_{\mathrm{m}} \equiv \int d^3r\rho_{\mathrm{m}}$ (モノポール荷 (charge)) は有限になり得るのである．実際，

$$Q_{\mathrm{m}} = \frac{h}{4\pi}\int d\boldsymbol{S}\cdot\boldsymbol{\Omega} \tag{3.15}$$

と表すことができる．ここで $\int d\boldsymbol{S}$ は空間の無限遠における面積分，$\Omega_i \equiv \frac{1}{2}\epsilon_{ijk}\boldsymbol{n}\cdot(\nabla_j\boldsymbol{n}\times\nabla_k\boldsymbol{n})$ である．式 (1.8) で微分を空間に置き換えたものからわかるようにスピンの面積要素は $\Omega_i = \epsilon_{ijk}\sin\theta(\nabla_i\theta)(\nabla_j\phi)$ であるので，式 (3.15) の積分は 4π の整数 (n_{m}) 倍となる．整数 n_{m} は 3 次元空間の無限遠という 2 次元面とスピンの方向が張る球面の間の写像の巻き数である．したがってモノポール荷は

$$Q_{\mathrm{m}} = hn_{\mathrm{m}} \tag{3.16}$$

となる．有限の巻き数をもつ構造を幾何学的に非自明な構造とよぶので，このモノポールは幾何学的モノポールである．Q_{m} が有限となる典型的な例としては $\boldsymbol{n}$ が**図 3–4**(左) のように放射状になっている構造があり，これははりねずみ (hedgehog) モノポールとよばれる．図 3–4(右) の構造では，経度を固定した円周上を北極から

[*3] これらの 2 つの法則は，電磁場が U(1) ゲージ場であることの直接の帰結で，式 (3.10)，(3.11) から恒等的に得られる．マクスウェル方程式の残り 2 つの式は $\nabla\cdot\boldsymbol{E}_{\mathrm{s}}$ と $\nabla\times\boldsymbol{B}_{\mathrm{s}}$ を表すものであるが，これらも今のスピン電磁場は満たしていることは，線形応答により誘起されるスピン密度とスピン流密度を計算すれば確かめることができる．

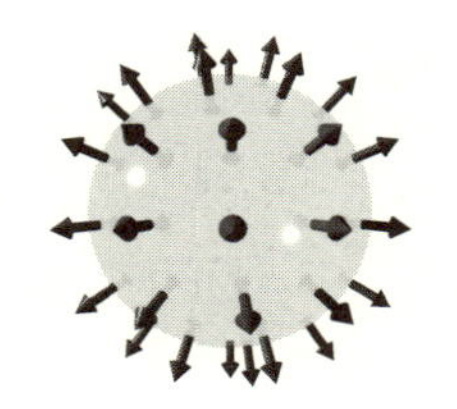
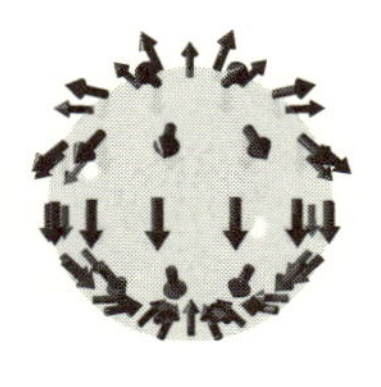

図 3–4　モノポール磁荷 $Q_{\rm m}$ が，有限値 1 (左) と 2 (右) をとる局在スピンの空間的構造 $\boldsymbol{n}(\boldsymbol{r})$．内部に特異性があることで，幾何学的に非自明な構造になっている．

南極を通って再び北極に戻る経路を見るとスピンが↑→↓←↑→↓←↑と 2 回転していることからわかるように，$n_{\rm m}=2$ となっている．幾何学的に非自明な構造はかならずどこかに特異点をもっている．例えば巻き数が 1 のはりねずみモノポールは等方的な構造の場合には原点に $\boldsymbol{n}$ が不連続な特異点ができてしまい，この特異点はどのような変形をしても取り除くことができない．特異点では $\rho_{\rm m}$ が発散しており，これが $\rho_{\rm m}$ を空間積分した量が有限値を取る理由である．**幾何学的非自明**な場合は同様にファラデー則にもモノポール流 $j_{{\rm m},i}=-\frac{3\hbar}{4}\sum_{jk}\epsilon_{ijk}\dot{\boldsymbol{n}}\cdot(\nabla_j\boldsymbol{n}\times\nabla_k\boldsymbol{n})$ が現れる．

$$\nabla\times\boldsymbol{E}_{\rm s}+\dot{\boldsymbol{B}}_{\rm s}=\boldsymbol{j}_{\rm m}$$

有効ゲージ場の係数 (「電荷」= スピンの大きさ) は別の制約も受けている．式 (3.12) のゲージ場は $\theta=\pi$ の「南極」の線上では $\partial_\mu\phi$ が発散するという特異性をもっている．この特異性は Dirac のひも [2] とよばれるものである．一般のこの形のゲージ場を係数を $\frac{g}{4\pi}$ をつけて

$$A^{\rm N}_{{\rm s},i}=\frac{g}{4\pi}(1-\cos\theta)\partial_i\phi \tag{3.17}$$

と定義してみよう*4．一方，南側で正常に定義されている別の形をつくることもでき，それは

$$A^{\rm S}_{{\rm s},i}=\frac{g}{4\pi}(-1-\cos\theta)\partial_i\phi \tag{3.18}$$

である．いうまでもなくこれら 2 つは有効電磁場としては同じものを生み出す．

*4　ここでは空間成分 i を考えるが，時間成分も同様である．

さて，$A^{\mathrm{N}}_{\mathrm{s},\mu}$ と $A^{\mathrm{S}}_{\mathrm{s},\mu}$ はそれぞれ南極と北極方向に特異点のひもをもっているが，全空間を1つの形で覆うことをあきらめ2つの張り合わせで表せば，特異性のない形にすることができる．つまり北側，南側を $A^{\mathrm{N}}_{\mathrm{s},\mu}$ と $A^{\mathrm{S}}_{\mathrm{s},\mu}$ で記述するわけである．ただしこのためには中間領域で両者がスムーズにつながらなければならない．つまりこれら2つはゲージ変換

$$A^{\mathrm{N}}_{\mu} = A^{\mathrm{S}}_{\mu} - i\hbar\Theta^{-1}\partial_{\mu}\Theta \tag{3.19}$$

でつながっている必要がある．今の場合この変換を表す関数は

$$\Theta \equiv e^{-i\frac{g}{\hbar}\phi}$$

である．この関数が一価であれば北側と南側で違う形を使っていることは物理現象には影響しない．このための条件は n を整数として

$$g = 2\pi\hbar n$$

である．ゲージ場の係数はスピンの大きさからきていたので，この量子化条件はスピンの大きさが $\frac{n}{2}$ であることを要請している．つまりスピン構造中の電子が，数学的に現れる (非物理的な) 特異性を感じないという条件からスピンの量子化は理解することもできるのである．

ここで見たような幾何学的モノポールはより一般に非可換群から U(1) ゲージ場が現れる際に現れるもので，素粒子物理学で 't Hooft–Polyakov モノポール [3, 4] として知られたもののスピン (SU(2)) 版である．スピン版の最初の指摘は液体ヘリウムの文脈で G. E. Volovik が 1987 年に行った [5]．

スピン電磁場の実験的検出　スピン電磁場は強磁性金属内に存在し伝導電子スピンに結合する場であり，スピンの向きが逆の電子には逆にはたらく．つまりこれらはスピン流を誘起する場である (図 3–3)．強磁性金属ではスピン分極のためにスピン流と電流は $\boldsymbol{j}_{\mathrm{s}} = P\boldsymbol{j}$ という比例関係があるため (P は電流のスピン分極率)，スピン流が誘起されれば電流も生じる．このためスピン電磁場の効果も電圧測定など通常の電気的性質を測ることで検出することができる．電場成分 $\boldsymbol{E}_{\mathrm{s}}$ は磁化構造の時間変化から生じる電圧として現れ，磁壁や磁気渦の運動の際に μV 程度

の値が報告されている [6, 7]．磁場成分 $\boldsymbol{B}_{\mathrm{s}}$ は立体構造をもつ磁化構造から発生するもので，これは速度 $\boldsymbol{v}$ をもつ電子スピンに対して $\boldsymbol{v} \times \boldsymbol{B}_{\mathrm{s}}$ のローレンツ力を及ぼしスピンのホール効果を生み出す．このスピンホール効果は幾何学的磁化構造に起因するため**幾何学的ホール効果**とよばれる．磁気スキルミオン格子の場合にはホール抵抗率にして 4 nΩcm 程度のものが測られておりこれは磁気スキルミオンがもつスピン磁場によるものとされている [8, 9]．磁気スキルミオン格子が運動すれば電場成分が発生するが，これも実験的に確認されている．

3.3　スピンゲージ場の局在スピンへの影響

3.1 節では局在スピン構造から発生するスピン電磁場を，伝導電子に与える影響の観点から議論した．電磁場の場合と同様にその反作用もあり，電子スピンはスピン電磁場に影響を与える．スピン電磁場の正体は局在スピンの構造であるから，電子により局在スピンが影響されることになる．スピンゲージ場は電子のスピン流とゲージ結合をもつので*5，これを考慮した電子のハミルトニアンは

$$H = \frac{1}{2m}(\boldsymbol{p} - \sigma_z \boldsymbol{A}_{\mathrm{s}})^2 + A_{\mathrm{s},0}\sigma_z = \frac{p^2}{2m} - \boldsymbol{A}_{\mathrm{s}} \cdot \boldsymbol{j}_{\mathrm{s}} + \frac{(\boldsymbol{A}_{\mathrm{s}})^2}{2m} + A_{\mathrm{s},0}s \qquad (3.20)$$

である．ここで $\boldsymbol{j}_{\mathrm{s}} \equiv \frac{\boldsymbol{p}}{m}\sigma_z$，$s = \sigma_z$ はスピン流密度とスピン密度である (スピンの大きさ $\frac{1}{2}$ は除いて定義している)．式 (3.12) から明らかなようにスピンゲージ場は磁化の向きを表す θ と ϕ の関数であるから，このゲージ結合は磁化構造と電子のスピン密度とスピン流が互いに与える影響を表している．

スピンゲージ場はそもそもスピン構造の変動がゆっくりした断熱極限で現れたものであるので，ここではその 2 次以上の効果は無視し線形の範囲で議論しよう．伝導電子の効果を除いた，スピン系を記述するハミルトニアンを H_S とする．スピンのラグランジアンが式 (1.5) で与えられることを思い出そう．これに式 (3.20) で与えられる伝導電子の 1 次の効果 $\boldsymbol{A}_{\mathrm{s}} \cdot \boldsymbol{j}_{\mathrm{s}}$ を取り入れると，式 (3.12) よりラグランジアンは

$$L_S = \int \frac{d^3r}{a^3}\left[\hbar \overline{S}(1 - \cos\theta)\left(\frac{\partial}{\partial t} - \boldsymbol{v}_{\mathrm{s}} \cdot \nabla\right)\phi\right] - H_S \qquad (3.21)$$

*5　これは式 (6.27) にあるように，場の理論では簡単に示すことができる．

となる．ここで $\overline{S} \equiv S + \frac{sa^3}{2}$ は伝導電子のスピン分極を取り込んだ有効的なスピンの大きさで，$\boldsymbol{v}_{\mathrm{s}} \equiv \frac{a^3}{2\overline{S}} \boldsymbol{j}_{\mathrm{s}}$ は伝導電子のスピン流のもつ局在スピンに対しての実質的な速度 (式 (2.27)) である．このときの運動方程式は

$$\left(\frac{\partial}{\partial t} - \boldsymbol{v}_{\mathrm{s}} \cdot \nabla \right) \boldsymbol{S} = -\gamma \boldsymbol{B}_S \times \boldsymbol{S} \tag{3.22}$$

である．ここで $\boldsymbol{B}_S \equiv -\frac{1}{\hbar\gamma} \frac{\delta H_S}{\delta \boldsymbol{S}}$ は H_S に含まれるすべての有効磁場を表す．時間微分と空間微分が相対係数 $\boldsymbol{v}_{\mathrm{s}}$ により組み合わされているため，今の状況では全ての局在スピン構造は速度 $\boldsymbol{v}_{\mathrm{s}}$ で形を変えずに流れることになる．これは 2.5.2 節で現象論的に議論した**スピン移行効果**である．スピン移行効果が数学的には単純なゲージ場の相互作用のみで理解できることは，物理現象における数式の有用性を表す 1 つの例として注目しておくべきである．

3.4 位相近似を超えて：非断熱ゲージ場

3.1 節では伝導電子スピンにつく位相を元に有効 U(1) ゲージ場の存在を議論した．このゲージ場が現れた元になるユニタリ変換 (式 (3.4)) はスピン空間の 2×2 行列である．したがって現れるゲージ場も本来は 2×2 (SU(2)) 行列で，非対角な成分も存在する．非対角成分は電子スピンが局在スピンに追従する断熱極限では無視できたが，本節ではこの非断熱成分も含めたゲージ場を議論し，物理的帰結を量子論的考察の範囲で簡単に論じよう．

具体的にポテンシャル中の粒子のハミルトニアン $H = -\frac{\hbar^2 \nabla^2}{2m} + V$ の場合を考えよう．系の状態を $|\psi\rangle$ とすればこれはシュレディンガー (Schrödinger) 方程式

$$i\hbar \frac{\partial}{\partial t} |\psi\rangle = H |\psi\rangle \tag{3.23}$$

を満たす．状態 $|\psi\rangle$ の完全な解が求まらない場合，これを固有状態がよくわかっている状態 $|\phi\rangle$ に対してのユニタリ変換で

$$|\psi\rangle \equiv U |\phi\rangle$$

と定義して考えるとよい．例えばポテンシャルがゆるやかな空間変化や時間変化をもつ場合，これを U に取り込んでおくことを想定している．このとき $|\phi\rangle$ についてのシュレディンガー方程式は，

$$i\hbar\left(\frac{\partial}{\partial t}+U^{-1}\frac{\partial}{\partial t}U\right)|\phi\rangle=\left(-\frac{\hbar^2}{2m}\left(\nabla+U^{-1}\nabla U\right)^2+\tilde{V}\right)|\phi\rangle \tag{3.24}$$

となる．ここで $\tilde{V}\equiv U^{-1}VU$ である．つまり $|\phi\rangle$ の世界では微分は

$$D_\mu\equiv\partial_\mu\pm\frac{i}{\hbar}A_\mu$$

という共変微分形に置き換わる．ここで符号 $\pm$ は時間成分と空間成分に対応 (以下同様)*6,

$$A_\mu\equiv\mp i\hbar U^{-1}\partial_\mu U \tag{3.25}$$

が現れたゲージ場である*7.

ゆるやかに変化する局在スピン構造による sd 交換相互作用のもとでは，各時空点で電子スピンは局在スピンの方向 $\boldsymbol{n}(\boldsymbol{r},t)$ に向けられた状態 (式 (3.1)) にある．基準になる状態 $|\phi\rangle$ を $|\uparrow\rangle$ と選べばユニタリ変換は式 (3.4) で与えられた．この場合に現れる 2×2 行列のゲージ場を $\mathcal{A}_{\mathrm{s},\mu}\equiv\mp i\hbar U(\boldsymbol{r},t)^{-1}\partial_\mu U(\boldsymbol{r},t)$ と表す．これをパウリ行列で

$$\mathcal{A}_{\mathrm{s},\mu}\equiv\boldsymbol{\mathcal{A}}_{\mathrm{s},\mu}\cdot\boldsymbol{\sigma}=\sum_{\alpha=x,y,z}\mathcal{A}^{\alpha}_{\mathrm{s},\mu}\sigma_\alpha$$

と分解するとその成分は

$$\boldsymbol{\mathcal{A}}_{\mathrm{s},\mu}=\pm\hbar(\boldsymbol{m}\times\partial_\mu\boldsymbol{m}) \tag{3.26}$$

である．ここで $\boldsymbol{m}$ は

$$\boldsymbol{m}\equiv\left(\sin\frac{\theta}{2}\cos\phi,\sin\frac{\theta}{2}\sin\phi,\cos\frac{\theta}{2}\right) \tag{3.27}$$

という単位ベクトルである．局在スピンの角度とベクトルで具体的に表すとゲージ場は

---

*6　本書では物質中での非相対論的現象に注目しているため，添字の上下で意味を変える相対論的表記を用いない．そのため，時間成分と空間成分を物理場で表した際に，異なる符号が時として現れる．

*7　時間成分と空間成分の符号については，式 (3.12) の本文解説を参照.

$$\boldsymbol{\mathcal{A}}_{\mathrm{s},\mu} = \pm\frac{\hbar}{2}\begin{pmatrix} -\partial_\mu\theta\sin\phi - \sin\theta\cos\phi\partial_\mu\phi \\ \partial_\mu\theta\cos\phi - \sin\theta\sin\phi\partial_\mu\phi \\ (1-\cos\theta)\partial_\mu\phi \end{pmatrix} = \pm\frac{\hbar}{2}\boldsymbol{n}\times\partial_\mu\boldsymbol{n} - \mathcal{A}^z_{\mathrm{s},\mu}\boldsymbol{n} \quad (3.28)$$

とも書くことができる．ここでわかるように先に位相から見出したゲージ場 $A_{\mathrm{s},\mu}$ は実は非可換ゲージ場の対角成分 $\mathcal{A}^z_{\mathrm{s},\mu}$ である．3.1 節の直感的な議論では波動関数に付随する位相のみに注目したため，狭い U(1) の自由度に制約された純粋な断熱成分ゲージ場のみが取り出されたのである．

ここで行ったユニタリ変換は $\boldsymbol{n}$ の方向を z 軸に回転させるもので，

$$U^{-1}(\boldsymbol{n}\cdot\boldsymbol{\sigma})U = \sigma_z$$

を満たしている．スピンの各成分に対しての回転行列要素 $\mathcal{R}_{ij}$ を $U^{-1}\sigma_i U = \mathcal{R}_{ij}\sigma_j$ と定義すると

$$\mathcal{R}_{ij} = 2m_i m_j - \delta_{ij} \quad (3.29)$$

である．

なお，スピンゲージ場のつくる SU(2) の (2 × 2 行列の) 電磁場強度は

$$\mathcal{F}_{\mu\nu} \equiv \partial_\mu\mathcal{A}_{\mathrm{s},\nu} - \partial_\nu\mathcal{A}_{\mathrm{s},\mu} + [\mathcal{A}_{\mathrm{s},\mu}, \mathcal{A}_{\mathrm{s},\nu}] \quad (3.30)$$

で定義されるが，式 (3.25) の定義に従って計算するとわかるようにこの量は恒等的に 0 である．つまり SU(2) のゲージ不変な物理場は存在しない．このことはもともとこの有効ゲージ場が人が勝手にユニタリ変換をして導入したものであるためである．しかしながら強磁性金属では電子スピン分極によりスピン空間の対称性が破れ特定の z 方向が存在するために，以下に見るようにゲージ場そのものが多種の物理に影響してくるのである．

また，$\mathcal{F}_{\mu\nu} = 0$ である SU(2) 空間からその中の z 成分で張られる U(1) 部分空間に制限をした場合には，U(1) の電磁場として有限なものが発生しても構わない．これが 3.2 節で議論した断熱スピン電磁場である．

スピンゲージ場の非断熱成分が引き起こす現象　スピンゲージ場の非対角成分は

伝導電子のスピン反転を起こすことで，磁性や電子の輸送特性に様々な影響を与える．例えば，局在スピン間の強磁性相互作用 (6.3.1 節) や磁壁による電気抵抗を生み出す[10]．また，式 (3.28) からわかるように，スピンゲージ場の $\boldsymbol{n}$ に垂直な成分は $\boldsymbol{n}\times\partial_\mu\boldsymbol{n}$ の形をしており，この成分が反対称の Dzyaloshinskii–Moriya (DM) 相互作用の出現に関わっている[11]．また，磁化の運動から発生するスピン流 (スピンポンピング効果) もゲージ場の非対角成分が引き起こしている (3.7 節)．

これらのことを式に基づいて考えておこう．スピンゲージ場の 3 つの成分はスピン流の 3 成分とゲージ結合をする*8．その線形項のみ取り出し，スカラーポテンシャルの役割をする時間成分も考慮すると相互作用ハミルトニアンは

$$H_{\mathcal{A}} = \int d^3r \left[-\sum_i j^\alpha_{\mathrm{s},i}\mathcal{A}^\alpha_{\mathrm{s},i} + s^\alpha \mathcal{A}^\alpha_{\mathrm{s},t} \right] \tag{3.31}$$

である．この式から明らかなようにスピンゲージ場の空間成分 $\mathcal{A}^\alpha_{\mathrm{s},i}$ と時間成分 $\mathcal{A}^\alpha_{\mathrm{s},t}$ はそれぞれスピン流 $j^\alpha_{\mathrm{s},i}$ とスピン密度 s^α を駆動する場である．$\mathcal{A}^\alpha_{\mathrm{s},t}$ は電子スピンに対する化学ポテンシャル (**スピン化学ポテンシャル**) とみなすことができる．$\mathcal{A}^\alpha_{\mathrm{s},\mu}$ のうち局在スピンに垂直な成分 $\boldsymbol{\mathcal{A}}^\perp_{\mathrm{s},\mu} \equiv \mp\frac{\hbar}{2}\boldsymbol{n}\times\partial_\mu\boldsymbol{n}$ は興味深い効果を生み出す．空間的に変化する磁化構造でねじれ $\boldsymbol{n}\times\nabla_i\boldsymbol{n}$ をつくれば，このねじれに比例したスピン流が i 方向に生み出されることになる．これはいわゆる平衡スピン流である．一方，磁化の運動により $\boldsymbol{n}\times\dot{\boldsymbol{n}}$ を生成するとこれはゲージ場の時間成分としてはたらきスピン密度を誘起する．これを強磁性と非磁性金属 (N) との接合で考えれば界面にスピン蓄積が発生し，それが N 側に拡散してゆきスピン流が生成されることになる．これがスピンポンピング効果である．この現象は 3.7 節で詳しく議論する．

一方，逆に電子系がスピン流の非断熱成分 $\boldsymbol{j}^\perp_{\mathrm{s},i} \equiv \boldsymbol{j}_{\mathrm{s},i} - \hat{\boldsymbol{z}}(\hat{\boldsymbol{z}}\cdot\boldsymbol{j}_{\mathrm{s},i})$ をもっている場合，ゲージ場の非断熱成分である $\boldsymbol{\mathcal{A}}^\perp_{\mathrm{s},\mu}$ を誘起する．この効果はハミルトニアン

$$H^\perp_A = -\int d^3r \boldsymbol{j}^\perp_{\mathrm{s},i}\cdot\boldsymbol{\mathcal{A}}^\perp_{\mathrm{s},\mu}$$

で表される．これを行列 $\mathcal{R}$ で実験室系に戻してみると，$\mathcal{R}_{\alpha\beta}\mathcal{A}^\beta_{\mathrm{s},i} = -\frac{\hbar}{2}(\boldsymbol{n}\times\nabla_i\boldsymbol{n})$ を用いて

*8　このことも式 (6.27) で証明する．

$$H_A^\perp = \int \frac{d^3 r}{a^3} D_i^\alpha (\boldsymbol{n} \times \nabla_i \boldsymbol{n})$$

が得られる．ここで

$$D_i^\alpha \equiv \hbar a^3 j_{\mathrm{s},i}^{\perp(\mathrm{L}),\alpha} \tag{3.32}$$

は実験室系でのスピン流 $j_{\mathrm{s},i}^{\perp(\mathrm{L}),\alpha} \equiv \mathcal{R}_{\alpha\beta} j_{\mathrm{s},i}^{\perp,\beta}$ で決まる定数である．このハミルトニアンの形は **Dzyaloshinskii–Moriya (DM) 相互作用**そのものであり，つまり DM 相互作用は系に内在するスピン流 $j_{\mathrm{s},i}^{\perp(\mathrm{L}),\alpha}$ の表れであるといえる[11]．スピン流は空間反転により符号反転するので，DM 相互作用の出現には空間反転対称性の破れが不可欠であることも自然の帰結である．この理解では DM 相互作用は自発的スピン流によるドップラーシフトにより生じていると見ることもでき，これに基づけば DM 相互作用をもつ強磁性状態のスピン波がドップラーシフトを起こすという事実[12, 13]も当然である．

物質の DM 相互作用はスピン軌道相互作用などで生成される物質に内在するスピン流が引き起こしているが，スピン流を印加することで DM 相互作用を変調することも可能のはずである．印加するスピン流が $ej_{\mathrm{s}} = 10^{12}$ A/m^2 のときに発生する DM 相互作用は $D = \hbar a^3 j_{\mathrm{s}} = 5.3 \times 10^{-33}$ Jm $= 0.33$ meVÅ となる．この値は強い DM 相互作用をもつ MnFeGe などの物質のそれと比べると小さいが，系によっては興味深い現象が期待されよう．

3.5　ベリー位相

式 (3.24) に基づきいわゆる**ベリー** (Berry) **位相**[14]の議論をしておこう．考えるのは外場 (ポテンシャル) などのためにゆっくりと時間変化するハミルトニアン $H(t)$ の場合である．各時刻 t にはその瞬間のハミルトニアン $H(t)$ に対して固有値 $E(t)$ のエネルギー固有状態 $|\psi\rangle$ が定義できると仮定する．

$$\hat{H}(t) |\psi\rangle = E(t) |\psi\rangle \tag{3.33}$$

これがベリー位相を考える際の**断熱条件**である．この場合に現れる位相がベリー位相であるが，ここで本質的なのは外場のゆっくりした変化に観測者が気づかな

いということである．時刻 $t=0$ での系の状態が $|\phi\rangle$ $(\equiv |\psi(0)\rangle)$ であったとする．後の時刻 t では正しい状態は $|\psi(t)\rangle$ に変化しているが (これを時間発展演算子 U を用いて $|\psi(t)\rangle \equiv U(t)|\phi\rangle$ と表す)，観測者はあくまで状態 $|\phi\rangle$ のまま現象を見ていると考えているので，時間発展は

$$i\hbar\left(\partial_t + \frac{i}{\hbar}A_t\right)|\phi\rangle = \widetilde{H}|\phi\rangle \tag{3.34}$$

として見える．ここで A_t は式 (3.25) と同じく $A_t \equiv -i\hbar U^{-1}\partial_t U$ で定義され，$\widetilde{H} \equiv U^{-1}HU$ である．断熱条件 (3.33) を用いるとこれは

$$\partial_t|\phi\rangle = -\frac{i}{\hbar}(E(t)+A_t)|\phi\rangle \tag{3.35}$$

となる．ここで $E(t)$ の項は通常の時間発展の因子，A_t は観測系が時間変化していることによる効果を表す．A_t は本来は状態を変化させる非対角成分をもつが，この寄与は時間的に振動する寄与になり無視してよい*9．したがって式 (3.35) はすべて複素数として積分することができ，時間発展は位相を与えるだけという式，

$$|\phi(t)\rangle = e^{-i\gamma(t)}e^{-\frac{i}{\hbar}\int_0^t dt' E(t')}|\phi(0)\rangle \tag{3.36}$$

を得る．ここで

$$\gamma(t) \equiv \frac{1}{\hbar}\int_0^t dt' \langle A_t\rangle(t')$$

で，これがいわゆるベリー位相である．この位相を決めるのは期待値

$$\langle A_t\rangle(t) = -i\hbar\left\langle\phi(0)|U^{-1}(t)\partial_t U(t)|\phi(0)\right\rangle$$

である．この量は

$$A_t(t) = i\hbar\langle\psi|\partial_t|\psi\rangle \tag{3.37}$$

と状態の時間的なずれとして表すこともできる．

ベリー位相は時間以外のパラメータ空間でのそれに拡張することができる．パラメータ空間で定義されるゲージ場を $\boldsymbol{A}$ とすると，閉じた経路についての位相は経路の囲む面 S についての積分で

*9　ただし，このことが断熱条件 (3.33) とどう関係しているのか少々曖昧である．

$$\gamma = \frac{1}{\hbar}\int_S d\boldsymbol{S}\cdot(\nabla\times\boldsymbol{A})$$

を表されるが，このときの有効磁場にあたる $\nabla\times\boldsymbol{A}$ はベリー曲率ともいう．あるパラメータにゆっくりとした依存性をもつ場合にはベリー曲率の概念は一般的に現れるもので，例えば異常ホール伝導度や電気分極，DM 相互作用もベリー曲率の形に表すことができる [15, 16]．ベリー位相の効果は式 (3.37) のように波動関数を用いて表されるが，グリーン関数を用いた表示も可能である [17]．

3.6 摂動論的見方

3.4 節まででは，強い sd 交換相互作用の場合に電子スピンへの位相の議論からはじめて有効ゲージ場の存在にたどり着いた．このスピンゲージ場は逆の弱い sd 相互作用の状況でも摂動論的な描像で理解することができる．これを紹介しよう [18]．

伝導電子の波動関数に sd 交換相互作用により付加される確率振幅を考える．まずは 2 次の効果を考え，そこに現れる局在スピンを $\boldsymbol{S}_1$ と $\boldsymbol{S}_2$ と表す．伝導電子のスピン分極を無視すると付加される確率振幅は

$$\mathcal{V}_2 = (J_{\rm sd})^2(\boldsymbol{S}_1\cdot\boldsymbol{\sigma})(\boldsymbol{S}_2\cdot\boldsymbol{\sigma}) = (J_{\rm sd})^2[(\boldsymbol{S}_1\cdot\boldsymbol{S}_2)+i(\boldsymbol{S}_1\times\boldsymbol{S}_2)\cdot\boldsymbol{\sigma}] \tag{3.38}$$

である．スピン $\boldsymbol{\sigma}$ に依存しない右辺第 1 項は磁気抵抗効果を表す．第 2 項がスピンに関わり，2 つの局在スピンが平行か反平行でない場合 (**non-collinear** な配置) に電子のスピン分極が現れることを意味している．この結果としてスピン流も

$$\boldsymbol{j}_{\rm s} \propto (J_{\rm sd})^2(\boldsymbol{S}_1\times\boldsymbol{S}_2) \tag{3.39}$$

のように発生する (**図 3–5**)．$\boldsymbol{S}_1\times\boldsymbol{S}_2$ は 2 つのスピンがつくる**ベクトルカイラリティ**で non-collinear の度合を表す．具体的に $\boldsymbol{S}_1$ と $\boldsymbol{S}_2$ という局在スピンをもつ 2 つの強磁性体の接合を考え，式 (3.39) のスピン流の意味を考えてみよう．スピン流があることはそれぞれの局在スピンの時間変化，別の言い方をするとトルクが発生することと等価である．実際，sd 交換相互作用を考慮した運動方程式は，c を定数として

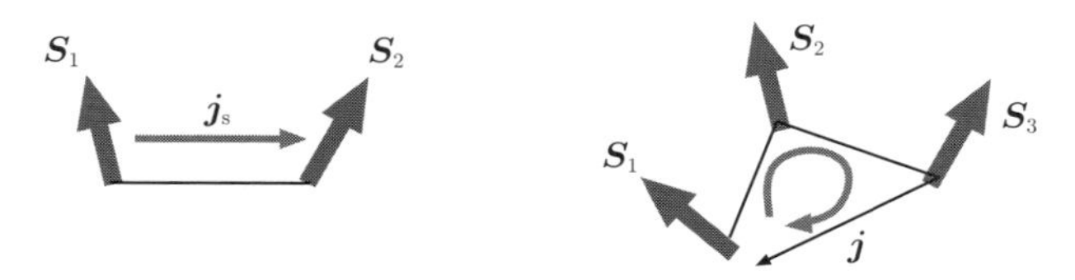

図 3–5　局在スピン S_i から発生するスピン流と電流の摂動論的解釈．2つのスピンがつくるベクトルカイラリティからはスピン流 j_s が発生し，3つのスピンがスカラーカイラリティをもてば時間反転対称性が破れ自発的電流 j が発生する．

$$\dot{\boldsymbol{S}}_1 = -\frac{\alpha}{S}(\boldsymbol{S}_1 \times \dot{\boldsymbol{S}}_1) + c(\boldsymbol{S}_1 \times \boldsymbol{S}_2),$$
$$\dot{\boldsymbol{S}}_2 = -\frac{\alpha}{S}(\boldsymbol{S}_2 \times \dot{\boldsymbol{S}}_2) - c(\boldsymbol{S}_1 \times \boldsymbol{S}_2) \tag{3.40}$$

である．確かに，$\boldsymbol{S}_1$ と $\boldsymbol{S}_2$ のスピンには有効磁場 $\gamma\boldsymbol{B}_{\mathrm{eff},1} = c\boldsymbol{S}_2$ と $\gamma\boldsymbol{B}_{\mathrm{eff},2} = c\boldsymbol{S}_1$ によるトルクがはたらいており，スピン流 (3.39) はこのトルクを角運動量の流れとして表したものとなっている．

上の議論を空間的に緩やかに変化する局在スピン構造の場合に適用すれば，$\boldsymbol{S}_1$ と $\boldsymbol{S}_2$ が座標 $\boldsymbol{r}$ と $\boldsymbol{r}+\boldsymbol{d}$ の位置にあるとして空間微分で展開すれば

$$\boldsymbol{j}_{\mathrm{s}} \propto (J_{\mathrm{sd}})^2 d_i(\boldsymbol{S} \times \nabla_i \boldsymbol{S}) \tag{3.41}$$

が得られる．これは平衡スピン流の表式として馴染みがある形である．

さらに時間的に変化するスピンの場合も同じように議論できる．2つの局在スピンが2つの時刻のもの，$\boldsymbol{S}(t_1)$ と $\boldsymbol{S}(t_2)$，であれば，現れる量は時間方向のベクトルカイラリティ $\boldsymbol{S}(t_1) \times \boldsymbol{S}(t_2)$ になる．時間依存が弱いとして展開すれば

$$\mathcal{A}_2(t_1, t_2) \propto -i(J_{\mathrm{sd}})^2(t_1 - t_2)(\boldsymbol{S} \times \dot{\boldsymbol{S}})(t_1) \tag{3.42}$$

となる．これにより，$\boldsymbol{S} \times \dot{\boldsymbol{S}}$ に比例したスピン密度が sd 交換相互作用の2次から生じることになる．これが摂動的に考えたときのスピンポンピング効果の本質である[*10] (3.7 節)．

以上の議論と式 (3.41)，(3.42) から，ゆっくりした変化をもつ局在スピン構造のもとで摂動領域で電子のもつスピン流は $\boldsymbol{S} \times \partial_\mu \boldsymbol{S}$ というベクトルカイラリティ

[*10] 時間差の因子は，場の理論的な議論ではグリーン関数のエネルギー微分に置き換わる．

(スピンのねじれを表す量) が決めていることがわかる．一方，強結合極限では回転系表示でのスピンゲージ場 $\mathcal{A}_{\rm s}$ がスピン輸送現象の源となっていた．スピンゲージ場を実験室系に戻すと $\mathcal{R}\mathcal{A}_{\rm s} = \frac{1}{2}(\boldsymbol{n} \times \partial_\mu \boldsymbol{n})$ となることから明らかなとおり，実質両者は同じ量を別の状況で見たものである．つまり，スピンゲージ場やスピンベリー位相，スピン起電力は強結合で正当化される概念であるが，弱い sd 交換相互作用の状況であっても断熱的であれば意味をもつ概念である．

以上の議論をすすめて電流についても議論することができる．sd 交換相互作用の 3 次を考えると考える振幅のスピンについてトレースを取った量は

$$\mathrm{tr}[\mathcal{V}_3] = (J_{\rm sd})^3 \mathrm{tr}[(\boldsymbol{S}_1 \cdot \boldsymbol{\sigma})(\boldsymbol{S}_2 \cdot \boldsymbol{\sigma})(\boldsymbol{S}_3 \cdot \boldsymbol{\sigma})] = 2i(J_{\rm sd})^3 \boldsymbol{S}_1 \cdot (\boldsymbol{S}_2 \times \boldsymbol{S}_3)$$

となる．つまり sd 相互作用を 3 次まで取り入れると**スカラースピンカイラリティ** $\boldsymbol{S}_1 \cdot (\boldsymbol{S}_2 \times \boldsymbol{S}_3)$ に比例した電流生成が起こる．このことはスカラーカイラリティが伝導電子に対して有効磁場としてはたらきアンペール (Ampère) の法則に従った電流を生成しているとして理解することができる [18]．実際，スカラーカイラリティを連続極限で表すとスピン構造が関係している時空の方向を i と j として $\boldsymbol{S} \cdot (\partial_i \boldsymbol{S} \times \partial_j \boldsymbol{S})$ に比例しており，これはスピンが構成する立体角の意味をもち，また 3.1 節で議論したスピン有効磁場 $\boldsymbol{B}_S$ になっていることがわかる．このように，スピンと結合した電子系が見せる多様な現象は，摂動的に考えるとスピンの非可換代数が生み出しているのである．

3.7　スピンポンピング効果

3.4 節では強い sd 交換相互作用のもとで伝導電子に結合するゲージ場は非対角成分ももつ SU(2) ゲージ場であることを見た．この非対角成分が主役となる典型的な現象が，**スピンポンピング効果**である．この効果は強磁性体 F と非磁性金属 N の接合において，磁化 (局在スピン) を時間変化させることにより強磁性体から非磁性金属へスピンの流れが流入する現象である (**図 3–6**)．

ここでは強磁性体が金属の場合を考える．強磁性体の伝導電子のハミルトニアンは

$$H_{\rm F} = -\frac{\hbar^2 \nabla^2}{2m} - M\boldsymbol{n}(t) \cdot \boldsymbol{\sigma}$$

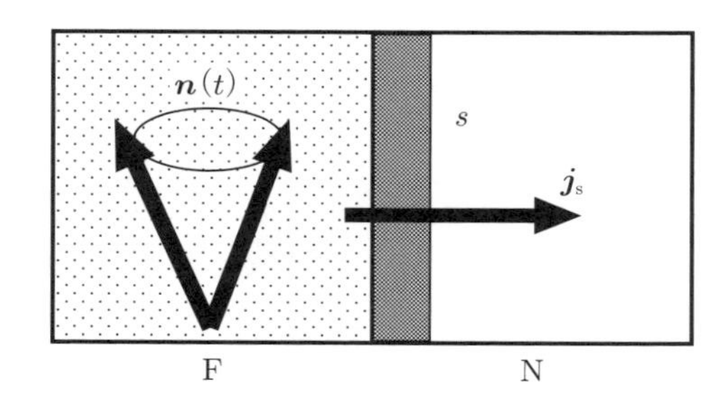

図 3–6　強磁性体 F と非磁性金属 N の接合で強磁性体の磁化 $\boldsymbol{n}$ を時間変化させた際に，界面にスピン蓄積 s が生成され N 側にスピン流 $\boldsymbol{j}_{\rm s}$ が流れ込む．これがスピンポンピング効果である．

である．$\boldsymbol{n}(t)$ は時間変化する局在スピンの向きを表す単位ベクトルで空間的には一様とする．通常強磁性の磁化の歳差運動の振動数は MHz 領域で，伝導電子の時間スケール $\tau_{\rm e}(>\hbar/\epsilon_{\rm F})$ よりもずっとゆっくりした運動であるため断熱的に扱える．時間依存したユニタリ変換 $U(t)$ を用いて sd 交換相互作用を $\boldsymbol{n}(t)\cdot U^{-1}(t)\boldsymbol{\sigma}U(t)=\sigma_z$ と対角化し，局在スピンと一緒に回転する座標から見れば，伝導電子は z 方向のスピン分極をもち式 (3.28) で与えられるゲージ場を感じている．スピンの 2 成分を行列で表したハミルトニアンは

$$\widetilde{H_{\rm F}}=\sum_{\boldsymbol{k}}\begin{pmatrix}\epsilon_k-M+\mathcal{A}^z_{{\rm s},t} & \mathcal{A}^+_{{\rm s},t}\\ \mathcal{A}^-_{{\rm s},t} & \epsilon_k+M-\mathcal{A}^z_{{\rm s},t}\end{pmatrix}\tag{3.43}$$

である．ここで $\epsilon_k\equiv\frac{\hbar^2k^2}{2m}-\epsilon_{\rm F}$ である．断熱極限では時間微分は最低次である 1 次まで考慮すれば十分であり，相互作用を表すゲージ場 $\mathcal{A}_{{\rm s},t}$ はすでに時間微分の 1 次であるので，$\mathcal{A}_{{\rm s},t}$ の時間依存性は無視し定常的なポテンシャルとみなせる．また局在スピンは空間的に一様としているのでスピンゲージ場は波数を運ばない．式 (3.43) の対角成分 $\mathcal{A}^z_{{\rm s},t}$ はスピン分極 M を変化させるが，この効果は断熱極限では無視してよい．これは興味のある生成スピン流にはかならず $\mathcal{A}^\pm_{{\rm s},t}$ が 1 次以上で入ってくるためである．低エネルギーの挙動にのみ興味があるので考える波数はフェルミ面上の値，$k_{\rm F+}$ と $k_{\rm F-}$ $(k_{\rm F\pm}\equiv\sqrt{2m(\epsilon_{\rm F}\pm M)}/\hbar)$ のみで十分である．このような簡単化により式 (3.43) のハミルトニアンで $\mathcal{A}_{{\rm s},t}$ の 1 次までを考慮した断熱極限の固有状態は，スピン $\uparrow$ と $\downarrow$ の 2 つに関して

$$
\begin{aligned}
|k_{\mathrm{F}\uparrow}\uparrow\rangle_{\mathrm{F}} &= |k_{\mathrm{F}\uparrow}\uparrow\rangle - \frac{\mathcal{A}^{+}_{\mathrm{s},t}}{M}|k_{\mathrm{F}\uparrow}\downarrow\rangle, \\
|k_{\mathrm{F}\downarrow}\downarrow\rangle_{\mathrm{F}} &= |k_{\mathrm{F}\downarrow}\downarrow\rangle + \frac{\mathcal{A}^{-}_{\mathrm{s},t}}{M}|k_{\mathrm{F}\downarrow}\uparrow\rangle
\end{aligned}
\tag{3.44}
$$

となる．状態は波数 k とスピン σ を組み合わせた $|k\sigma\rangle_{\mathrm{F}}$ という表示で表している．これが強磁性中で，ゆっくりした局在スピンの時間変化のもとで形成される電子の状態である．

強磁性体 (F) に常磁性金属 (N) を接合した場合には，この F 側の状態は FN 間の電子の飛び移りにより N 側に影響しスピン分極をつくる．今は飛び移りはスピンとエネルギーを保存して起こると考え，その確率振幅をスピン σ に依存した $\tilde{t}_\sigma$ としよう．グリーン関数を用いた微視的計算によると N 側に生成されるスピン密度は

$$
\widetilde{\boldsymbol{s}}^{(\mathrm{N})} = -(\pi\nu_{\mathrm{N}})^2\chi_{\mathrm{F}}\left(\mathrm{Re}[T_{\uparrow\downarrow}]\mathcal{A}^{\perp}_{\mathrm{s},t} + \mathrm{Im}[T_{\uparrow\downarrow}](\hat{\boldsymbol{z}}\times\mathcal{A}^{\perp}_{\mathrm{s},t})\right) \tag{3.45}
$$

である [19]．ここで ν_{N} は N の電子状態密度，$\chi_{\mathrm{F}} \equiv (n_+ - n_-)/(2M)$ で，局在スピンの方向 (z) の成分は無視した．ただし $\boldsymbol{\mathcal{A}}^{\perp}_{\mathrm{s},t} = (\mathcal{A}^{x}_{\mathrm{s},t}, \mathcal{A}^{y}_{\mathrm{s},t}, 0) = \boldsymbol{\mathcal{A}}_{\mathrm{s},t} - \hat{\boldsymbol{z}}\mathcal{A}^{z}_{\mathrm{s},t}$ で，

$$
T_{\sigma\sigma'} \equiv \tilde{t}^{*}_{\sigma}\tilde{t}_{\sigma'} \tag{3.46}
$$

である．式 (3.45) のスピン密度はユニタリ変換した回転系でのものであり，実験室系に戻すには式 (3.29) で定義される回転行列 $\mathcal{R}_{ij}$ を用いて $s^{(\mathrm{N})}_i = \mathcal{R}_{ij}\widetilde{s}^{(\mathrm{N})}_j$ とすればよい．結果は

$$
\boldsymbol{s}^{(\mathrm{N})} = (\pi\nu_{\mathrm{N}})^2\chi_{\mathrm{F}}\left(\mathrm{Re}[T_{\uparrow\downarrow}](\boldsymbol{n}\times\dot{\boldsymbol{n}}) + \mathrm{Im}[T_{\uparrow\downarrow}]\dot{\boldsymbol{n}}\right) \tag{3.47}
$$

である．N 側界面近傍にこのスピン分極がつくられれば，電子の伝搬によりこれは流れ (スピン流) として伝わってゆく．電子が速さ $\frac{k_{\mathrm{F}}}{m}$ で動いていることからスピン流は

$$
\boldsymbol{j}^{(\mathrm{N})}_{\mathrm{s}} = \frac{k_{\mathrm{F}}}{m}(\pi\nu_{\mathrm{N}})^2\chi_{\mathrm{F}}\left[\mathrm{Re}[T_{\uparrow\downarrow}](\boldsymbol{n}\times\dot{\boldsymbol{n}}) + \mathrm{Im}[T_{\uparrow\downarrow}]\dot{\boldsymbol{n}}\right] \tag{3.48}
$$

である．これが金属 FN 接合において断熱的に運動する磁化から N 側に生成されるスピン流である (**スピンポンピング効果**)．この効果の効率は界面でスピン $\uparrow$ と $\downarrow$ の

電子がFN間を飛び移る複素振幅の積 $T_{\uparrow\downarrow}$ が決めている．この量がTserkovnyakら[24]の記法でいう**スピン混合コンダクタンス** (spin mixing conductance) に相当する．なお，ここでの議論は界面の効果を2次摂動で取り入れたが，場の理論的扱いをすればこれを自己エネルギーとして無限次まで考慮することが可能である．

興味深いのは2つのスピン分極方向 $\boldsymbol{n}\times\dot{\boldsymbol{n}}$ と $\dot{\boldsymbol{n}}$ をもつスピン流の大きさがこのホッピングの振幅の実部と虚部で決まっていることである．つまりFN界面での電子のホッピングの位相が，強磁性体側でスピンゲージ場により形成されたスピン分極をどのようにN側に受け渡すのかを決めている．界面では反転対称性が破れているため一般にホッピングの振幅 $\tilde{t}_\sigma$ は複素数であるが，第一原理計算の結果[20]によれば，スピン混合コンダクタンスの虚数部はCo/Cu，Fe/Auなどの場合実部に比べて1–2桁小さいことが知られている．これは界面に強いスピン軌道相互作用が誘起されていない限り，金属接合の場合の一般的傾向であろう．界面に大きなスピン軌道相互作用がある場合には $\mathrm{Im}[T_{\uparrow\downarrow}]$ が大きくなることが期待され，界面スピン軌道相互作用についての情報が $\dot{\boldsymbol{n}}$ に比例したスピン流の大きさや g 因子の測定から得られることになる．この効果はスピンメモリー損失ともよばれている．

強磁性体緩和定数と g 因子の変調　スピンポンピング効果は強磁性体側の局在スピンにも影響を及ぼす．スピン流がN側に流入することはF側のスピン角運動量を減少させるので，強磁性体側の磁化 (局在スピン) に対してのトルクとして作用する．この効果を強磁性体の局在スピンの運動方程式 (1.11) に現象論的に取り込むと

$$\dot{\boldsymbol{n}} = -\gamma\boldsymbol{B}\times\boldsymbol{n} - \alpha\,(\boldsymbol{n}\times\dot{\boldsymbol{n}}) - \eta\frac{a^2}{eS}j_{\mathrm{s}} \tag{3.49}$$

と表せる．ここで η は界面でのスピン流の値を強磁性体全体に作用するトルクに勘算する因子である．生成されるスピン流の結果式 (3.48) を代入すると ($\boldsymbol{n}$ に比例する成分は無視する)

$$(1+\delta)\dot{\boldsymbol{n}} = -\gamma\boldsymbol{B}\times\boldsymbol{n} - (\alpha+\delta\alpha)\,(\boldsymbol{n}\times\dot{\boldsymbol{n}})$$

となる．ここで

$$\delta = \eta \frac{a^2}{eS} \frac{k_\mathrm{F}}{m} \frac{\nu_\uparrow - \nu_\downarrow}{2M} \mathrm{Im}[T_{\uparrow\downarrow}]$$

は局在スピンのくりこみを表す因子,

$$\delta\alpha = \eta \frac{a^2}{eS} \frac{k_\mathrm{F}}{m} \frac{\nu_\uparrow - \nu_\downarrow}{2M} \mathrm{Re}[T_{\uparrow\downarrow}]$$

はスピンポンピング効果を考慮したギルバート (Gilbert) 緩和定数変化である．つまり生成されるスピン流の $\boldsymbol{n} \times \dot{\boldsymbol{n}}$ と $\dot{\boldsymbol{n}}$ という 2 成分の大きさはそれぞれ緩和係数と強磁性共鳴周波数と関連する．局在スピンのくりこみ因子により共鳴周波数は

$$\omega_\mathrm{B} = \frac{\gamma B}{1+\delta}$$

のように修正を受け，これは $\gamma = \frac{g\mu_\mathrm{B}}{\hbar}$ により電子の g 因子の変化 ($g \to \frac{g}{1+\delta}$) でもある．なお，緩和定数と共鳴周波数は通常強磁性共鳴を用いて検出されるため，FN 接合においてはかならずスピンポンピング効果を含んだ形で測定される．ここで議論したそれらの変化を見るには FN 接合の場合と F 単独の場合とで比較をする必要がある．

ここでの議論は界面でのスピン流の値のみを考慮した現象論であるが，より正確な議論は FN 界面の存在を考慮して強磁性体内に生成されるスピン分極を計算することで行える [21]．強磁性体内では伝導電子のフェルミ波数が強くスピン依存しているためにスピン分極も $e^{i(k_{\mathrm{F}+} - k_{\mathrm{F}-})x}$ の形で界面からの距離 x に関して振動する．このことを考慮すると $(k_{\mathrm{F}+} - k_{\mathrm{F}-})^{-1}$ よりも十分に厚い強磁性体の場合には $\eta \sim a/d$ (a は格子定数，d は強磁性体の厚さ) となる．実際に実験において強磁性体の厚さを 10 nm から 2 nm の間で変えた場合に薄い領域で緩和定数が増大しふるまいが $1/d$ 程度であることが確認されている [22]．一方共鳴周波数の変化に関して，同じ実験で変化の符号が物質依存していることが報告されている．例えば Py/Pd と Py/Pt では g 因子は薄くした場合に 2%ほど増加，一方で Ta/Pt では減少している．この事実は g 因子を決めるのが $\mathrm{Im}[T_{\uparrow\downarrow}]$ というスピン軌道相互作用の符号などに強く依存する量であることからは自然である．これに対して緩和係数は $\mathrm{Re}[T_{\uparrow\downarrow}]$ がスピン軌道相互作用が弱い領域ではその偶数次であるためかならず増大する．なお，強磁性内部でのスピン蓄積のふるまいは厚さ d に依存し $(k_{\mathrm{F}+} - k_{\mathrm{F}-})^{-1}$ よりも薄い強磁性体になると大きく変わるため，スピン流の係数とトルクの係数の関係も変わる．

絶縁体強磁性体の場合　絶縁体強磁性体を用いたスピンポンピングも盛んに行われているので簡単に触れておこう．まず，金属の場合とは描像が大きく異なることに注意が必要である．先に見たように金属の場合にはゆっくり変化する局在スピンが強磁性体全体の電子スピンを横方向に分極させるゲージ場として働くことが本質で，その状態がN側の電子に伝わることでスピン流が生成されたのであった．つまり強磁性体全体がゆすられた結果が界面を通じて流れになっているのである．これに対して絶縁体ではもちろん伝導電子は存在しないため，強磁性磁化のために発生するFN界面における局所的磁場がN側の電子スピンを駆動することでスピン流が生成することになる．界面での局所的なsd交換相互作用による効果であるので，これを摂動的に扱うのが妥当と思われる．このときには強結合の場合のゲージ場の描像とは物理は大きく異なる．

絶縁体強磁性体の場合にもスピン波励起は存在し，これは磁化の運動によるゲージ場を感じている[23]．しかしスピン波は1つのボゾン場で表される励起であり，ゲージ場も1成分のもの(U(1)ゲージ場)である．このため，スピンをもつ電子がゲージ場によりスピン反転され，スピン流生成が起きるという金属の場合とは様相は大きく異なる．

いずれにせよ絶縁体強磁性体のスピンポンピングでは界面のsd相互作用の大きさが重要な因子であるが，これは強磁性相互作用がどの程度非磁性金属側に伝わっているかという強磁性近接効果(mangetic proximity effect)に強く依存すると思われる．

歴史的背景と断熱ポンピング理論　スピンポンピング効果の予言は2002年のY. Tserkovnyak et al.[24, 25]の論文より前に1979年のR. H. Silsbee et al.[26]による論文により行われている．そこでは強磁性(F)非磁性(N)金属接合において交流磁場をかけて磁化の歳差運動を起こした際に界面にスピン分極が生じ，それが拡散でN側にスピンの流れをつくることが指摘されている．当時は電子スピン共鳴の実験に界面に発生したスピン蓄積が与える影響に焦点をあてた解析であるが，これが実質的にスピンポンピング効果の最初の指摘である．

スピンポンピング効果は当初Y. Tserkovnyak et al.[24]の論文では磁化のギルバート緩和係数のNとの接合における増加効果として議論された．この緩和係数としての側面も古くから議論されており，1996年のL. Berger[21]の論文では

FNF 接合中で F 内部の電子スピンの緩和 (スピン反転) の確率を量子力学に基づき見積もり，ギルバート緩和係数の増大を議論している．その中で F 層の厚さが $(k_{F+} - k_{F-})^{-1}$ ($k_{F\sigma}$ はスピン依存したフェルミ波数) という特徴的な長さ以上であれば強磁性層の厚さの減少とともに効果が増大することも指摘されている．この方向での研究は 2003 年の E. Simánek and B. Heinrich [27, 28] などの仕事につながってゆき，スピン反転を記述するスピン相関関数を元に議論が展開された*11．FN 接合における緩和の増大の問題は実験的にも強磁性共鳴 (FMR) の観測により精力的に調べられ，2001 年には水上成美ら [22] や Urban et al. [29] によりそれまでの理論と整合するデータが示されている．

Tserkovnyak 理論はこうした緩和係数についての先行研究を踏まえ，緩和の増大は F から N にスピン流が流れ込むことで起きるという新しい解釈を式 (3.49) に基づき与えたものである．生成されるスピン流は散乱行列理論に基づき一般的に議論し，またスピンポンピングという魅力的な名称をつけた．ポンピング効果は時間変化する外部変数により量子系の流れが生じる現象で，D. J. Thouless がゆっくりしたポテンシャル変化の場合に解析したのが始まりと思われる [30]．散乱行列による記述はメゾスコピック系の分野でよく用いられる手法で，注目している系にリードをつけた状況でリードから入射した粒子の透過と反射の確率振幅を与えられたものとして輸送現象を記述するものである [31]．この手法は系の内部で起きている現象の詳細に踏み込むことなく一般論を展開でき，また場の理論を知らなくても量子力学的な描像を描ける点もあり，分野によっては重宝されている．

簡単に**断熱ポンピング**の散乱行列表示を紹介しよう [31]．粒子流を粒子分布関数の差として表す Landauer–Büttiker 形式によれば，電子系に電極をつけた場合そこでの電流は一般に

$$I = \frac{e}{h} \int dE \, (f_{\mathrm{out}}(E) - f(E))$$

*11 しかしこれらの仕事では，どのようなスピン反転励起が許されているかあまり注意が払われていないようである．例えば Berger [21] では，明らかにスピン反転に伴う励起エネルギーは 0 と仮定している．Simánek らの仕事では強磁性体の厚さが 0 の極限を考え，スピン反転は局所的スピン相関関数で記述されるというモデルを考えており，反転に伴う波数変化 q について相関関数を積分している．このため，ギャップレスのストーナー (Stoner) 励起からの寄与を取り込んだ結果が出されている．これは現実の一様磁化強磁性には適用されない結果と思われる．

と表せる．ここで $f(E)$ はエネルギー E をもつ電極での定常状態電子の分布関数，$f_{\rm out}(E)$ は外部からの撹乱により系から電極を通り出てゆく電子の分布関数である．これは非平衡状態の分布であり，電子の反射と透過の確率振幅を表す散乱行列 $S(E)$ で平衡電子状態と結びついている．外部撹乱が周期 $\mathcal{T}$ をもつ周期的なものの場合，断熱極限で撹乱による粒子励起エネルギーについて線形の近似をとると，流れは

$$I = \frac{ie}{2\pi}\int dE\left(-\frac{\partial f}{\partial E}\right)\int_0^{\mathcal{T}}\frac{dt}{\mathcal{T}}{\rm tr}\left[S^\dagger(E,t)\frac{\partial}{\partial t}S(E,t)\right]$$
$$= \frac{ie}{2\pi}\int_0^{\mathcal{T}}\frac{dt}{\mathcal{T}}{\rm tr}\left[S^\dagger(\epsilon_{\rm F},t)\frac{\partial}{\partial t}S(\epsilon_{\rm F},t)\right]$$

と，時間変化を考慮した**散乱行列**の時間微分の積分を用いて表せる．最後の等式では低温で $-\frac{\partial f}{\partial E}$ がフェルミエネルギーのみに値をもつ δ 関数であることを用いた．最後の形を見ると時間の代わりに散乱行列自体を積分変数として簡潔に

$$I = \frac{ie}{2\pi}\oint {\rm tr}\left[S^\dagger(\epsilon_{\rm F},t)dS(\epsilon_{\rm F},t)\right] \tag{3.50}$$

と表すことができる．時間変化する外部パラメータが1つの場合，この積分は0になるが，2つ以上の場合は有限値を取り得る．外部変数が2つのパラメータ p_i $(i=1,2)$ の場合を考えよう．このときは $dS = \frac{\partial S}{\partial p_1}dp_1 + \frac{\partial S}{\partial p_2}dp_2$ であるから，式(3.50) はパラメータ空間のベクトル $\boldsymbol{v}(\boldsymbol{p}) = S^\dagger \frac{d}{d\boldsymbol{p}}S$ の線積分である．これをストークスの定理により書き直すと電流は2変数パラメータ空間の面積分で

$$I = \frac{ie}{2\pi}\oint {\rm tr}\left[\nabla_{\boldsymbol{p}}\times\boldsymbol{v}(\boldsymbol{p})\right] \tag{3.51}$$

と表されることになる．$\nabla_{\boldsymbol{p}} \equiv \frac{d}{d\boldsymbol{p}}$ はパラメータ空間での微分演算子である．つまり周期的な変化によりポンプされる流れはパラメータ空間で囲む「磁場」$\nabla_{\boldsymbol{p}}\times\boldsymbol{v}(\boldsymbol{p})$ のフラックスで表されることになる．こうして断熱ポンピングはベリー位相で表される物理現象と同様に記述される．

ポンピング効果の散乱行列に基づく幾何学的な表現は，M. Büttiker らが精力的に開拓した手法 (Büttiker et al.[32] など) を元に，P. W. Brouwer[33] が一般的な公式を与え様々な分野で用いられている．Tserkovnyak 理論はこのポンピングの公式をスピンのある場合に適用したものである．一方で，散乱理論は実際の

素過程を考えるためには不向きで，現象をブラックボックス化してしまい物理的な理解を妨げる弊害もある．むしろ上で説明したようにスピン流生成効率は tight binding モデルのホッピングの振幅 $\tilde{t}_\sigma$ が決めていると表現したほうが，物理としてすっきりするし物質予測をする上でもはるかに簡単であろう．

なお，実験的にはスピンポンピングによるスピン流生成は当初は FMR 測定によっていたが，最近は電気的測定である逆スピンホール効果を用いるのが主流となっている．しかし実験の解釈には逆スピンホール効果の効率を表す現象論パラメータが入ってくるため，傾向を見るにはよいかもしれないが厳密な議論には問題が残る．

断熱過程における非断熱性の役割　上の議論ではっきりしているように，スピンポンピング効果は磁化の運動によって発生するスピンゲージ場の非対角な成分がスピン反転を起こすことによって生じている．つまり非断熱性が本質的である．一方で，Tserkovnyak らの理論は断熱ポンピング効果に関する理論を下敷きに記述している．これがうまくいっているのは，非断熱ゲージ場はスピンポンピングを引き起こす外場としてはたらいており，外場に対する系の応答自体は時間変化を考慮しない系の定常的特性で決まっているからである．これは外場のもとで非平衡状態にある系であっても，線形応答効果をみる限りその応答係数は系の平衡状態の相関関数で表されていることと同様である．

スピンポンピングにおける非断熱性の役割は，磁壁中を通過する電子の問題の場合と同じである．2.5 節で見たように，厚い磁壁を通過する電子は各点でスピンの方向を局在スピンの方向にそろえてエネルギー最低を保つ (**図 3–7**(左))．これは断熱極限である．このときに起こる電子スピン反転のため，角運動量保存により磁壁はスピン移行効果を受け運動するのであった．いまのゆっくりと歳差運動する局在スピンの状況は磁壁の空間座標を時刻と読み替えると同じ現象である (図 3–7(右))．電子スピンが磁壁中を通過する際には，非断熱ゲージ場 $\mathcal{A}^{\pm}_{\mathrm{s},x}$ に比例した非断熱成分が電子スピンの非断熱成分を誘起し，これがスピン移行効果を生み出している (Tatara et al.[34, 35])．x 方向に変化する磁壁では伝導電子の非平衡スピン分極は $\boldsymbol{n} \times \nabla_x \boldsymbol{n}$ 方向を向き，磁壁面と垂直になっている．この垂直スピン偏極により磁壁全体が並進運動を起こしスピン移行効果として現れるのである．スピンポンピングの場合にもこれと同様に $\boldsymbol{n} \times \dot{\boldsymbol{n}}$ 方向のスピン分極が非断

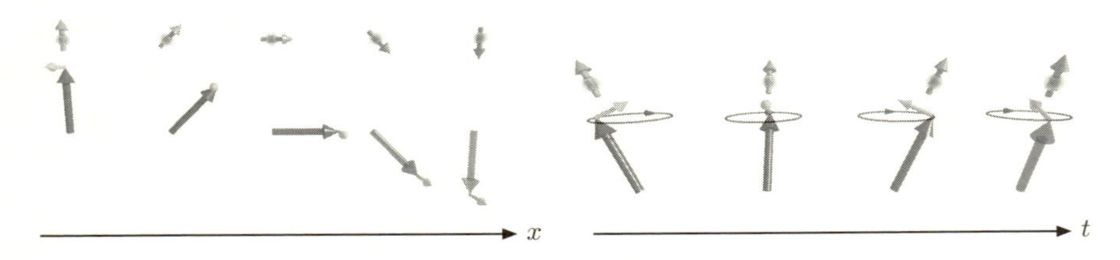

図 3–7　磁壁中を通過する伝導電子の問題 (左) と，スピンポンピング効果 (右) の比較．大きな矢印は局在スピン $\boldsymbol{n}$ を表し，それぞれ空間と時間に依存して変化している．丸付きの矢印で表した電子スピンにスピンゲージ場の非断熱成分 $\mathcal{A}^{\pm}_{\mathrm{s},\mu}$ が作用することで，非断熱的なスピン分極 $\delta \boldsymbol{s}$ (小さい矢印) が発生し，これがスピン移行効果による磁壁の運動とスピン流生成を引き起こしている．

熱ゲージ場により発生し，これがスピン流を駆動しているわけである．このようにスピン移行効果とスピンポンピング効果は非断熱ゲージ場の役割の観点では同じ物理で理解できる．なお，スピン移行効果は角運動量保存だけから議論することができ，電子スピンに非断熱成分が誘起されている事実は知らなくても正しい結論に至ることは一見不思議である．しかしスピンの回転にはかならずスピンまたは磁場の垂直成分が必要であることからすれば，電子スピンがきちんと断熱的に回転するという前提が成り立つためには非断熱成分が存在しなければならないことは明白である．

参考文献

[1] J. J. Sakurai. *Modern Quantum Mechanics*. Addison Wesley, 1994.

[2] P. A. M. Dirac. Quantised singularities in the electromagnetic field. *Proc. Royal Soc. London A: Mathematical, Physical and Engineering Sciences*, **133**, 60 (1931).

[3] G.'t Hooft. Magnetic monopoles in unified gauge theories. *Nucl. Phys. B*, **79**, 276 (1974).

[4] A. M. Polyakov. Particle spectrum in quantum field theory. *JETP Lett.*, **20**, 194 (1974).

[5] G. E. Volovik. Linear momentum in ferromagnets. *J. Phys. C: Solid State Physics*, **20**, L83 (1987).

[6] S. A. Yang, G. S. D. Beach, C. Knutson, D. Xiao, Q. Niu, M. Tsoi, and J. L. Erskine. Universal electromotive force induced by domain wall motion. *Phys. Rev. Lett.*, **102**, 067201 (2009).

[7] K. Tanabe, D. Chiba, J. Ohe, S. Kasai, H. Kohno, S. E. Barnes, S. Maekawa, K. Kobayashi, and T. Ono. Spin-motive force due to a gyrating magnetic vortex. *Nat. Commun.*, **3**, 845, (2012).

[8] A. Neubauer, C. Pfleiderer, B. Binz, A. Rosch, R. Ritz, P. G. Niklowitz, and P. Böni. Topological hall effect in the a phase of MnSi. *Phys. Rev. Lett.*, **102**, 186602, (2009).

[9] T. Schulz, R. Ritz, A. Bauer, M. Halder, M. Wagner, C. Franz, C. Pfleiderer, K. Everschor, M. Garst, and A. Rosch. Emergent electrodynamics of skyrmions in a chiral magnet. *Nat. Phys.*, **8**, 301 (2012).

[10] G. Tatara. Domain wall resistance based on landauer's formula. *J. Phys. Soc. Japan*, **69**, 2969 (2000).

[11] T. Kikuchi, T. Koretsune, R. Arita, and G. Tatara. Dzyaloshinskii–Moriya interaction as a consequence of a doppler shift due to spin-orbit-induced intrinsic spin current. *Phys. Rev. Lett.*, **116**, 247201 (2016).

[12] Y. Iguchi, S. Uemura, K. Ueno, and Y. Onose. Nonreciprocal magnon propagation in a noncentrosymmetric ferromagnet $LiFe_5O_8$. *Phys. Rev. B*, **92**, 184419 (2015).

[13] S. Seki, Y. Okamura, K. Kondou, K. Shibata, M. Kubota, R. Takagi, F. Ka-

gawa, M. Kawasaki, G. Tatara, Y. Otani, and Y. Tokura. Magnetochiral nonreciprocity of volume spin wave propagation in chiral-lattice ferromagnets. *Phys. Rev. B*, **93**, 235131 (2016).

[14] M. V. Berry. Quantal phase factors accompanying adiabatic changes. *Proc. Roy. Soc. London*, **A392**, 45 (1984).

[15] M. Kohmoto. Topological invariant and the quantization of the hall conductance. *Annals of Physics*, **160**(2), 343–354 (1985).

[16] F. Freimuth, S. Blügel, and Y. Mokrousov. Berry phase theory of Dzyaloshinskii–Moriya interaction and spin-orbit torques. *Journal of Physics: Condensed Matter*, **26**(10), 104202 (2014).

[17] Kuang-Ting Chen and Patrick A. Lee. Unified formalism for calculating polarization, magnetization, and more in a periodic insulator. *Phys. Rev. B*, **84**, 205137 (2011).

[18] G. Tatara and H. Kohno. Permanent current from noncommutative spin algebra. *Phys. Rev. B*, **67**, 113316 (2003).

[19] G. Tatara and S. Mizukami. Consistent microscopic analysis of spin pumping effects. *Phys. Rev. B*, **96**, 064423 (2017).

[20] K. Xia, P. J. Kelly, G. E. W. Bauer, A. Brataas, and I. Turek. Spin torques in ferromagnetic/normal-metal structures. *Phys. Rev. B*, **65**, 220401 (2002).

[21] L. Berger. Emission of spin waves by a magnetic multilayer traversed by a current. *Phys. Rev. B*, **54**, 9353 (1996).

[22] S. Mizukami, Y. Ando, and T. Miyazaki. The study on ferromagnetic resonance linewidth for NM/80NiFe/NM (NM=Cu, Ta, Pd and Pt) films. *Jap. J. Appl. Phys.*, **40**, 580 (2001).

[23] V. K. Dugaev, P. Bruno, B. Canals, and C. Lacroix. Berry phase of magnons in textured ferromagnets. *Phys. Rev. B*, **72**, 024456 (2005).

[24] Y. Tserkovnyak, A. Brataas, and G. E. W. Bauer. Enhanced Gilbert damping in thin ferromagnetic films. *Phys. Rev. Lett.*, **88**, 117601 (2002).

[25] Y. Tserkovnyak, A. Brataas, and G. E. W. Bauer. Spin pumping and magnetization dynamics in metallic multilayers. *Phys. Rev. B*, **66**, 224403 (2002).

[26] R. H. Silsbee, A. Janossy, and P. Monod. Coupling between ferromagnetic and conduction-spin-resonance modes at a ferromagnetic-normal-metal interface. *Phys. Rev. B*, **19**, 4382 (1979).

[27] E. Simánek and B. Heinrich. Gilbert damping in magnetic multilayers.

Phys. Rev. B, **67**, 144418 (2003).

[28] E. Simánek. Gilbert damping in ferromagnetic films due to adjacent normal-metal layers. *Phys. Rev. B*, **68**, 224403 (2003).

[29] R. Urban, G. Woltersdorf, and B. Heinrich. Gilbert damping in single and multilayer ultrathin films: Role of interfaces in nonlocal spin dynamics. *Phys. Rev. Lett.*, **87**, 217204 (2001).

[30] D. J. Thouless. Quantization of particle transport. *Phys. Rev. B*, **27**, 6083 (1983).

[31] M. V. Moskalets. *Scattering matrix approach to non-stationary quantum transport.* Imperial College Press, 2012.

[32] M. Büttiker, H. Thomas, and A. Pẽtre. Current partition in multiprobe conductors in the presence of slowly oscillating external potentials. *Zeit. Physik B Condensed Matter*, **94**, 133 (1994).

[33] P. W. Brouwer. Scattering approach to parametric pumping. *Phys. Rev. B*, **58**, R10135 (1998).

[34] G. Tatara, H. Kohno, J. Shibata, Y. Lemaho, and K.-J. Lee. Spin torque and force due to current for general spin textures. *J. Phys. Soc. Jpn.*, **76**, 054707 (2007).

[35] G. Tatara, H. Kohno, and J. Shibata. Microscopic approach to current-driven domain wall dynamics. *Phys. Rep.*, **468**, 213 (2008).

4

第4章

平衡状態の場の理論と経路積分

本書では時間変化する物理量を場の表示に基づいて計算することが目標である．場の量子論は量子論に従う多粒子系を記述するものである*1．**場** (field) とはエネルギーなどの物理量を伴った存在で*2，実質は何らかの粒子と思ってよい．量子場の理論はある粒子が時空のある点で消滅したり生成することを許した記述になっており，これは物質の量子的な現象を記述するために不可欠である．例えば物質が光 (光子) を吸収したり放出したりするというあたりまえの現象でさえ，粒子が１つ常に存在することを仮定している量子力学では記述できない．ましてや常にフォノンやスピン波など多種の励起が生成消滅を繰り返している物質中は場で記述するのが自然である．

場の量子論ではある場の任意の時間と空間点での期待値を計算することができるだけでなく，ある時空点から別の時空点に移動する確率振幅も計算できる．この確率振幅がグリーン関数で，むしろ物理量はこの振幅の同時空点での値を取ったものとみるのが自然かもしれない．場の量子論では物理量を量子論的に，また原理的には他自由度との相互作用効果も入れて直接計算することができる枠組みとなっている．これに対して量子力学では，波動関数の時間発展を追った上で物理量に読み替えることが必要で，相互作用効果も近似的に取り込むしかない．

なお，本書では電子は量子場として扱い，局在スピンと有効ゲージ場は古典場として扱うにとどめる．

4.1 場の表示

一粒子の量子力学では，ポテンシャル $V(\boldsymbol{r})$ 中を運動する粒子の運動は

$$H_{\mathrm{QM}} = -\frac{\hbar^2\nabla^2}{2m} + V(\boldsymbol{r}) \tag{4.1}$$

*1　場の量子化は，歴史的経緯から第二量子化とよばれることもある．

*2　場自体は古典場も量子場も含む用語である．

という**ハミルトニアン** (Hamiltonian) で表される．このハミルトニアンは粒子の**波動関数** $\Psi(\boldsymbol{r})$ に作用する．量子力学では考えている粒子が系全体で1個存在していることを仮定し，この条件は

$$\int d^3r|\Psi(\boldsymbol{r})|^2 = 1 \tag{4.2}$$

という規格化条件を波動関数に課すことにより表される．

現実には粒子が量子的過程により生成消滅する．このことを取り入れるためには，ハミルトニアンを粒子数変化を許す形にしなくてはならない．系のエネルギーは粒子のもつエネルギーに粒子数を掛けたものであるから，式 (4.1) で表される量子力学のハミルトニアンに粒子数を掛けたものを考えればよさそうである．ただし粒子数は場所の関数であり，また本質的に演算子であることに注意が必要である．なぜなら粒子の生成消滅過程と粒子数の測定は非可換であるからである．

時空点 $(\boldsymbol{r}, t)$ において今考えている粒子を生成する演算子を $\hat{a}^\dagger(\boldsymbol{r}, t)$ で表し，消滅させる演算子を $\hat{a}(\boldsymbol{r}, t)$ で表すことにしよう．それぞれ粒子の**生成演算子**，**消滅演算子**とよばれる[*3]．これらの演算子が作用する相手は，各時空点ごとに粒子がいくつ存在しているかを表す状態である (フォック (Fock) 空間とよばれる)．粒子を生成してから粒子数を測定するのとその逆では測定される粒子数は1だけ異なるので，粒子数の演算子 $\hat{n}$ と生成消滅演算子は同時空点では

$$\hat{n}\hat{a}^\dagger - \hat{a}^\dagger\hat{n} = \hat{a}^\dagger \tag{4.3}$$

という交換関係を満たさねばならない．同様に

$$\hat{n}\hat{a} - \hat{a}\hat{n} = -\hat{a} \tag{4.4}$$

も要求される．簡単にわかるようにこれらの交換関係を満たすような粒子数演算子 $\hat{n}$ は

$$\hat{n} = \hat{a}^\dagger\hat{a} \tag{4.5}$$

と表すことができる．ただし生成消滅演算子は

[*3] ここでは場の演算子を ^ をつけて表す．以下の章ではこの記号は混乱がない場合は適宜省略する．

$$[\hat{a}, \hat{a}^\dagger] = 1, \quad [\hat{a}, \hat{a}] = [\hat{a}^\dagger, \hat{a}^\dagger] = 0 \tag{4.6}$$

または

$$\{\hat{a}^\dagger, \hat{a}\} = 1, \quad \{\hat{a}, \hat{a}\} = \{\hat{a}^\dagger, \hat{a}^\dagger\} = 0 \tag{4.7}$$

を満たす必要がある．ここで $[A, B] \equiv AB - BA$ は**交換子**，$\{A, B\} \equiv AB + BA$ は**反交換子**とよばれる演算を表す記号である．

練習問題 4.1.1.　式 (4.6) または (4.7) を満たしている演算子に対しては式 (4.4) が成立していることを確認せよ．

ある時空点に着目してその点での粒子数が n である状態を $|n\rangle$ と表す．この状態は $\hat{n}|n\rangle = n|n\rangle$ を満たす演算子 $\hat{n}$ の固有状態である．その時空点に粒子がない状態 $|0\rangle$ はその時空点については真空で，そこから粒子を消した状態は存在しない．つまり

$$\hat{a}|0\rangle = 0$$

が真空 $|0\rangle$ の定義である．真空が存在すれば交換関係 (4.3)，(4.4) から n は 0 以上の整数であることがいえる．式 (4.6) という交換関係を満たす場の場合は粒子数は無限大までの整数を取り得るが，反交換関係式 (4.7) の場合には $(\hat{a}^\dagger)^2 = 0$ であるため粒子数は 0 か 1 のみしか許されない．つまり 2 つの交換関係はそれぞれ**ボゾン**，**フェルミオン**の場合に対応している．

異なった場所での場の生成消滅操作は互いに独立であるから，時空の場所依存性をあらわに書いた場の交換関係式 (4.6) は

$$\begin{aligned} [\hat{a}^\dagger(\boldsymbol{r}', t'), \hat{a}(\boldsymbol{r}, t)] &= -\delta(\boldsymbol{r} - \boldsymbol{r}')\delta(t - t'), \\ [\hat{a}(\boldsymbol{r}', t'), \hat{a}(\boldsymbol{r}, t)] &= [\hat{a}^\dagger(\boldsymbol{r}', t'), \hat{a}^\dagger(\boldsymbol{r}, t)] = 0 \end{aligned} \tag{4.8}$$

となる．場の演算子が式 (4.7) という反交換関係を満たす場合には

$$\begin{aligned} \{\hat{a}^\dagger(\boldsymbol{r}', t'), \hat{a}(\boldsymbol{r}, t)\} &= \delta(\boldsymbol{r} - \boldsymbol{r}')\delta(t - t'), \\ \{\hat{a}(\boldsymbol{r}', t'), \hat{a}(\boldsymbol{r}, t)\} &= \{\hat{a}^\dagger(\boldsymbol{r}', t'), \hat{a}^\dagger(\boldsymbol{r}, t)\} = 0 \end{aligned} \tag{4.9}$$

となる[*4].

場の演算子で粒子数を式 (4.5) と表したので，粒子数変化も考慮したハミルトニアンは

$$H(\hat{a}^\dagger, \hat{a}) = \int d^3 r \hat{a}^\dagger(\boldsymbol{r}, t) \left(-\frac{\hbar^2 \nabla^2}{2m} + V(\boldsymbol{r}) \right) \hat{a}(\boldsymbol{r}, t) \tag{4.10}$$

と考えるのが自然である．生成と消滅の演算子を離して間に量子論のハミルトニアン H_{QM} を入れたのはエルミート性のためである．ハミルトニアンは時間推進を表す演算子であるから，生成消滅演算子の時間発展はハイゼンベルク方程式

$$\partial_t \hat{a} = \frac{i}{\hbar}[H, \hat{a}], \qquad \partial_t \hat{a}^\dagger = \frac{i}{\hbar}[H, \hat{a}^\dagger] \tag{4.11}$$

で与えられる．一般に演算子 A, B, C について成り立つ恒等式

$$[AB, C] = A[B, C] + [A, C]B = A\{B, C\} - \{A, C\}B$$

を用いると，式 (4.10) で与えられるハミルトニアンの場合の場の演算子の方程式は，ボゾンの場合もフェルミオンの場合も同じ形の

$$-i\hbar\partial_t \hat{a} = \left(-\frac{\hbar^2 \nabla^2}{2m} + V(\boldsymbol{r}) \right) \hat{a}, \qquad i\hbar\partial_t \hat{a}^\dagger = \hat{a}^\dagger \left(-\frac{\hbar^2 \overleftarrow{\nabla}^2}{2m} + V(\boldsymbol{r}) \right)$$

となる．

$\partial_t \hat{a}^\dagger$ のときは (4.10) で部分積分を用い

$$\begin{aligned} &\int d^3 r a^\dagger(r, t) \left(-\frac{\hbar^2 \nabla^2}{2m} \right) \hat{a}(r, t) \\ &= \int d^3 r \left[-\frac{\hbar^2 \nabla^2}{2m} a^\dagger(r, t) \right] \hat{a}(r, t) \\ &\equiv \int d^3 r a^\dagger(r, t) \left(-\frac{\hbar^2 \overleftarrow{\nabla}^2}{2m} \right) \hat{a}(r, t) \end{aligned}$$

としておくと便利である．$\overleftarrow{\nabla}$ は左側の場にかかる微分を表す．この運動方程式を出すラグランジアンは

*4　これらの定義から生成消滅演算子は，$1/\sqrt{\text{体積}}$ の単位をもつよう定義すると便利である．このとき $\hat{n}$ は密度の単位をもつ．

$$L(\hat{a}^\dagger, \hat{a}) = \int d^3 r i\hbar \hat{a}^\dagger \partial_t \hat{a} - H(\hat{a}^\dagger, \hat{a}) \tag{4.12}$$

である．

量子力学との関係　場の表示は粒子数に制限がない記述であるが，考える空間を 1 粒子に限ると量子力学のシュレディンガー方程式に帰着する．真空を $|0\rangle$ として，粒子が 1 個ある状態は

$$|\psi\rangle \equiv \int d^3 r \psi(\boldsymbol{r}) \hat{a}^\dagger(\boldsymbol{r})|0\rangle \tag{4.13}$$

と表される．これは場所 $\boldsymbol{r}$ に粒子がある状態を確率振幅を $\psi(\boldsymbol{r})$ で重ね合わせたものである．この状態での場所 $\boldsymbol{r}$ での粒子密度は，場の交換関係を用いると

$$\langle\psi|\hat{n}(\boldsymbol{r})|\psi\rangle = \psi^\dagger(\boldsymbol{r})\psi(\boldsymbol{r})$$

である．全粒子数は $\int d^3 r \psi^\dagger(\boldsymbol{r})\psi(\boldsymbol{r})$ で，粒子が一個存在するという条件を課すとこれが量子力学の規格化条件 (4.2) になる．$\psi(\boldsymbol{r})$ がシュレディンガー方程式の波動関数であること，また状態 $|\psi\rangle$ がシュレディンガーの方程式を満たすことを確認しておこう．$\psi(\boldsymbol{r})$ は初期時刻での分布を与え，時間発展は式 (4.11) で与えられるので，

$$i\hbar\frac{\partial}{\partial t}|\psi\rangle = \left[\left(-\frac{\hbar^2\nabla^2}{2m} + V(\boldsymbol{r})\right)\hat{a}\right]\psi(\boldsymbol{r})|0\rangle = H_{\mathrm{QM}}|\psi\rangle$$

のように状態 $|\psi\rangle$ が確かにシュレディンガー方程式を満たすことが確かめられる．位置 $\boldsymbol{r}$ に粒子がある状態 $|\boldsymbol{r}\rangle$ は $|\boldsymbol{r}\rangle = \hat{a}^\dagger(\boldsymbol{r})\,|0\rangle$ であるが，これを用いると量子力学で馴染みのある形 $\psi(\boldsymbol{r}) = \langle\boldsymbol{r}|\psi\rangle$ が確認できる．つまり波動関数 $\psi(\boldsymbol{r})$ は状態 $|\psi\rangle$ の位置 $\boldsymbol{r}$ における成分である．

物理量と保存則　後の節で説明するように，場の理論では原理的に任意の物理量を直接計算することができる．例えば量子力学で系の電気抵抗を求めるには波動関数を計算することで入射粒子の反射確率を見積もりそれから電気抵抗を計算する必要があるが，場の理論では電気抵抗率やその逆である電気伝導率そのものが相関関数の形でグリーン関数により表され，直接計算することができる．多粒子系の特徴である分布関数の情報なども自動的に入ってくることも解析を容易にする．

物理量の例として粒子密度 $n(\boldsymbol{r},t) \equiv \langle \hat{n}(\boldsymbol{r},t) \rangle$ を考えてみよう．ここで $\langle\ \rangle$ は場の演算子についての期待値を表す．どのようにこの期待値を計算するかはおいおい説明してゆく．密度があれば対応する流れも存在する．この流れの表式を求めるには密度演算子の時間変化を考えればよい．これは

$$\frac{\partial}{\partial t}\hat{n} = \frac{i}{\hbar}[\hat{H}, \hat{n}]$$

というハイゼンベルクの運動方程式で与えられる．式 (4.10) のハミルトニアンの場合に具体的に計算してみよう．一般に場 A, B, C, D に対して

$$\begin{aligned}[AB, CD] &= A[B, C]D + AC[B, D] + [A, C]DB + C[A, D]B \\ &= A\{B, C\}D - AC\{B, D\} + \{A, C\}DB - C\{A, D\}B\end{aligned}$$

が成り立つので，

$$[\hat{H}, \hat{n}] = -\frac{\hbar^2}{2m}[(\nabla^2 \hat{a}^\dagger)\hat{a} - \hat{a}^\dagger(\nabla^2 \hat{a})]$$

が得られる．この式はボゾン，フェルミオン両方に当てはまる．この右辺は

$$\hat{j}_i(\boldsymbol{r},t) \equiv \frac{-ie\hbar}{2m}\hat{a}^\dagger \overleftrightarrow{\nabla}_i \hat{a} \equiv \frac{-ie\hbar}{2m}[\hat{a}^\dagger(\nabla_i \hat{a}) - (\nabla_i \hat{a}^\dagger)\hat{a}] \tag{4.14}$$

で定義される電流密度演算子を用いるとその divergence の形に書け[*5]，

$$\frac{\partial}{\partial t}\hat{\rho} + \nabla \cdot \hat{\boldsymbol{j}} = 0 \tag{4.15}$$

が得られる．ここで $\hat{\rho} \equiv e\hat{n}$ は電荷密度演算子である．この式は電荷密度が時間変化するときには電流の流入またはわき出しがあることを示す電荷の保存を表す式で，**連続の式**とよばれる．電流と同様にエネルギーの流れ (エネルギー流) も外界との相互作用がなければ保存流である．

4.1.1　保存流と対称性

実は保存則は系のもつ対称性から生じている．このことを見ておこう．場を $\hat{c}$，$\hat{c}^\dagger$ として，ラグランジアン密度を $\mathcal{L}(\hat{c}^\dagger, \hat{c})$ とする．場の演算子の満たす方程

[*5] $\hat{a}^\dagger \overleftrightarrow{\nabla} \hat{a} \equiv \hat{a}^\dagger(\nabla \hat{a}) - (\nabla \hat{a}^\dagger)\hat{a}$ である．

式は系の作用を最小化する最小作用の原理から得られる．作用はラグランジアン密度を時間と空間で積分したもの $\mathcal{S} \equiv \int d^4x \mathcal{L}(\hat{c}^\dagger(\boldsymbol{r},t), \hat{c}(\boldsymbol{r},t))$ である．ここで $\int d^4x \equiv \int dt \int d^3r$ は時間と空間に関する積分である．場の微小変化を $\delta\hat{c}^\dagger(\boldsymbol{r},t)$ と $\delta\hat{c}(\boldsymbol{r},t)$ としたとき，作用の変化は

$$
\begin{aligned}
\delta\mathcal{S} &= \int d^4x \left[\delta\hat{c}^\dagger \frac{\delta\mathcal{L}}{\delta\hat{c}^\dagger} + \frac{\delta\mathcal{L}}{\delta\hat{c}}\delta\hat{c} + \delta\partial_\mu\hat{c}^\dagger \frac{\delta\mathcal{L}}{\delta\partial_\mu\hat{c}^\dagger} + \frac{\delta\mathcal{L}}{\delta\partial_\mu\hat{c}}\delta\partial_\mu\hat{c}\right] \\
&= \int d^4x \left[\delta\hat{c}^\dagger \left[\frac{\delta\mathcal{L}}{\delta\hat{c}^\dagger} - \frac{\partial}{\partial x_\mu}\frac{\delta\mathcal{L}}{\delta\partial_\mu\hat{c}^\dagger}\right] + \left[\frac{\delta\mathcal{L}}{\delta\hat{c}} - \frac{\partial}{\partial x_\mu}\frac{\delta\mathcal{L}}{\delta\partial_\mu\hat{c}}\right]\delta\hat{c} \right. \\
&\quad \left. + \frac{\partial}{\partial x_\mu}\left(\delta\hat{c}^\dagger \frac{\delta\mathcal{L}}{\delta\partial_\mu\hat{c}^\dagger} + \frac{\delta\mathcal{L}}{\delta\partial_\mu\hat{c}}\delta\hat{c}\right)\right]
\end{aligned} \tag{4.16}
$$

である．ここで $\delta\partial_\mu\hat{c} = \partial_\mu\delta\hat{c}$ を用いた．また $x_\mu = \boldsymbol{r}, t$, $\partial_\mu \equiv \frac{\partial}{\partial x_\mu}$ で，$\frac{\delta\mathcal{L}}{\delta\hat{c}^\dagger}$ は汎関数微分である．最小作用の原理は任意の微小変化に対して作用の変化が 0 であることを要請するので，場の運動方程式

$$
\frac{\delta\mathcal{L}}{\delta\hat{c}^\dagger} - \frac{\partial}{\partial x_\mu}\frac{\delta\mathcal{L}}{\delta\partial_\mu\hat{c}^\dagger} = 0, \qquad \frac{\delta\mathcal{L}}{\delta\hat{c}} - \frac{\partial}{\partial x_\mu}\frac{\delta\mathcal{L}}{\delta\partial_\mu\hat{c}} = 0
$$

が要求される．ここで最後の全微分項は全時空の周での変化を考えないことで無視した．

この全微分項に注目すると式 (4.16) は保存則の存在も示している [1]．ラグランジアン密度がある変換に対して不変である場合，その変換による微小変化を $\delta\hat{c}$ と $\delta\hat{c}^\dagger$ とすれば，式 (4.16) で積分領域を任意に選び運動方程式を使えば，

$$
J_\mu \equiv \left(\delta\hat{c}^\dagger \frac{\delta\mathcal{L}}{\delta\partial_\mu\hat{c}^\dagger} + \frac{\delta\mathcal{L}}{\delta\partial_\mu\hat{c}}\delta\hat{c}\right) \tag{4.17}
$$

で定義される流れに対して

$$
\frac{\partial}{\partial x_\mu}J_\mu = 0 \tag{4.18}
$$

が各点で成り立つことになる (ラグランジアン密度が不変であるので局所的な要請になる)．つまり保存流である．これがネーター (Noether) の定理である．

粒子数の保存則はこの文脈で場の位相変換の不変性から導かれることを示そう．場の演算子に時空に依存しない定数の位相をつけて (ϵ は実数)

$$\hat{c}(\boldsymbol{r},t) \to e^{-i\epsilon}\hat{c}(\boldsymbol{r},t), \qquad \hat{c}^\dagger(\boldsymbol{r},t) \to e^{i\epsilon}\hat{c}^\dagger(\boldsymbol{r},t)$$

としても物理量もラグランジアン密度も変わらない．ϵ が小さい場合には，場の変化分は $\delta\hat{c} = i\epsilon\hat{c}$，$\delta\hat{c}^\dagger = -i\epsilon\hat{c}^\dagger$ であるから，ハミルトニアンが式 (4.10) で与えられるポテンシャル中の粒子の場合にはこの位相変換の不変性に対応した流れ (式 (4.17)) は (e/ϵ を掛けて)

$$J_t = e\hat{c}^\dagger\hat{c}, \qquad J_i = -i\frac{\hbar e}{2m}\hat{c}^\dagger \overleftrightarrow{\nabla}_i \hat{c} \tag{4.19}$$

と，電荷と電流の密度になる．エネルギーと運動量の保存則は同様に空間および時間の並進に対する系の不変性から導かれる．

固体中の電子スピンの場合：非保存性　伝導電子のスピンについて考えてみよう．スピンに依存した相互作用がない場合には，電子のスピン $\uparrow$ と $\downarrow$ それぞれの場について独立に位相変換を行うことができ，さらには両者を混ぜる変換も許される．つまり位相因子をパウリ行列に拡張した (global な，つまり場所と時間に依存しない) 変換

$$\hat{c} \to e^{-i\boldsymbol{\epsilon}\cdot\boldsymbol{\sigma}}\hat{c}, \qquad \hat{c}^\dagger \to e^{i\boldsymbol{\epsilon}\cdot\boldsymbol{\sigma}}\hat{c}^\dagger \tag{4.20}$$

で系は不変である．ここで $\boldsymbol{\epsilon}$ は 3 成分の実数ベクトルである．式 (4.10) で記述される系では式 (4.17) で与えられる保存流は，$\boldsymbol{\epsilon}$ の 3 成分 ($\alpha = x,y,z$) に対応した

$$J_t^\alpha = \hat{c}^\dagger\sigma_\alpha\hat{c} \equiv s_\alpha, \qquad J_i^\alpha = -i\frac{\hbar}{2m}\hat{c}^\dagger \overleftrightarrow{\nabla}_i \sigma_\alpha\hat{c} \equiv j_{\mathrm{s},i}^\alpha \tag{4.21}$$

つまりスピン流とスピンの密度である (スピンの大きさ $\frac{1}{2}$ は除いて定義している)．

スピン依存した相互作用が加わればスピン流は一般には保存流ではなくなり連続の式は

$$\dot{s}_\alpha + \nabla\cdot\boldsymbol{j}_\mathrm{s}^\alpha = \mathcal{T}_\alpha \tag{4.22}$$

となる．$\mathcal{T}_\alpha$ の項は伝導電子スピンが局在スピンとのやりとりによりわき出しまたは消滅しスピン流を非保存にする寄与を表すスピン緩和項である．一般にスピン緩和項は何かの流れの divergence では表せないため，緩和項があればスピン流を

どう定義しても保存流にはならない．スピンの時間微分 $\dot{s}_\alpha$ を表すこの方程式は伝導電子スピンに対する運動方程式 (LLG 方程式) でもあり，この観点では $\mathcal{T}_\alpha$ はスピン緩和過程から発生するトルクである．例えば局在スピン $\boldsymbol{S}$ との sd 交換相互作用

$$H_{\rm sd} = -J_{\rm sd}\int d^3r\hat{c}^\dagger(\boldsymbol{S}\cdot\boldsymbol{\sigma})\hat{c}$$

は式 (4.20) の変換で不変でないため，これがあると伝導電子のスピン流は保存しない．このときのスピン緩和項は式 (4.15) の導出と同様の計算をすると

$$\mathcal{T}_\alpha = \frac{2J_{\rm sd}}{\hbar}[\boldsymbol{S}\times(\hat{c}^\dagger\boldsymbol{\sigma}\hat{c})]_\alpha \tag{4.23}$$

となる．この形は局在スピンが有効磁場として電子スピン $(\hat{c}^\dagger\boldsymbol{\sigma}c)$ にトルクを与えていることを表している．スピン軌道相互作用などのスピン依存散乱も同様である．例えばポテンシャル $v_{\rm so}$ から生じるスピン軌道相互作用

$$H_{\rm so} = -\frac{i}{2}\lambda_{\rm so}\int d^3r\sum_{ijkl}\epsilon_{ijk}(\nabla_j v_{\rm so})(c^\dagger\sigma^l \overleftrightarrow{\nabla}_k c)$$

を考えると ($\lambda_{\rm so}$ は定数) スピン緩和項は

$$\mathcal{T}_\alpha = -2m\lambda_{\rm so}\sum_{\beta\gamma\mu\nu}\epsilon_{\alpha\beta\gamma}\epsilon_{\mu\nu\beta}(\nabla_\mu v_{\rm so})j_{{\rm s}\nu}^{\ \gamma} \tag{4.24}$$

とスピン流に比例した量となる．この期待値を計算すればスピン緩和によるトルク (β トルク) を求めることができる [2]．

2.4 節でも議論したように，スピンの連続の式 (4.22) はスピンの拡散の様子を記述する式でもある．これはスピン流はスピン密度の拡散により発生する成分をもつからである．ただし，正確には拡散するのはスピン密度そのものではなく，スピン $\uparrow$ と $\downarrow$ をもつ電子であるため，それぞれのスピンをもつ電子が拡散し緩和項により混ざり合うという 2 チャンネルモデルを考える必要がある (2.4 節を参照)．

4.1.2 局所的対称性とゲージ場

上では時空に依存しない定数による位相変換 (大域的 (global) な位相変換という) を考えたが，時空に依存した位相変換 (局所的な位相変換) に対しても系が不

変であるという強い要求を考えることもでき，実は自然界はこの不変性をもっている．この局所変換に対する不変性の帰結が電磁場 (**ゲージ場**) である．このことをみておこう．場に対しての局所変換 ($\epsilon(\boldsymbol{r},t)$ は時空に依存する)

$$\hat{c}(\boldsymbol{r},t) \to e^{-i\epsilon(\boldsymbol{r},t)}\hat{c}(\boldsymbol{r},t), \qquad \hat{c}^\dagger(\boldsymbol{r},t) \to e^{i\epsilon(\boldsymbol{r},t)}\hat{c}^\dagger(\boldsymbol{r},t) \tag{4.25}$$

で式 (4.10)，(4.12) で与えられるラグランジアンは不変ではない．これは場の微分が $\partial_\mu \hat{c} \to e^{-i\epsilon(\boldsymbol{r},t)}[\partial_\mu - i(\partial_\mu \epsilon)]\hat{c}$ のように変化するためである．そこで元々場に対する微分演算子をゲージ場 $\boldsymbol{A}$ を含んだ形

$$D_\mu \equiv \partial_\mu \pm i\frac{e}{\hbar}A_\mu$$

としておき (符号は μ が時間と空間の場合に対応 (p.82 参照))，位相変換 (4.25) と同時にゲージ場が

$$A_\mu \to A_\mu \mp \frac{\hbar}{e}\partial_\mu \epsilon$$

のように位相変化を吸収するよう定義しておけば，系は局所的変換に対しての不変性をもつ．こうしてつくられた局所位相変換に対して不変なラグランジアンは

$$L(\hat{c}^\dagger,\hat{c}) = \int d^3r\,\hat{c}^\dagger(\boldsymbol{r},t)\left[i\hbar\left(\partial_t + i\frac{e}{\hbar}A_t\right)\right.$$
$$\left. - \left[-\frac{\hbar^2}{2m}\left(\nabla - i\frac{e}{\hbar}\boldsymbol{A}\right)^2 + V(\boldsymbol{r})\right]\right]\hat{c}(\boldsymbol{r},t) \tag{4.26}$$

で，これはまさに電磁場の**ベクトルポテンシャル** $\boldsymbol{A}$ と**スカラーポテンシャル** A_t のもとでの荷電粒子のラグランジアンとなっている．なお電磁場が入ると式 (4.17) で定義される保存流の式 (4.19) は変更を受ける．電荷 ρ は変わらないが，$\dot{\rho}+\nabla\cdot\boldsymbol{j} = 0$ を満たす物理的な電流は

$$J_i = -i\frac{\hbar e}{2m}\hat{c}^\dagger \overleftrightarrow{\nabla}_i \hat{c} - \frac{e}{m}A_i\hat{c}^\dagger\hat{c} \tag{4.27}$$

となる．

微分演算 D_μ は**共変微分**とよばれ，場所ごとに位相の定義を変えることも考慮した微分である．場 $\boldsymbol{A}$ は位相の測り方 (ゲージ) を表す場であるのでゲージ場とよばれる．ここでは位相変換 (U(1) 変換) の場合を考えたためゲージ場は実で 1 変数のもの (U(1) ゲージ場) であるが，要請する対称変換が大きな群のものであれば対応したゲージ場も他成分で非可換のものが現れる．

4.2　量子統計力学の経路積分表示

場の表示の準備ができたので，本節では熱平衡状態での定常的な物理量の期待値を計算する量子統計力学を場の経路積分表示で記述しておこう．経路積分は場を扱う上でとても強力な手法であり，同時にグリーン関数の概念も自然に現れ，時間変化する場の理論へスムーズに拡張するためにも役立つ．さらに，注目する自由度に対する相互作用の効果を調べる上で，これを繰り込んだ有効ハミルトニアンの導出も見通しよく行えるなどのメリットがある．

4.2.1　ボゾン場の場合

量子統計物理において系を規定するのは分配関数である．場の演算子で表したハミルトニアン H で表される系の温度 T での**分配関数**は

$$Z \equiv \mathrm{tr}[e^{-\beta \hat{H}}]$$

で定義される．ここで tr はあらゆる状態に関しての期待値の和 (トレース)，$\beta \equiv (k_{\mathrm{B}}T)^{-1}$，$k_{\mathrm{B}}$ はボルツマン (Boltzmann) 定数である．以下では簡単のため場の演算子が 1 つのみしかない状況を考え[*6]，生成と消滅演算子を $\hat{a}^\dagger$ と $\hat{a}$ で表す．まずは場がボゾン場のときを考える．このとき演算子 $\hat{O}$ のトレースは，状態を粒子数で表せば $\mathrm{tr}[\hat{O}] = \sum_{n=0}^{\infty} \left\langle n|\hat{O}|n \right\rangle$ となる．

トレースから積分表示へ　経路積分表示の基本となる関係式は次のものである．

$$\mathrm{tr}[\hat{O}] = \int \frac{d\overline{\phi} d\phi}{2\pi i} e^{-\overline{\phi}\phi} \left\langle \phi|\hat{O}|\phi \right\rangle \tag{4.28}$$

ここで $\hat{O}$ は任意の場の演算子，ϕ は複素数，$\overline{\phi}$ はその複素共役量で[*7]，状態 $|\phi\rangle$ の定義は以下のとおりである．

---

*6　本来は場は空間に分布しているもので，空間の各点に場の演算子が定義されているわけであるが，以下の考察は例えばある空間の一点のみに着目していると思えばよい．全空間の場に拡張するには，分配関数は各点でのそれの積にすればよい．

*7　慣例で，経路積分表示中の複素数 ϕ の複素共役を $\overline{\phi}$ と表すことが多い．

$$|\phi\rangle \equiv e^{\phi \hat{a}^\dagger}|0\rangle$$

この式 (4.28) の証明を行おう．場の状態を粒子数表示で表し n 個の粒子が存在する状態を $|n\rangle$ とする．正しく規格化されたこの状態は

$$|n\rangle = \frac{(\hat{a}^\dagger)^n}{\sqrt{n!}}|0\rangle$$

である．

練習問題 4.2.1.　$\langle m|n\rangle = \delta_{nm}$ であることを確認せよ．

式 (4.28) で ϕ は複素数であるから $\phi = re^{i\varphi}$ と実数の極座標 r と φ を用いて表すことができる．積分要素は $\int \frac{d\overline{\phi}d\phi}{2\pi i} = \frac{1}{\pi}\int_0^\infty rdr\int_0^{2\pi} d\varphi$ と変換されるので，極座標表示でこの式の右辺を表すと，

$$\frac{1}{2\pi}\int_0^\infty dr^2 \int_0^{2\pi} d\varphi e^{-r^2} \sum_{n,m=0}^{\infty} \frac{r^{n+m}e^{i\varphi(m-n)}}{\sqrt{n!m!}} \left\langle n|\hat{O}|m\right\rangle$$

である．φ の積分は $n = m$ のみで有限であるので，結局式 (4.28) の右辺は $\sum_{n=0}^\infty \left\langle n|\hat{O}|n\right\rangle = \mathrm{tr}[\hat{O}]$ となり，式 (4.28) が確かめられた．同じようにして恒等演算子 1 を積分で表すこともできる．

$$\int \frac{d\overline{\phi}d\phi}{2\pi i} e^{-\overline{\phi}\phi}|\phi\rangle\langle\phi| = 1. \tag{4.29}$$

なお，状態 $|\phi\rangle$ は

$$\begin{aligned} \hat{a}|\phi\rangle &= \phi|\phi\rangle, \\ \langle\phi|\hat{a}^\dagger &= \langle\phi|\overline{\phi} \end{aligned} \tag{4.30}$$

という粒子を減らしても定数因子を除いて元の状態にとどまるという特殊な性質をもっており，このため**コヒーレント状態**とよばれる．この性質はコヒーレント状態に対しては演算子 $\hat{a}$ と $\hat{a}^\dagger$ は複素数 ϕ と $\overline{\phi}$ と同等にはたらくことを意味し，これは経路積分表示に向けてハミルトニアン演算子を複素数の場に落とす際に重要な役割を担う．なお，$|\phi\rangle$ への生成演算子の作用は

$$\hat{a}^\dagger|\phi\rangle = \frac{d}{d\phi}|\phi\rangle$$

である．

練習問題 4.2.2.　式 (4.29) および (4.30) を示せ．

式 (4.28) は量子的なトレースを積分で実行できることを意味する重要な式である．これを用いれば分配関数を

$$Z = \int \frac{d\overline{\phi}d\phi}{2\pi i} e^{-\overline{\phi}\phi} \left\langle \phi | e^{-\beta\hat{H}} | \phi \right\rangle$$

と積分表示で表すことができる．しかし，もちろん $\left\langle \phi | e^{-\beta\hat{H}} | \phi \right\rangle$ が具体的に計算されない限りこのままでは役に立たない．ここでファインマンはうまい方法を考えた*8．$e^{-\beta\hat{H}}$ の指数部分の β を N 個に分割して $\beta = N\epsilon$ とし ($\epsilon \equiv \beta/N$)，$N-1$ 個の恒等演算子 (4.29) をその間に挟んでゆくと

$$Z = \prod_{k=1}^{N} \left[\int \frac{d\overline{\phi}_k d\phi_k}{2\pi i} e^{-\overline{\phi}_k\phi_k} \right] \left\langle \phi_N | e^{-\epsilon\hat{H}} | \phi_{N-1} \right\rangle \left\langle \phi_{N-1} | e^{-\epsilon\hat{H}} | \phi_{N-2} \right\rangle \cdots \left\langle \phi_1 | e^{-\epsilon\hat{H}} | \phi \right\rangle \tag{4.31}$$

となる．ここで $\phi_N \equiv \phi$ である．$N \to \infty$ の極限を考えれば

$$\left\langle \phi_k | e^{-\epsilon\hat{H}} | \phi_{k-1} \right\rangle = \langle \phi_k | \phi_{k-1} \rangle - \epsilon \left\langle \phi_k | \hat{H} | \phi_{k-1} \right\rangle + O(\epsilon^2) \tag{4.32}$$

と展開することができ，この期待値は簡単に計算することができる．実際，1 項めの状態の重なりは

$$\langle \phi_k | \phi_{k-1} \rangle = e^{\overline{\phi}_k \phi_{k-1}} \tag{4.33}$$

であり，2 項めは以下のように計算できる．ハミルトニアンを一般的に $\hat{H}(\hat{a}, \hat{a}^\dagger) \equiv \sum_{mn} A_{mn} (\hat{a}^\dagger)^m \hat{a}^n$ と表示すると (A_{mn} は定数)，求めたい量は

---

*8　ファインマンは，論文 [3] において量子力学に経路積分を導入し，場への拡張は後になされた．

$$\left\langle \phi_k|\hat{H}|\phi_{k-1} \right\rangle = \sum_{jlmn} \frac{(\overline{\phi}_k)^j}{j!} \frac{\phi_{k-1}^l}{l!} A_{mn} \left\langle 0|\hat{a}^j (\hat{a}^\dagger)^m \hat{a}^n (\hat{a}^\dagger)^l |0 \right\rangle$$

である．ここで

$$[(\hat{a})^n, (\hat{a}^\dagger)^m] = \sum_{i=1}^{\min(m,n)} (\hat{a}^\dagger)^{m-i} (\hat{a})^{n-i} \frac{n!m!}{i!(n-i)!(m-i)!} \tag{4.34}$$

を用いて消滅演算子を右に寄せると

$$\left\langle \phi_k|\hat{H}|\phi_{k-1} \right\rangle = \sum_{mn} A_{mn} \sum_j \frac{(\overline{\phi}_k)^{m+j} \phi_{k-1}^{n+j}}{j!} = H(\overline{\phi}_k, \phi_{k-1}) e^{\overline{\phi}_k \phi_{k-1}} \tag{4.35}$$

が得られる．ここで $H(\overline{\phi}_i, \phi_{i-1})$ は元のハミルトニアン演算子で生成消滅演算子をそれぞれ $\overline{\phi}_i$ と ϕ_{i-1} という複素数で置き換えたものである．

練習問題 4.2.3.　式 (4.33)，(4.34) を証明せよ．

式 (4.33)，(4.35) から式 (4.32) は

$$\begin{aligned} \left\langle \phi_k|e^{-\epsilon \hat{H}}|\phi_{k-1} \right\rangle &= [1 - \epsilon H(\overline{\phi}_k, \phi_{k-1})] e^{\overline{\phi}_k \phi_{k-1}} \\ &= e^{\overline{\phi}_k \phi_{k-1}} e^{-\epsilon H(\overline{\phi}_k, \phi_{k-1})} + O(\epsilon^2) \end{aligned} \tag{4.36}$$

となる．こうして，式 (4.31) の分配関数は

$$Z = \lim_{N\to\infty} \prod_{k=1}^N \left[\int \frac{d\overline{\phi}_k d\phi_k}{2\pi i} \right] e^{-\sum_k \left[\overline{\phi}_k (\phi_k - \phi_{k-1}) + \epsilon H(\overline{\phi}_k, \phi_{k-1}) \right]} \tag{4.37}$$

と綺麗な形になる．ここで $\phi_N = \phi_0$ である指数部の第 1 項目は，$\phi_k - \phi_{k-1}$ のため ϵ のオーダーの微小量である．この形を見ると，ϕ_k を $\tau \equiv \lim_{N\to\infty} \epsilon k$ として定義した連続な架空の時間 τ 上の変数 $\phi(\tau)$ とみなすのが自然である．すると，$\epsilon \sum_k \to \int_0^\beta d\tau$ と置き換えて

$$Z = \int \frac{\mathcal{D}\overline{\phi}\mathcal{D}\phi}{2\pi i} e^{-\int_0^\beta d\tau [\overline{\phi}\partial_\tau \phi + H(\overline{\phi}, \phi)]} \tag{4.38}$$

と表すことができる．ここで $\int \frac{\mathcal{D}\overline{\phi}\mathcal{D}\phi}{2\pi i} \equiv \prod_\tau \int \frac{d\overline{\phi}(\tau)\phi(\tau)}{2\pi i}$ は各時刻 τ での積分要素の積を表す．この形を見ると，指数部にあるのは実時間の量子系のラグランジアン $L(t) = i\phi^\dagger \partial_t \phi - H$ と同じ形をしており，分配関数は時間発展を表す演算子 $e^{i\int dtL(t)}$ の**経路積分**の形になっている．ただし時間は実時間 t を

$$t = -i\tau \tag{4.39}$$

と**虚時間** τ に置き換えたものになっている．つまり分配関数の指数部は虚時間ラグランジアン

$$L_\tau \equiv \overline{\phi}\partial_\tau \phi + H(\overline{\phi}, \phi) \tag{4.40}$$

の虚時間積分である．以上のようにして，平衡統計物理学の分配関数は経路積分を用いて系の虚時間の時間発展として表されることがわかった．注意すべきことはこの虚時間の場の変数には今のボゾンの場合は

$$\phi(\beta) = \phi(0) \tag{4.41}$$

という周期的**境界条件**が課されていることである．これは式 (4.31) でトレースの両端に現れる場の変数は等しい必要があるからである．あとで見るように実際の積分の実行にこの境界条件は本質的に重要である．

この経路積分表示はとても有用である．というのは本来は場の演算子の期待値を評価して求まる分配関数を，多重積分のみで計算することができるからである．経路積分においては，量子ゆらぎは場の変数が τ ごとに取り得る様々な値からなる経路を積分することで取り入れられている (**図 4–1**) [4]．これが経路積分とよばれる理由である．

式 (4.40) のハミルトニアン項は，分配関数に大きく寄与するのはエネルギーが低い状態 (ボルツマン分布) であることを意味し，虚時間微分項は場の変数が各虚時間ごとにどの程度ゆらげるか (量子ゆらぎの大きさ) を規定している (指数部が複素数で大きくゆらぐとランダムウォークと同じく打ち消し合い寄与は小さくなる)．温度が低いときには τ の存在する区間 $[0, \beta]$ は大きいので変化分も大きくなり得るが温度が高くなると領域が狭くなり変動 (量子ゆらぎ) は抑えられる．

ここまで場の演算子が 1 つの場合 (空間 0 次元に対応) を考えたが，多数ある場合もまた有限次元空間の場合には空間積分または格子点の和を加えれば自然に拡

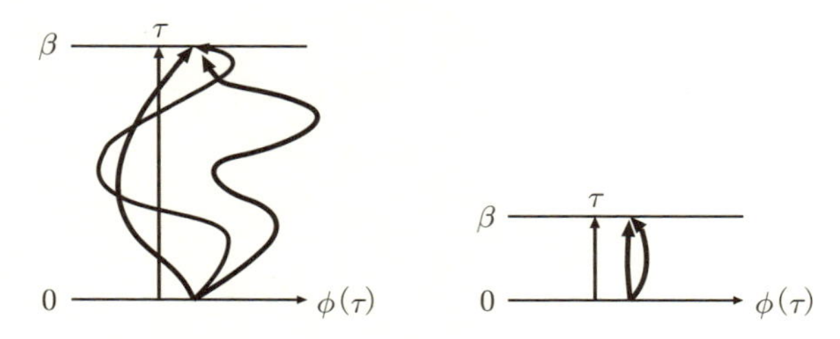

図 4–1　分配関数を経路積分表示すると，区間 $0 \leq \tau \leq \beta$ で定義される虚時間 τ が現れる．温度が高いときはこの区間が狭くなり，場の τ による変化が抑えられる．これが場の量子ゆらぎが高温で抑えられることに対応している．

張できる．3 次元空間の場合はハミルトニアン密度を $\mathcal{H}$ として

$$Z = \int \frac{\mathcal{D}\overline{\phi}\mathcal{D}\phi}{2\pi i} e^{-\int_0^\beta d\tau \int d^3r [\overline{\phi}\partial_\tau \phi + \mathcal{H}(\overline{\phi},\phi)]} \tag{4.42}$$

となる．

1 つのボゾンの簡単な例　簡単な例で具体的に経路積分を試してみよう．エネルギー ω をもつ 1 つのボゾンの場合，ラグランジアンは

$$L = \overline{\phi}(\partial_\tau + \omega)\phi \tag{4.43}$$

であり，分配関数は

$$Z = \int \prod_\tau \frac{d\overline{\phi}d\phi}{2\pi i} e^{-\int_0^\beta d\tau [\overline{\phi}(\partial_\tau + \omega)\phi]} \tag{4.44}$$

である．指数部に虚時間についての微分が入っているのが一見とまどうが，フーリエ変換すれば問題はない．今のボゾン場の場合は周期的境界条件 (4.41) によりフーリエ変換は

$$\phi(\tau) = \frac{1}{\sqrt{\beta}} \sum_{l=-\infty}^{\infty} e^{-i\omega_l \tau} \phi_l$$

と書ける．ここで l は整数，

$$\omega_l \equiv \frac{2\pi l}{\beta}$$

はボゾン場の経路積分で現れる虚時間表示の角振動数である (松原振動数ともよばれる．規格化定数 $\frac{1}{\sqrt{\beta}}$ は後の便利のためつけた)．フーリエ変換は直交変換であるから積分要素はフーリエ成分についての積となり，分配関数は

$$Z = \prod_l \frac{d\overline{\phi}_l d\phi_l}{2\pi i} e^{-\sum_l [-i\omega_l + \omega]\overline{\phi}_l \phi_l} \tag{4.45}$$

となる．これは単なるガウス積分の積である．複素数 z についてのガウス積分は $z = x + iy$ と実部と虚部に分けて行えば (A を定数として)

$$\int \frac{dz^* dz}{2\pi i} e^{-Az^* z} = \frac{1}{\pi} \int dx \int dy e^{-A(x^2+y^2)} = \frac{1}{A} \tag{4.46}$$

であるので，分配関数は

$$Z = \prod_l [-i\omega_l + \omega]^{-1} \tag{4.47}$$

である．この式に基づき系に存在する粒子数の平均値を計算してみよう．粒子数の平均値の定義は

$$n \equiv \frac{1}{Z} \mathrm{tr}[\hat{a}^\dagger \hat{a} e^{-\beta \hat{H}}]$$

である．今の場合 Z の定義 (4.44) から $n = -\frac{1}{\beta}\frac{\partial}{\partial\omega} \ln Z$ であるので，式 (4.47) を用いると $n = \frac{1}{\beta}\sum_l \frac{1}{-i\omega_l + \omega}$ が得られる．ただしこの表式をそのまま評価すると値は発散して不定である．これは $l \to \pm\infty$ の領域でどのような境界条件を課すかによって値が変わるということである．実はこの問題が現れたのは，Z を ω で微分する際に $\hat{a}^\dagger$ と $\hat{a}$ の虚時間軸上の順序がどうなるかを指定しなかったためである．経路積分上では式 (4.31) からわかるように場は左から右に向かって虚時間の大きい方から小さい順に並んでいる．したがって粒子数 $\hat{a}^\dagger \hat{a}$ の期待値を経路積分で計算するためには $\hat{a}^\dagger$ のほうが $\hat{a}$ よりも無限小だけ後の時間であると記述する必要がある．つまりほしい期待値は $n = \left\langle \hat{a}^\dagger(\tau + 0)\hat{a}(\tau) \right\rangle$ である．ここで $\langle\ \rangle \equiv \frac{1}{Z}\mathrm{tr}[\ ]$ は熱平均で，$\tau + 0$ は虚時間時刻 τ の無限小時間だけ後の時刻を表す[*9]．これをフーリエ変換すると $n = \frac{1}{\beta}\sum_l e^{i\omega_l 0} \left\langle \hat{a}_l^\dagger \hat{a}_l \right\rangle$ となり，演算子の順序についての情報が指数関数の収束因子の形で入る．この形にした上であれば粒子数は

[*9] ここでの τ は，$0 < \tau < \beta$ の任意の時刻に選んで構わない．

$$n = \frac{1}{\beta}\sum_{l}\frac{e^{i\omega_l 0}}{-i\omega_l + \omega} \tag{4.48}$$

で与えられる．これは以下に見るようにボース分布を与える正しい表式となっている．

虚時間振動数和　このような離散的な振動数についての級数和は虚時間経路積分ではひんぱんに必要となる操作である．これは以下のように複素積分の方法により計算するのが便利である．複素変数 z の関数 $\dfrac{1}{e^{\beta z}-1}$ が $z=\frac{2\pi i}{\beta}l$ (l はすべての整数) に1位の極をもつことを用いると，式 (4.48) の整数 l についての級数和は複素積分を用いて

$$n = \frac{1}{2\pi i}\int_{C_i} dz \frac{e^{z0}}{(e^{\beta z}-1)}\frac{1}{(-z+\omega)} \tag{4.49}$$

と書き換えることができる．ここで C_i は z の複素平面上で虚軸を囲い他の極は囲まない経路 (**図 4–2**) である (ここでは $\omega \neq 0$ のときを考える)．積分路を連続的に変形して $z=\omega$ の極の周りを囲むもの C_ω に書き換えその留数を取れば

$$n = \frac{1}{e^{\beta\omega}-1}$$

が得られる．これは期待されるように**ボース** (Bose) **分布**関数そのものである．

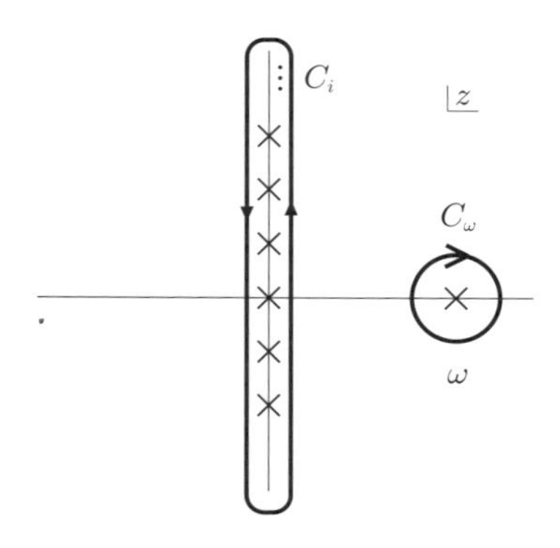

図 4–2　ボゾンの虚時間振動数の和を計算するための，複素振動数 z に対する積分経路 C_i と，それを連続変形して得られる極 ω の周りの経路 C_ω．C_i は，ボゾンのグリーン関数の極 $z=\frac{2\pi i}{\beta}l$ のある虚軸を囲む経路である．

ここで時間順序から生じた収束因子 e^{z0} の果たした役割を確認しておこう．式 (4.49) の因子 $\frac{e^{z0}}{e^{\beta z}-1}$ は $\mathrm{Re}[z] \to \pm\infty$ で指数的に減衰するため，この複素積分が全複素平面で収束することが保障されていた．もしも収束因子が e^{-z0} であったらこの因子は $\mathrm{Re}[z] \to -\infty$ で発散してしまい，上の方法は使えない．しかしこのときには級数和を積分に書き換える際に加えるべき因子を $-\frac{e^{-z0}}{1-e^{-\beta z}}$ と取れば積分は収束し，

$$\frac{1}{2\pi i}\int_{C_i} dz \frac{-e^{-z0}}{(1-e^{-\beta z})}\frac{1}{(-z+\omega)} = \frac{1}{1-e^{-\beta\omega}} = 1-n$$

となる．これは粒子がない確率 (空孔の数) になっているが，実はこのことは元の定義から当然のことである．なぜなら，計算している量に収束因子 e^{-z0} がつくためには元々 $\left\langle \hat{a}(\tau+0)\hat{a}^\dagger(\tau)\right\rangle$ という量を計算していることになるからである．このように経路積分による計算において望む量を得るためには虚時間上の順序に注意を払う必要がある．

ボゾン場の経路積分の公式　ここでボゾン場の経路積分で用いる公式をまとめておこう．一般的に N 成分をもつ場 $\boldsymbol{\phi}$ (ベクトル場の場合はもちろん，場の空間座標依存性を成分だとみなした場合などにも適用できる) に対して式 (4.46) のガウス積分を一般化しておくと，$N \times N$ の定数行列 M に対して

$$I \equiv \int \prod_{k=1}^{N}\left[\frac{d\overline{\phi}_k d\phi_k}{2\pi i}\right] e^{-\overline{\boldsymbol{\phi}}M\boldsymbol{\phi}} = (\det M)^{-1} \times \text{定数} \quad (4.50)$$

$$\frac{1}{I}\int \prod_{k=1}^{N}\left[\frac{d\overline{\phi}_k d\phi_k}{2\pi i}\right] \overline{\phi}_i \phi_j e^{-\overline{\boldsymbol{\phi}}M\boldsymbol{\phi}} = -\frac{\delta}{\delta M_{ij}}\ln(\det M)^{-1} = (M^{-1})_{ji} \quad (4.51)$$

が成り立つ．ここで M^{-1} は M の逆行列である．

4.2.2 フェルミオンの経路積分

ここまでボゾン場の経路積分表示を議論したが，以下フェルミオンの場合を紹介しよう．導出の詳細は省くので興味がある読者は参考文献[5] などを見ていただきたい．フェルミオンの状態は粒子数が 0 か 1 の 2 通りしかないため演算子 $\hat{O}$ のトレースは $\mathrm{tr}[\hat{O}] = \sum_{n=0,1}\left\langle n|\hat{O}|n\right\rangle$ である．以下フェルミオン場は一種類のみ

の場合を考えその生成消滅演算子を $\hat{c}^\dagger$ と $\hat{c}$ で表す．実はフェルミオンの経路積分は普通の複素数の積分を用いては表せず，グラスマン数という奇妙な代数を満たす数を導入する必要がある．一対の共役なグラスマン数 ψ と $\overline{\psi}$ のもつ性質は次のようなものである．

$$\psi^2 = \overline{\psi}^2 = 0, \qquad \overline{\psi}\psi + \psi\overline{\psi} = 0$$

これらの代数の符号はフェルミオンの生成消滅演算子のもつ反交換性と対応している．ただし ψ と $\overline{\psi}$ は生成消滅演算子ではなくあくまでも「数」であるため反交換子は0となっている．グラスマン数と場の演算子も非可換で，$\psi\hat{c}^\dagger = -\hat{c}^\dagger\psi$ のように順序を入れ替えると負符号がつくと定義する．フェルミオンのコヒーレント状態はこのグラスマン数を用いて

$$|\psi\rangle \equiv e^{-\psi\hat{c}^\dagger}|0\rangle = |0\rangle - \psi|1\rangle \tag{4.52}$$

と定義される．最後の等式はグラスマン数の性質あるいは生成演算子の性質から $e^{-\psi\hat{c}^\dagger} = 1 - \psi\hat{c}^\dagger$ であることを用いた．$|\psi\rangle$ に「共役」な状態は

$$\langle\psi| \equiv \langle 0|e^{-\hat{c}\overline{\psi}} = \langle 0| - \langle 1|\overline{\psi} \tag{4.53}$$

で定義される．式 (4.52)，(4.53) の状態がコヒーレント状態の性質を満たすことは，演算子 $\hat{c}$ とグラスマン数 ψ が非可換であることに注意して

$$\hat{c}|\psi\rangle = \hat{c}(1 - \psi\hat{c}^\dagger)|0\rangle = \psi\hat{c}\hat{c}^\dagger|0\rangle = \psi|\psi\rangle$$

のように確認できる．定義からわかるように $|\psi\rangle$ と $\langle\psi|$ はエルミート共役ではなく，重なりは

$$\langle\psi|\psi\rangle = 1 + \overline{\psi}\psi = e^{\overline{\psi}\psi}$$

と1ではない．グラスマン数は積分規則も変わっていて

$$\int \psi d\psi = -\int d\psi\psi = 1, \qquad \int d\psi = 0$$

である ($\overline{\psi}$ についても同様)．これにより

$$\int d\overline{\psi}d\psi\overline{\psi}\psi = -\int d\overline{\psi}d\psi\psi\overline{\psi} = -1$$

などが成立する．このように積分要素と被積分関数の順序にも注意が必要である．このルールにさえ注意していれば複素数 m に対して

$$\int d\overline{\psi}d\psi e^{-m\overline{\psi}\psi} = m$$

となっていることがわかる．ψ が多成分の場合は，複素数の行列 M に対して

$$\int d\overline{\boldsymbol{\psi}}d\boldsymbol{\psi}e^{-\overline{\boldsymbol{\psi}}M\boldsymbol{\psi}} = \det M \tag{4.54}$$

となっていることも M を対角化した表示に移れば明らかである．この式はボソンの場合 (4.51) と似ているが分子分母がちょうど入れ替わっている．このとき式 (4.29) に対応するフェルミオンの完全性は

$$\int d\overline{\psi}d\psi e^{-\overline{\psi}\psi}|\psi\rangle\langle\psi| = 1$$

である．$\hat{O}$ がフェルミオン演算子の偶数次である場合 (これは物理的な相互作用ではいつも満たされる) は

$$\int d\overline{\psi}d\psi e^{-\overline{\psi}\psi}\langle\pm\psi|\hat{O}|\psi\rangle = \langle 0|\hat{O}|0\rangle \mp \langle 1|\hat{O}|1\rangle$$

であるので演算子 $\hat{O}$ のトレースは

$$\mathrm{tr}[\hat{O}] = \int d\overline{\psi}d\psi e^{-\overline{\psi}\psi}\langle -\psi|\hat{O}|\psi\rangle$$

という積分で表される．ここで $\langle -\psi|$ の符号に注意が必要である．ハミルトニアンの期待値についてはボソンの場合の式 (4.36) と同様に

$$\left\langle \psi_i|e^{-\epsilon\hat{H}}|\psi_{i-1}\right\rangle = e^{-\epsilon H(\overline{\psi}_i,\psi_{i-1})}e^{\overline{\psi}_i\psi_{i-1}} + O(\epsilon^2) \tag{4.55}$$

が成立する．

以上のことから，フェルミオンの分配関数もボソンの場合の式 (4.42) と同じように経路積分表示ができて

$$Z = \int \frac{\mathcal{D}\overline{\psi}\mathcal{D}\psi}{2\pi i} e^{-\int_0^\beta d\tau \int d^3r [\overline{\psi}\partial_\tau \psi + \mathcal{H}(\overline{\psi},\psi)]} \tag{4.56}$$

となる．実際の物理量の計算では変数がグラスマン数であることは意識する必要はなく，演算子の順序に注意し，積分の結果を表す式 (4.54) を用いるだけでよい．場の期待値は

$$\begin{aligned}\left\langle \overline{\psi}_i \psi_j \right\rangle \equiv \frac{\int \frac{d\overline{\psi}d\psi}{2\pi i}(\overline{\psi}_i\psi_j)e^{-\overline{\psi}M\psi}}{\int \frac{d\overline{\psi}d\psi}{2\pi i}e^{-\overline{\psi}M\psi}} &= -\frac{d}{dM_{ij}} \ln\det M \\ &= -(M^{-1})_{ji} = -\left\langle \psi_j \overline{\psi}_i \right\rangle \end{aligned} \tag{4.57}$$

となる．

4.2.3　経路積分の摂動論

経路積分では分配関数は積分で表されているので，完全に積分を実行できない相互作用がある場合は相互作用についてテイラー (Tayor) 展開してガウス型の積分に帰着させることで評価することができる．これが経路積分での**摂動論**である．演算子でない数の単純なテイラー展開であるから，ボゾン場の場合の摂動論は以下のように進めればよい．まず鍵になる積分は場のべきの期待値を表すガウス積分である．2 次の場を含む積分は式 (4.51) により与えられる．同様に 4 次の場を含む積分は

$$\begin{aligned}\frac{1}{I}\int \frac{d\overline{\phi}d\phi}{2\pi i}\overline{\phi}_i\phi_j\overline{\phi}_k\phi_l e^{-\overline{\phi}M\phi} &= \frac{1}{2I}\left[\frac{\delta^2 I}{\delta M_{ij}\delta M_{kl}} + \frac{\delta^2 I}{\delta M_{il}\delta M_{kj}}\right] \\ &= \frac{1}{2}\left[(M^{-1})_{ji}(M^{-1})_{lk} + (M^{-1})_{li}(M^{-1})_{jk}\right]\end{aligned}$$

のように 2 次の積分 (M^{-1}) の積に分解されることがわかる．高次の積分も同様である．これがいわゆる**ウィック** (Wick) **の定理**である．自由部分のラグランジアンを $L_0 = \overline{\phi}_i M_{ij}\phi_j$ として，相互作用ハミルトニアンが場の 2 次で $H_{\mathrm{i}} \equiv \overline{\phi}_i V_{ij}\phi_j$ と表される場合を具体的に考えると，分配関数に現れる積分は

$$\begin{aligned} I &= \int \frac{d\overline{\phi}d\phi}{2\pi i} e^{-\overline{\phi}(M+V)\phi} \\ &= \int \frac{d\overline{\phi}d\phi}{2\pi i} e^{-\overline{\phi}M\phi}\left[1 - \overline{\phi}V\phi + \frac{1}{2}(\overline{\phi}V\phi)(\overline{\phi}V\phi) + \cdots\right]\end{aligned}$$

$$
= I_0 \left[1 - \langle \overline{\phi} V \phi \rangle + \frac{1}{2} \langle (\overline{\phi} V \phi)(\overline{\phi} V \phi) \rangle + \cdots \right]
$$

$$
= I_0 \left[1 - V_{ij} G_{ji} + \frac{1}{2} (V_{ij} G_{ji} V_{kl} G_{lk} + V_{ij} G_{jk} V_{kl} G_{li}) + \cdots \right]
$$

となる．ここで $I_0 = \int \frac{d\overline{\phi} d\phi}{2\pi i} e^{-\overline{\phi} M \phi}$, $G \equiv M^{-1}$ である．ここでの ϕ_i などの添字 i は実際の場の場合の時空の座標 $(\tau, \boldsymbol{r})$ も含んだものである．行列 G は一般的に異なる時空点を結ぶので，分配関数は時空で非局所の形になる．相互作用ポテンシャル V が時空で局所的な場合に，時空の依存性をあからさまに書いた分配関数の展開形は

$$
\begin{aligned}
Z = I_0 \Biggl[1 &- \int d\tau \int d^3 r V(\boldsymbol{r}, \tau) G(0,0) \\
&+ \frac{1}{2} \int d\tau \int d\tau' \int d^3 r \int d^3 r' \, (G(\boldsymbol{r} - \boldsymbol{r}', \tau - \tau') V(\boldsymbol{r}, \tau) \\
&\qquad \times G(\boldsymbol{r}' - \boldsymbol{r}, \tau' - \tau) V(\boldsymbol{r}', \tau')) \cdots \Biggr]
\end{aligned}
\tag{4.58}
$$

となる．ここで

$$
G(\boldsymbol{r} - \boldsymbol{r}', \tau - \tau') \equiv \left\langle \boldsymbol{r}' \tau' \left| \frac{1}{\partial_\tau + H_0} \right| \boldsymbol{r} \tau \right\rangle = \langle T_\tau \overline{\phi}(\boldsymbol{r}', \tau') \phi(\boldsymbol{r}, \tau) \rangle \tag{4.59}
$$

は時空点 $(\boldsymbol{r}, \tau)$ から $(\boldsymbol{r}', \tau')$ まで場がとぶ確率振幅で，これがグリーン関数である．今は虚時間上のそれであるので**虚時間グリーン関数**あるいは**松原グリーン関数**とよばれる[*10]．ここで $|\boldsymbol{r}\tau\rangle$ は時空点 $(\boldsymbol{r}, \tau)$ に場が局在した状態で，T_τ は場の量を虚時間の小さい順に右から並べる虚時間順序を表す．このように経路積分での摂動論は相互作用を必要次数だけ書き出して可能なすべてのつなぎ方でグリーン関数でつなげばよい．このことは図示するとわかりやすく，**ファインマン** (Feynman) **図**とよばれている．式 (4.58) の分配関数は**図 4–3** のように表される．

フェルミオンの場合にも同様に扱えるが，グラスマン数の積分の性質から閉じたループで表される各寄与に負符号がかかる．これは相互作用の摂動に現れる生成消滅演算子を右からその順に並べるときに生じる符号である．

---

*10　はじめにこれを導入したのが松原武生である．

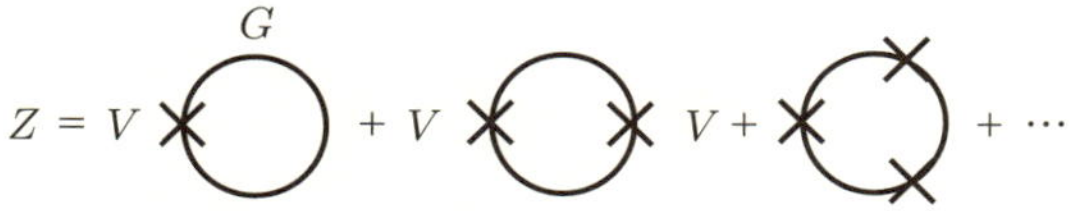

$$Z = V \otimes + V \otimes V + \cdots$$

図 4–3　分配関数の摂動論表現のファインマン図による表示.

4.2.4　虚時間グリーン関数の演算子表現

4.2.3 節で虚時間のグリーン関数は経路積分表示の分配関数の摂動展開を表すため自然に現れることを見た．ここでは摂動展開を演算子表現で行うことで，虚時間グリーン関数の演算子表現での意味を見ておこう．ボルツマン因子の演算子

$$e^{-\beta \hat{H}} \equiv \hat{U}(\beta)$$

を $\hat{H} = \hat{H}_0 + \hat{V}$ のときに $\hat{V}$ について展開してみる．$\hat{H}_0$ と $\hat{V}$ は一般に非可換なので単純なテイラー展開にはならないことに注意が必要である．$\hat{H}_0$ の虚時間発展の因子を

$$\hat{U}_0(\beta) = e^{-\beta \hat{H}_0}$$

として，$\hat{U}(\beta) = \hat{U}_0(\beta)\hat{W}(\beta)$ とおいて $\hat{W}$ の解を求めてみよう．このためには β についての微分方程式にしてみるのが便利である．$\frac{\partial}{\partial \beta}\hat{U}(\beta)$ を $\frac{\partial}{\partial \beta}\hat{W}(\beta)$ を用いて書き換えると

$$\frac{\partial}{\partial \beta}\hat{W}(\beta) = -\widetilde{V}(\beta)\hat{W}(\beta)$$

という微分方程式が得られる．ここで

$$\widetilde{V}(\beta) \equiv [\hat{U}_0(\beta)]^{-1}\hat{V}\hat{U}_0(\beta)$$

である．$\hat{W}(0) = 1$ という初期条件のもとで解を求めると

$$\begin{aligned}\hat{W}(\beta) &= 1 - \int_0^\beta d\tau_1 \widetilde{V}(\tau_1) + \int_0^\beta d\tau_1 \int_0^{\tau_1} d\tau_2 \widetilde{V}(\tau_1)\widetilde{V}(\tau_2) + \cdots \\ &\equiv T\exp\left[-\int_0^\beta d\tau \widetilde{V}(\tau)\right]\end{aligned}$$

となる．ここで T は演算子を虚時間の順序に従って右から左に並べること (**時間順序積**) を表す記号で，具体的には 1 行めで定義されている．すると分配関数は

$$Z = \mathrm{tr}\left[\hat{U}(\beta)\right] = \mathrm{tr}\left[e^{-\beta\hat{H}_0}T[e^{-\int_0^\beta d\tau\widetilde{V}(\tau)}]\right] \tag{4.60}$$

と表される．これを $\widetilde{V}$ について展開したものを具体的に表すと，$\tau_0 \equiv \beta$ として

$$\begin{aligned} Z = \mathrm{tr}\left[e^{-\beta\hat{H}_0}\right] &+ \sum_{n=1}^{\infty}(-)^n\left(\prod_{i=1}^{n}\int_0^{\tau_{i-1}} d\tau_i\right) \\ &\times \mathrm{tr}\left[e^{-\hat{H}_0(\beta-\tau_1)}\hat{V}e^{-\hat{H}_0(\tau_1-\tau_2)}\hat{V}\cdots\hat{V}e^{-\hat{H}_0\tau_n}\right] \end{aligned} \tag{4.61}$$

となる．この形からは分配関数の摂動展開に現れる虚時間グリーン関数 (4.59) が，演算子表示では時間順序積の期待値

$$\begin{aligned} G(\tau,\tau') &= -\left\langle T\hat{\phi}_H(\tau)\hat{\phi}_H{}^\dagger(\tau')\right\rangle \\ &= -\theta(\tau-\tau')\left\langle \hat{\phi}_H(\tau)\hat{\phi}_H{}^\dagger(\tau')\right\rangle \mp \theta(\tau'-\tau)\left\langle \hat{\phi}_H{}^\dagger(\tau')\hat{\phi}_H(\tau)\right\rangle \end{aligned} \tag{4.62}$$

になっていることがわかる．ここで符号 $\mp$ はボゾンとフェルミオンの場合で，

$$\hat{\phi}_H(\tau) \equiv e^{\hat{H}\tau}\hat{\phi}e^{-\hat{H}\tau},$$
$$\hat{\phi}_H{}^\dagger(\tau) \equiv e^{\hat{H}\tau}\hat{\phi}^\dagger e^{-\hat{H}\tau}$$

はハイゼンベルク表示の演算子である*11．演算子 $\hat{O}$ の期待値は

$$\left\langle \hat{O}\right\rangle \equiv \frac{1}{Z}\mathrm{tr}[e^{-\beta\hat{H}}\hat{O}]$$

で定義されている．このように演算子形式での摂動展開ではかならず時間順序積が現れる．一方で経路積分では演算子の順序は自動的に考慮されているので気にする必要がないことは便利である．

4.2.5　虚時間グリーン関数の微分方程式

定義式 (4.62) を微分してみれば虚時間グリーン関数が

*11　**ハイゼンベルク表示**の演算子を $_H$ の添字，相互作用表示の演算子を ~ を上につけて区別することにする．

$$\partial_\tau G(\tau,\tau') = -\delta(\tau-\tau')\left\langle[\hat{\phi}_H(\tau),\hat{\phi}_H^\dagger(\tau')]\right\rangle - \left\langle T[\hat{H},\hat{\phi}_H(\tau)]\hat{\phi}_H^\dagger(\tau')\right\rangle \quad (4.63)$$

を満たすことがわかる．ここで

$$\partial_\tau \hat{\phi}_H(\tau) = e^{\hat{H}\tau}(\hat{H}\hat{\phi}-\hat{H}\hat{\phi})e^{-\hat{H}\tau} = [\hat{H},\hat{\phi}_H(\tau)]$$

を用いた．自由粒子の場合，$\hat{H}=\int d^3r\hat{\phi}^\dagger\left(-\frac{\hbar^2\nabla^2}{2m}\right)\hat{\phi}$ には

$$\left(\partial_\tau - \frac{\hbar^2\nabla^2}{2m}\right)G(\tau,\boldsymbol{r},\tau',\boldsymbol{r}') = -\delta(\tau-\tau')\delta(\boldsymbol{r}-\boldsymbol{r}') \quad (4.64)$$

となる．この方程式は $t=-i\hbar\tau$ として t で読み替えれば実時間 t の時間発展を表す方程式になっている．この例に見られるように場の時間発展は実の時間についても虚時間についても数学的には同じ形である．

$\hat{H}$ の固有値 E_α の固有状態 $|\alpha\rangle$ を用いると，虚時間グリーン関数は

$$G(\tau,\tau') = -\frac{1}{Z}\sum_{\alpha\beta}e^{-\beta E_\alpha}\left(\theta(\tau-\tau')e^{(E_\alpha-E_\beta)(\tau-\tau')}\left\langle\alpha|\hat{\phi}|\beta\right\rangle\left\langle\beta|\hat{\phi}^\dagger|\alpha\right\rangle\right.$$
$$\left.\pm\theta(\tau'-\tau)e^{-(E_\alpha-E_\beta)(\tau-\tau')}\left\langle\alpha|\hat{\phi}^\dagger|\beta\right\rangle\left\langle\beta|\hat{\phi}|\alpha\right\rangle\right)$$

と表すことができる．この式からわかるように $G(\tau,\tau')$ は $\tau-\tau'\equiv u$ の関数 $G(u)$ であり，$-\beta\le u\le\beta$ に対して

$$G(u+\beta)=\pm G(u)$$

という構造をもつ．ここで符号はボゾンとフェルミオンの場合である．そこで

$$G(u)=\frac{1}{\beta}\sum_{\omega_l}e^{-i\omega_l u}G(i\omega_l)$$

とフーリエ変換すると (ボゾンのとき $\omega_l=\frac{2\pi l}{\beta}$, フェルミオンのとき $\omega_l=\frac{\pi(2l-1)}{\beta}$), フーリエ成分については

$$G(i\omega_l)=\frac{1}{Z}\sum_{\alpha\beta}e^{-\beta E_\alpha}\frac{1\mp e^{(E_\alpha-E_\beta)(\tau-\tau')}}{i\omega_l+E_\alpha-E_\beta}\left\langle\alpha|\hat{\phi}|\beta\right\rangle\left\langle\beta|\hat{\phi}^\dagger|\alpha\right\rangle$$

が成り立つ．

4.3　スピンの経路積分

ボゾンとフェルミオンの場合にならってスピンの量子統計力学の経路積分表示を試みよう．経路積分表示の肝は，コヒーレント状態を用いて恒等演算子を場に関しての積分で表すことであった．以下スピンの大きさが S の場合を考える．スピンの状態は $2S+1$ 個の独立な状態で表されるが，z 成分スピンの演算子 $\hat{S}_z$ の規格化された固有状態を $|m\rangle$ とする $(m=-S,-(S-1),\ldots,S)$．つまり $\hat{S}_z|m\rangle = m|m\rangle$ である．独立な $2S+1$ 個の状態は最も大きな固有値の状態 $|S\rangle$ に，$\hat{S}_z$ の固有値を下げていく演算子 $\hat{S}_\pm \equiv \hat{S}_x \pm i\hat{S}_y$ を次々と掛けてゆけば得られる．規格化因子をあらわに書くと

$$|m\rangle = \sqrt{\frac{(S+m)!}{(2S)!(S-m)!}}(\hat{S}_-)^{S-m}|S\rangle \tag{4.65}$$

となっている．

練習問題 4.3.1.　式 (4.65) が $\langle m|n\rangle = \delta_{nm}$ と規格化されていることを確認せよ．

コヒーレント状態をボゾンのときと同じく複素数 ξ に対して

$$|\xi\rangle \equiv \frac{1}{\sqrt{N_\xi}} e^{\xi \hat{S}_-}|S\rangle \tag{4.66}$$

で定義してみる [6]．これは

$$|\xi\rangle = \frac{1}{\sqrt{N_\xi}} \sum_{n=0}^{2S} \xi^n \sqrt{\frac{(2S)!}{n!(2S-n)!}}|S-n\rangle$$

とも表され，規格化因子は

$$\frac{1}{\sqrt{N_\xi}} = \frac{1}{(1+|\xi|^2)^S}$$

である．

練習問題 4.3.2.　$S=\frac{1}{2}$ の場合に，$\xi = e^{i\phi}\tan\frac{\theta}{2}$ と読み替えれば $|\xi\rangle$ が式 (3.1) の $|\boldsymbol{n}\rangle$ になっていることを確認せよ．

このコヒーレント状態を用いて ξ に関する積分を用いて恒等演算子を構成してみよう．

$$\int \frac{d\overline{\xi}d\xi}{2\pi i}\mu(|\xi|)|\xi\rangle\langle\xi| = 1 \tag{4.67}$$

となる関数 $\mu(|\xi|)$ を見つければ目的は果たされる．式 (4.67) 左辺の ξ と $\overline{\xi}$ に関する積分を $\xi = \rho e^{i\varphi}$ と極座標 (ρ, φ) を用いて実行し，

$$\int_0^\infty dx \frac{x^{2n+1}}{(1+x^2)^{2S+2}} = \frac{n!(2S-n)!}{(2S+1)!} \quad (0 \le n \le 2S)$$

を使うと $\mu(|\xi|) = \frac{2S+1}{2}\frac{1}{(1+|\xi|^2)^2}$ と取ればよいことがわかる．つまり

$$\int \frac{d\overline{\xi}d\xi}{2\pi i}\frac{2S+1}{2}\frac{1}{(1+|\xi|^2)^2}|\xi\rangle\langle\xi| = 1 \tag{4.68}$$

である．これでスピンの状態に関するトレースを複素数 ξ に関する積分で表すことができる．ハミルトニアン H で記述されるスピンの分配関数は

$$\mathrm{tr}\left[e^{-\beta\hat{H}}\right] = \frac{2S+1}{2}\int \frac{d\overline{\xi}d\xi}{2\pi i}\frac{1}{(1+|\xi|^2)^2}\langle\xi|e^{-\beta\hat{H}}|\xi\rangle \tag{4.69}$$

となる．異なった変数で表される状態の重なりは

$$\langle\zeta|\xi\rangle = \left[\frac{(1+\overline{\zeta}\xi)^2}{(1+|\zeta|^2)(1+|\xi|^2)}\right]^S \tag{4.70}$$

である．ζ と ξ が複素数として近いとき，$\zeta = \xi + \delta\xi$ として $\delta\xi$ の 1 次まででは

$$\langle\xi+\delta\xi|\xi\rangle \simeq e^{-S\frac{\overline{\xi}\delta\xi - \overline{\delta\xi}\xi}{1+|\xi|^2}} \tag{4.71}$$

となっている．以上のことを用いてスピンの分配関数の経路積分表示は次のように得られる．

$$Z = \int \prod_\tau \left[\frac{d\overline{\xi}d\xi}{2\pi i}\frac{1}{(1+|\xi|^2)^2}\right] e^{-\int_0^\beta d\tau L(\overline{\xi},\xi)}$$

$$L(\overline{\xi},\xi) = S\frac{\overline{\xi}\overleftrightarrow{\partial}_\tau\xi}{1+|\xi|^2} + H(\overline{\xi},\xi) \tag{4.72}$$

しかしこのままでは変数 ξ 表示の意味はよくわからない．そこで，状態 ξ に関してのスピン演算子の期待値を計算してみると

$$\left(\left\langle\xi|\hat{S}_+|\xi\right\rangle, \left\langle\xi|\hat{S}_-|\xi\right\rangle, \left\langle\xi|\hat{S}_z|\xi\right\rangle\right) = S\left(\frac{2\xi}{1+|\xi|^2}, \frac{2\bar{\xi}}{1+|\xi|^2}, \frac{1-|\xi|^2}{1+|\xi|^2}\right) \tag{4.73}$$

であることがわかり，このことから

$$\xi = e^{i\phi}\tan\frac{\theta}{2} \tag{4.74}$$

と角度変数 (θ, ϕ) を用いて ξ を表してみたくなる (**図 4–4**)．実際，このとき

$$\left\langle\xi|\hat{\boldsymbol{S}}|\xi\right\rangle = S\begin{pmatrix}\sin\theta\cos\phi \\ \sin\theta\sin\phi \\ \cos\theta\end{pmatrix} \equiv S\boldsymbol{n} \tag{4.75}$$

となっており，積分要素も

$$\int\frac{d\bar{\xi}d\xi}{4\pi i}\frac{1}{(1+|\xi|^2)^2} = \frac{1}{4\pi}\int_0^{\pi} d\theta\sin\theta\int_0^{2\pi} d\phi \tag{4.76}$$

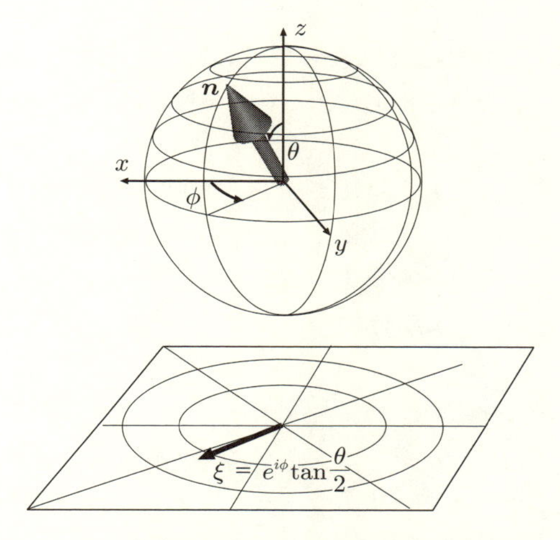

図 4–4　式 (4.74) により，複素平面上の点 ξ と球面上の点を表すベクトル $\boldsymbol{n}$ との関係がつく．このマッピングは南極 $\theta = \pi$ は複素平面の無限遠に対応する．

と球面上の積分に置き換わる．式 (4.75) は，$|\xi\rangle$ が $\boldsymbol{n}$ の方向に期待値をもつコヒーレント状態 $|\boldsymbol{n}\rangle$ であることを示している．実際，状態 $|\boldsymbol{n}\rangle$ は

$$(\boldsymbol{n}\cdot\hat{\boldsymbol{S}})|\boldsymbol{n}\rangle = S|\boldsymbol{n}\rangle$$

を満たし，スピンの方向へ射影したスピン演算子に対しては状態が不変である．さらに，(θ,ϕ) で表される状態と，少しずれた $(\theta+\delta\theta,\phi+\delta\phi)$ で表される状態の間の重なり式 (4.71) はずれの 1 次までの範囲で

$$\langle\theta+\delta\theta,\phi+\delta\phi|\theta,\phi\rangle = e^{-iS(1-\cos\theta)\delta\phi} \tag{4.77}$$

となっている．式 (4.69) と式 (4.75)，(4.76)，(4.77) から，スピン系の分配関数は無事経路積分表示

$$Z = \int \mathcal{D}\boldsymbol{n} e^{-\int_0^\beta d\tau L_S(\tau)} \tag{4.78}$$

と表され，虚時間ラグランジアンは

$$L_S = iS(1-\cos\theta)\partial_\tau\phi + H(\theta,\phi) \tag{4.79}$$

であることがわかった．ここで $H(\theta,\phi)$ はハミルトニアン演算子のスピン演算子 $\hat{\boldsymbol{S}}$ を古典変数と見て極座標表示したものである．式 (4.79) の第 1 項はボゾンやフェルミオンと全く異なる形である．これは幾何学的な意味をもつ項で**スピンベリー位相項**とよばれる．

自然界は複素数を基本にしているようで，物理法則は虚時間，実時間に関わらず同じように成り立っている．実際，式 (4.78) の指数の因子を $e^{-\int_0^\beta d\tau L_S(\tau)} \to e^{\frac{i}{\hbar}\int dt L_S(t)}$ とし，$\tau \to \frac{i}{\hbar}t$ と実時間 t で置き換えたものは式 (1.5) という実時間のラグランジアンになり，磁場のもとでのスピンの運動方程式を正しく記述する．

4.3.1　強磁性スピン波

スピンの経路積分に基づいて局在スピン系の励起をいくつかの例で調べてみよう．まず強磁性体を考える．ハミルトニアンは式 (1.16) で，ラグランジアンは

$$L_{\mathrm{F}} = \int \frac{d^3r}{a^3}\left[iS(1-\cos\theta)\partial_\tau\phi + \frac{J}{2}(\nabla\boldsymbol{S})^2\right] \tag{4.80}$$

である．

このまま θ と ϕ に関しての経路積分を厳密に実行することはできない．しかし我々はあくまでも低エネルギー励起に興味があるので，$\boldsymbol{S}$ が一様にある特定の方向を向いている場合にその周りの小さいゆらぎに注目しよう．今は等方的な系であるのでこの方向を $+z$ 方向に取る．この微小ゆらぎを扱うには極座標 θ, ϕ の表示よりは元の変数 ξ が便利である．というのは式 (4.73) によれば ξ と $\overline{\xi}$ が $S^{\pm}$ に対応しているからである．実際，$|\xi|$ の 1 次までの範囲では

$$S_x/S \simeq \xi + \overline{\xi}, \quad S_y/S \simeq -i(\xi - \overline{\xi}), \quad S_z/S = 1 \tag{4.81}$$

である．ξ で表したスピンベリー位相項を式 (4.72) から求めると，微小な $|\xi|$ に対するラグランジアンは

$$L_{\mathrm{F}} = \int \frac{d^3r}{a^3} \left[S(\overline{\xi}\partial_\tau \xi - (\partial_\tau \overline{\xi})\xi) + 2JS^2 |\nabla \xi|^2 \right] \tag{4.82}$$

となる．これはふつうのボゾンのラグランジアンの形をしており，このことから波数 q をもつ ξ の励起エネルギーは

$$\hbar\omega_q = JSq^2$$

であることがわかる．これが強磁性状態の周りのゆらぎのもつエネルギーである．このゆらぎのことを**スピン波**あるいは**マグノン**とよぶ．

なお，スピンの向きによってエネルギーが変わる磁気異方性や外部磁場がある場合はスピン波に質量 (ギャップともいう) が発生する．z 軸方向を安定化する一軸性磁気異方性と，$-z$ 方向の大きさ H_z の外部磁場の場合を考えるとハミルトニアン

$$H_K = -\frac{K}{2} \int \frac{d^3r}{a^3} (S_z)^2,$$
$$H_H = -\mu_0 \hbar\gamma H_z \int \frac{d^3r}{a^3} S_z$$

が式 (4.80) に加わる．これらを ξ 変数で表すと

$$H_K + H_H = 2S \int \frac{d^3r}{a^3} (KS + \mu_0 \hbar\gamma H_z) |\xi|^2$$

となる．これらの項を式 (4.82) に加えてみればスピン波のエネルギーは

$$\hbar\omega_q = JSq^2 + \Delta$$

となり，たしかにギャップ $\Delta \equiv KS + \mu_0\hbar\gamma H_z$ が現れる．

Dzyaloshinskii–Moriya (DM) 相互作用　次に DM 相互作用がある場合を簡単に見ておこう．

$$H_{\mathrm{DM}} = \int \frac{d^3r}{a^3} D\boldsymbol{S}\cdot(\nabla\times\boldsymbol{S})$$

の場合を考え，強い磁場を z 軸にかけてほぼ強磁性状態になった状態でのゆらぎのエネルギーを求める．ゆらぎを式 (4.81) に従い定義し，z 方向にのみ空間変化する状況を考えると

$$H_{\mathrm{DM}} = \int \frac{d^3r}{a^3} 2iD\bar{\xi}\overleftrightarrow{\nabla}_z\,\xi$$

である．したがって交換相互作用と磁場を含めたときの z 方向に伝搬するゆらぎのエネルギーは

$$\hbar\omega_{q_z} = JS\,(q_z - k_0)^2 + \Delta_{\mathrm{D}} \tag{4.83}$$

となる．ただし $k_0 \equiv \frac{D}{2J}$ で，$\Delta_{\mathrm{D}} \equiv \mu_0\hbar\gamma H_z - \frac{D^2S}{4J}$ はスピン波のギャップである．この式からわかるように，DM 相互作用がある系の一様強磁性状態でのスピン波のエネルギー最低の波数の値が原点からずれ k_0 になる．これは DM 相互作用によるスピン波のドップラーシフトとよばれる．なお今の結果は強磁性状態からの展開を用いているため，強い磁場をかけらせん磁性を壊して現れる一様強磁性状態に対応している．磁場がない状況で実現されるらせん解の周りのスピン波にはドップラーシフトは生じない．

スピン移行効果　スピン偏極電流をかけた場合に生じるスピン移行効果がスピン波に与える影響を見ておこう．3.3 節では電流の効果を断熱極限で取り込んだスピンのラグランジアンや運動方程式は時間微分 ∂_t が流れに沿った微分 $\partial_t - \frac{a^3}{2S}\boldsymbol{j}_{\mathrm{s}}\cdot\nabla$ に置き換わることを見た．虚時間ラグランジアンでは式 (4.82) で $\partial_\tau \to \partial_\tau + i\hbar\frac{a^3}{2S}\boldsymbol{j}_{\mathrm{s}}\cdot\nabla$

と置き換えることになる．このときのスピン波のエネルギーは(異方性によるギャップ Δ を考慮して)

$$\hbar\omega_{\boldsymbol{q}} = JSq^2 - \frac{\hbar a^3}{2S}\boldsymbol{j}_{\mathrm{s}} \cdot \boldsymbol{q} + \Delta$$

となる．つまりスピン波は流れているスピン流によるドップラーシフトを受ける．ある波数 $\boldsymbol{q}$ でギャップが潰れてエネルギー $\hbar\omega_{\boldsymbol{q}}$ が負になるほどのスピン流を流すと強磁性が不安定化することになり磁区生成が起きることになる [7]．

4.3.2　反強磁性スピン波

反強磁性体のスピン波も考えておこう．格子モデルのハミルトニアンは

$$H_{\mathrm{AF}} = J_0 \sum_{\langle ij \rangle} \boldsymbol{S}_i \cdot \boldsymbol{S}_j \tag{4.84}$$

と表される．J_0 は正である．反強磁性の場合はスピンは隣り合う格子点で反対向きを向きたがるので，$\boldsymbol{S}_i$ をこのまま連続空間上の滑らかな場と読み替えることはできない．そこで格子をスピンがほぼ $+z$ 方向を向く**副格子** A と，ほぼ $-z$ 方向を向いている副格子 B に分ける (**図 4–5**)．すると式 (4.84) の格子点の和は，スピンを連続変数の座標 $\boldsymbol{r}_i$ 上で定義された場と見て

$$H_{\mathrm{AF}} = J_0 \sum_{i \in \mathrm{A}} \sum_{\mu = \pm x, \pm y, \pm z} \boldsymbol{S}_{\mathrm{A}}(\boldsymbol{r}_i) \cdot \boldsymbol{S}_{\mathrm{B}}(\boldsymbol{r}_i + a\hat{\boldsymbol{\mu}}) \tag{4.85}$$

と表される．A, B それぞれの副格子上のスピンを $\boldsymbol{S}_{\mathrm{A}}(\boldsymbol{r}_i)$ と $\boldsymbol{S}_{\mathrm{B}}(\boldsymbol{r}_j)$ で表し，j 格子点の位置座標 $\boldsymbol{r}_j$ を i 格子点のそれを用いて $\boldsymbol{r}_j = \boldsymbol{r}_i + a\hat{\boldsymbol{\mu}}$ と表した．スピン

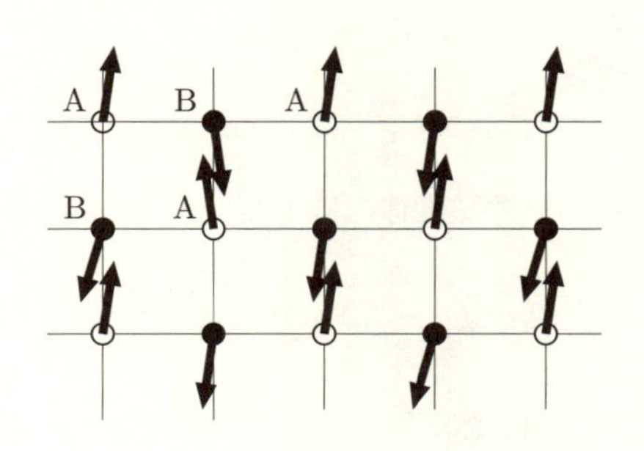

図 4–5

を微小なゆらぎを表す変数 ξ で表す際には副格子ごとに異なった表示を取る必要がある．スピンが z 方向に近い A 副格子では強磁性の場合と同じく

$$S_{\mathrm{A},x} \simeq \xi_{\mathrm{A}} + \overline{\xi_{\mathrm{A}}}, \quad S_{\mathrm{A},y} \simeq -i(\xi_{\mathrm{A}} - \overline{\xi_{\mathrm{A}}}), \quad S_{\mathrm{A},z} = 1 - 2|\xi_{\mathrm{A}}|^2$$

と表せばよい．ただし反強磁性の場合は ξ_{A} の 2 次までとっておく必要がある．一方 B 副格子上では今の変数 ξ の取り方では具合が悪い．というのも，式 (4.73) に基づいて $S_z \sim -S$ の状態を表そうとすると $|\xi|$ を無限大にとる必要があるからである．これは極座標表示 (4.74) で見ても明らかで，$-z$ 方向を表す $\theta = \pi$ では ξ は発散している．この問題は元はといえばコヒーレント状態を $+z$ 方向を向いた状態から式 (4.66) によって構成したことからきている．そこで $-z$ 軸 (スピンの南極) からのコヒーレント状態をつくってみると

$$|\xi\rangle_{\mathrm{S}} \equiv \frac{1}{\sqrt{N_\xi}} e^{\overline{\xi}\hat{S}_+} |-S\rangle \tag{4.86}$$

である．ここで ξ と $\overline{\xi}$ の役割を北極からのコヒーレント状態 (4.66) と入れ替わっているが，こう取ることでスピン演算子の期待値が

$$\left({}_{\mathrm{S}}\left\langle \xi|\hat{S}_+|\xi \right\rangle_{\mathrm{S}}, {}_{\mathrm{S}}\left\langle \xi|\hat{S}_-|\xi \right\rangle_{\mathrm{S}}, {}_{\mathrm{S}}\left\langle \xi|\hat{S}_z|\xi \right\rangle_{\mathrm{S}}\right) = S\left(\frac{2\xi}{1+|\xi|^2}, \frac{2\overline{\xi}}{1+|\xi|^2}, \frac{-1+|\xi|^2}{1+|\xi|^2}\right) \tag{4.87}$$

となり，x, y 成分の表式が式 (4.73) と整合する．また，z 成分は $-z$ 方向からの定義になっている．ただし異なった状態間の重なり式 (4.71) の指数部には -1 の符号がかかる．コヒーレント状態のその他の性質は南極からの構成でも同じである．こうして B 副格子上のスピンを $-z$ 方向からの微小振幅の変数 ξ_{B} で表せば，

$$S_{\mathrm{B},x}/S \simeq \xi_{\mathrm{B}} + \overline{\xi_{\mathrm{B}}}, \quad S_{\mathrm{B},y}/S \simeq -i(\xi_{\mathrm{B}} - \overline{\xi_{\mathrm{B}}}), \quad S_{\mathrm{B},z}/S = -(1 - 2|\xi_{\mathrm{B}}|^2)$$

となる．以上のことから，反強磁性体の低エネルギー励起を表すラグランジアンは

$$L_{\mathrm{AF}} = \sum_{\langle ij \rangle} \left[S(\overline{\xi_{\mathrm{A}}}_{,i} \overleftrightarrow{\partial_\tau} \xi_{\mathrm{A},i} - \overline{\xi_{\mathrm{B}}}_{,j} \overleftrightarrow{\partial_\tau} \xi_{\mathrm{B},j}) + 2J_0 S^2 |\xi_{\mathrm{A},i} + \xi_{\mathrm{B},j}|^2 \right] \tag{4.88}$$

となる．ここで副格子ごとに定義したフーリエ表示 $\xi_{\mathrm{A}}(\boldsymbol{r}_i) = \sum_{\boldsymbol{q}} e^{i\boldsymbol{q}\cdot\boldsymbol{r}_i} \xi_{\mathrm{A}}(\boldsymbol{q})$ に移る．副格子 B 上の点を $\boldsymbol{r}_j = \boldsymbol{r}_i + a\hat{\boldsymbol{\mu}}$ と表すと

$$\sum_{\langle ij\rangle}\overline{\xi_{\mathrm{A}}}(\boldsymbol{r}_i)\xi_{\mathrm{B}}(\boldsymbol{r}_j)=\sum_{\boldsymbol{q}}\sum_{\mu=\pm x,\pm y,\pm z}e^{iaq_\mu}\overline{\xi_{\mathrm{A}}}(\boldsymbol{q})\xi_{\mathrm{B}}(\boldsymbol{q})$$
$$\equiv\sum_{\boldsymbol{q}}\gamma_{\boldsymbol{q}}\overline{\xi_{\mathrm{A}}}(\boldsymbol{q})\xi_{\mathrm{B}}(\boldsymbol{q})$$

と表される ($\gamma_{\boldsymbol{q}}\equiv 2\sum_{\mu=x,y,z}\cos(q_\mu a)$)．こうして反強磁性体のラグランジアンは

$$L_{\mathrm{AF}}=S\sum_{\boldsymbol{q}}\left(\begin{array}{cc}\overline{\xi_{\mathrm{A}}}(\boldsymbol{q}) & \overline{\xi_{\mathrm{B}}}(\boldsymbol{q})\end{array}\right)\left(\begin{array}{cc}\overleftrightarrow{\partial}_\tau+6J_0S & 6J_0S\gamma_{\boldsymbol{q}}\\ 6J_0S\gamma_{\boldsymbol{q}} & -\overleftrightarrow{\partial}_\tau+6J_0S\end{array}\right)\left(\begin{array}{c}\xi_{\mathrm{A}}(\boldsymbol{q})\\ \xi_{\mathrm{B}}(\boldsymbol{q})\end{array}\right) \tag{4.89}$$

となる．ここに現れた行列を虚時間振動数 ω_l で表したとき，この行列式が 0 となる $i\omega_l$ の値はこの系の励起エネルギーになっている．または式 (4.89) を対角化すれば励起エネルギーは求まる．

$$\left(\begin{array}{c}\xi_{\mathrm{A}}(\boldsymbol{q})\\ \xi_{\mathrm{B}}(\boldsymbol{q})\end{array}\right)=\left(\begin{array}{cc}a & b\\ c & d\end{array}\right)\left(\begin{array}{c}\xi_\alpha(\boldsymbol{q})\\ \xi_\beta(\boldsymbol{q})\end{array}\right) \tag{4.90}$$

という変換で変数を (ξ_α,ξ_β) に読み替えよう．a, b, c, d は実数としてよい．この定義を式 (4.89) に入れ，行列が対角になるように係数 a, b, c, d を選ぶ．非対角成分が消える条件は

$$ab-cd=0,\qquad ab+ac+\gamma_{\boldsymbol{q}}(ad+bc)=0$$

である．また，$|a^2-c^2|=1$ と $|b^2-d^2|=1$ であれば時間微分の項の係数が 1 になり通常のボゾン励起を表すことになる．そこで

$$a=d=\cosh\eta,\quad b=c=-\sinh\eta,\quad \tanh 2\eta=\gamma_{\boldsymbol{q}}$$

と選ぶと結果は

$$L_{\mathrm{AF}}=S\sum_{\boldsymbol{q}}\left[\overline{\xi_\alpha}(\boldsymbol{q})[\partial_\tau+\hbar\omega(\boldsymbol{q})]\xi_\alpha(\boldsymbol{q})+\overline{\xi_\beta}(\boldsymbol{q})[-\partial_\tau+\hbar\omega(\boldsymbol{q})]\xi_\beta(\boldsymbol{q})\right] \tag{4.91}$$

と，通常のボゾンの形となる[*12]．ここで得られた

*12　この変換は**ボゴリューボフ** (Bogoliubov) **変換**とよばれるが，経路積分の上では単なる行列の対角化である．

$$\hbar\omega(\boldsymbol{q}) \equiv 3J_0 S\sqrt{1-(\gamma_{\boldsymbol{q}})^2}$$

が反強磁性状態のスピン波のエネルギーである．興味ある長波長領域では $\gamma_{\boldsymbol{q}} = 1 - \frac{(qa)^2}{2} + O(q^4)$ であるから，励起エネルギーは

$$\hbar\omega(\boldsymbol{q}) = 3J_0 Saq$$

となる．このように反強磁性体の低エネルギーゆらぎは波数の 1 次のエネルギーをもち 2 つのモードがあることが特徴である．

以上，強磁性体と反強磁性体のスピン波を微小ゆらぎの変数 ξ を用いて記述したが，ゆらぎが小さい領域でこの場の変数を量子論演算子と見るとこれがいわゆる**ホルスタイン–プリマコフ** (Holstein–Primakoff) **演算子**になっている．

なお，反強磁性状態の B 副格子の記述に現れた，$-z$ 方向に近いスピンを極座標 θ, ϕ で表す際には，

$$\xi_{\mathrm{B}} = e^{i\phi}\cot\frac{\theta}{2} \tag{4.92}$$

であり，スピンベリー位相項は式 (4.92) を ξ 表示に適用して得られる

$$L_{\mathrm{B}} = iS(-1-\cos\theta)\partial_\tau\phi \tag{4.93}$$

の形を用いればよい．式 (4.93) と (4.79) の対応項との差は $\partial_\tau\phi$ の定数倍であるので両者は物理的に同一の式である．

4.3.3　反強磁性相転移

反強磁性体はそのラグランジアンの形のため経路積分で扱いやすい．ここでは反強磁性の相転移を虚時間の経路積分形式で調べよう[*13]．スピン波を考えたときと同じハミルトニアン (4.84) を考える．各副格子上のスピンを以下のように反強磁性成分 $\boldsymbol{n}$ と強磁性成分 $\boldsymbol{l}$ に分ける．

$$\boldsymbol{S}_i/S = \begin{cases} \boldsymbol{n}_i + \boldsymbol{l}_i & i \in \mathrm{A} \\ -\boldsymbol{n}_i + \boldsymbol{l}_i & i \in \mathrm{B} \end{cases}$$

---

*13　後半は Yamamoto et al. [8] を参考にしている．

$\boldsymbol{n}$ は反強磁性体を記述する**ネール** (Néel) **ベクトル**とよばれる．スピンの大きさを保持するためそれぞれの成分は $\boldsymbol{n}^2+\boldsymbol{l}^2=1$ と $\boldsymbol{n}\cdot\boldsymbol{l}=0$ を満たすという拘束条件をうけている．$\boldsymbol{n}$ と $\boldsymbol{l}$ を用いて連続極限を取ったハミルトニアンは

$$H_{\mathrm{AF}}=J\int\frac{d^3r}{a^3}\left((\nabla\boldsymbol{n})^2-(\nabla\boldsymbol{l})^2+\mu^2l^2\right) \tag{4.94}$$

となる．ここで $J\equiv\frac{a^2}{2}J_0S^2$，$\mu^2\equiv\frac{12}{a^2}$ である．虚時間ラグランジアンの時間微分項 $L_{\mathrm{B}}=-iS\sum_{\langle ij\rangle}\cos\theta_i\dot{\phi}_i$ を書き換える際には，B 副格子上のスピン $\boldsymbol{S}_i$ を向きを反転させた変数 $\tilde{\boldsymbol{S}}_i\equiv-\boldsymbol{S}_i$ を用いて定義すると便利である (本節では $\dot{\phi}$ などは虚時間微分 $\partial_\tau\phi$ などである)．実際，これにより時間微分項は A 副格子点の和とスピン変数を用いて

$$L_{\mathrm{B}}=-i\frac{1}{S^2}\sum_{i\in\mathrm{A}}\sum_{\mu}(\delta_\mu\boldsymbol{S}_i)\cdot(\boldsymbol{S}\times\dot{\boldsymbol{S}})_i \tag{4.95}$$

と表される [9]．ここで $\delta_\mu\boldsymbol{S}_i=\tilde{\boldsymbol{S}}_{i+a\hat{\boldsymbol{\mu}}}-\boldsymbol{S}_i$ ($a\hat{\boldsymbol{\mu}}$ は μ 方向への格子間隔 a の長さをもつベクトル) である．連続極限での式は

$$L_{\mathrm{B}}=-iS\int\frac{d^3r}{a^3}\sum_{\mu}\left[a(\nabla_\mu\boldsymbol{n})\cdot(\boldsymbol{n}\times\dot{\boldsymbol{n}})-2\boldsymbol{l}\cdot(\boldsymbol{n}\times\dot{\boldsymbol{n}})\right] \tag{4.96}$$

となり，$\boldsymbol{n}$ と $\boldsymbol{l}$ で表したラグランジアンは

$$\begin{aligned}L=\int\frac{d^3r}{a^3}&\left[-iSa(\nabla_\mu\boldsymbol{n})\cdot(\boldsymbol{n}\times\dot{\boldsymbol{n}})+2iS\boldsymbol{l}\cdot(\boldsymbol{n}\times\dot{\boldsymbol{n}})\right.\\&\left.+J[(\nabla\boldsymbol{n})^2-(\nabla\boldsymbol{l})^2+\mu^2l^2]\right]\end{aligned} \tag{4.97}$$

となる．第 1 項目は幾何学的項で，1 次元の量子スピン系の場合には重要な役割を果たすが [9]，今の興味ではないので考えない．強磁性成分 $\boldsymbol{l}$ は小さいゆらぎであるので，これを経路積分で積分して $\boldsymbol{n}$ に対する有効ラグランジアンを求めよう．ゆらぎであるため拘束条件は考えずに積分してよかろう．結果は

$$L_{\boldsymbol{n}}=\frac{1}{g}\int\frac{d^3r}{a^3}\left[\dot{\boldsymbol{n}}^2+v^2(\nabla\boldsymbol{n})^2\right] \tag{4.98}$$

である．ここで $g\equiv\frac{J\mu^2}{S^2}=6J_0$，$v\equiv J\mu/S=\sqrt{3}SJ_0a$ である．$\boldsymbol{l}$ を積分したため $\boldsymbol{n}$ には $|\boldsymbol{n}|=1$ という拘束条件が課されている．これが反強磁性体をネールベクトルで表すラグランジアンである．拘束条件 $|\boldsymbol{n}|^2=1$ を課した分配関数は

$$Z \equiv \int \mathcal{D}\boldsymbol{n}\delta(|\boldsymbol{n}|^2 - 1)e^{-\int d\tau L_\tau(\tau)} \tag{4.99}$$

と δ 関数を用いて表すことができる．この拘束条件は経路積分では補助場を用いて表すことができる．実際，実時間の経路積分では λ という新しい場を導入してその経路積分

$$\int \mathcal{D}\lambda e^{\frac{i}{\hbar}\int dt \int \frac{d^3r}{a^3}\frac{\lambda}{g}(|\boldsymbol{n}|^2-1)} = \Pi_{\boldsymbol{r},t} 2\pi g\delta(|\boldsymbol{n}|^2 - 1) \tag{4.100}$$

を考えれば，δ 関数の拘束条件を課すことができる．そこで今考えている虚時間でも同じ式が適用可能と仮定して分配関数

$$Z = \int \mathcal{D}\boldsymbol{n} \int \mathcal{D}\lambda e^{-\int d\tau [L_\tau(\tau) + \int \frac{d^3r}{a^3}\frac{\lambda}{g}(|\boldsymbol{n}|^2-1)]} \tag{4.101}$$

を考えることにする*14．

このラグランジアンから 4.3.2 節で議論したスピン波の特性は簡単に読み取れる．ネールベクトルの z 成分を n_z という古典的値をもつ秩序パラメータと選び，その他の成分は小さい変数 φ_x, φ_y として

$$\boldsymbol{n} = \begin{pmatrix} \varphi_x \\ \varphi_y \\ n_z \end{pmatrix} \tag{4.102}$$

表そう．φ_x, φ_y についての積分をフーリエ変換して実行すると

$$\begin{aligned} &\int \mathcal{D}\varphi_x e^{-\frac{1}{g}\int d\tau \int \frac{d^3r}{a^3}\left[(\partial_\tau \varphi_x)^2 + v^2(\nabla\varphi_x)^2 + \lambda(\varphi_x)^2\right]} \\ &\quad \propto \left[\det\left[(\omega_l)^2 + (\omega_q)^2 + \lambda\right]\right]^{-1} \equiv e^{-\Delta S/2} \end{aligned} \tag{4.103}$$

となる．ここで $\omega_q \equiv vq$ はスピン波の虚時間角速度である (虚時間なので単位はエネルギーとなっている)．この形と，スピン波のモードが φ_x と φ_y の 2 つがある事実も 4.3.2 節での結果と当然一致する．こうして φ_x と φ_y というゆらぎを積分した結果，分配関数は

*14　加えた積分は δ 関数ではないが自然界が複素数を基本としているためかうまくいくことが知られている．

$$Z \propto \int \mathcal{D}\varphi_z \mathcal{D}\lambda e^{-S_{\mathrm{eff}}(n_z,\lambda)} \tag{4.104}$$

と表される．ここから定義される n_z と λ に対する有効ラグランジアン ($S_{\mathrm{eff}} \equiv \int d\tau L_{\mathrm{eff}}$) は

$$\begin{aligned} L_{\mathrm{eff}}(n_z,\lambda) = \frac{1}{g}\int \frac{d^3r}{a^3}\left[(\partial_\tau n_z)^2 + v^2(\nabla n_z)^2 + \lambda[(n_z)^2 - 1]\right] \\ + \frac{1}{\beta N}\ln\left[(\omega_l)^2 + (\omega_q)^2 + \lambda\right] \end{aligned} \tag{4.105}$$

である (N は全格子点数)．以下，n_z と λ は秩序パラメータであるので古典近似の範囲で扱う．つまり経路積分を最大化する**鞍点**解からこれらを決める．解は時空で一様なものが最低エネルギーであるので，n_z, λ とも定数の解に注目する．この扱いは鞍点近似または**平均場近似**とよばれるものである．$\frac{\delta S_{\mathrm{eff}}}{\delta n_z} = 0$ と $\frac{\delta S_{\mathrm{eff}}}{\delta \lambda} = 0$ という鞍点解条件は具体的には

$$\lambda n_z = 0 \tag{4.106}$$

$$(n_z)^2 = 1 - \frac{g}{\beta N}\sum_{\omega_l q}\frac{1}{(\omega_l)^2 + (\omega_q)^2 + \lambda} \tag{4.107}$$

となる．式 (4.106) は $n_z \neq 0$ つまり反強磁性の秩序が存在するときには $\lambda = 0$ で，$\lambda \neq 0$ であれば反強磁性の秩序はない，ことを意味している．式 (4.103) から明らかなとおり λ はスピン波のギャップであるから，秩序状態ではその周りの励起であるスピン波は (異方性がなければ) ギャップをもたない．逆に長距離秩序がなければスピンの間の相関はギャップをもつスピン波により伝えられ，指数的に減衰するものになる．ギャップのもとでは長さ $\xi \equiv v/\sqrt{\lambda}$ が相関長のはたらきをする．今の場合，ある温度 T_{N} を境に $T < T_{\mathrm{N}}$ では反強磁性秩序状態，T_{N} 以上では秩序のない状態になっている．このことを示すのが式 (4.107) である．これの虚時間振動数の和を取った式は

$$(n_z)^2 = 1 - \frac{g}{N}\sum_q \frac{\coth\left[\frac{\beta}{2}\sqrt{(\omega_q)^2 + \lambda(T)}\right]}{\sqrt{(\omega_q)^2 + \lambda(T)}} \tag{4.108}$$

でこれが温度の関数としての $n_z(T)$ および $\lambda(T)$ を与える式である．式 (4.108) は $T = 0$ ($\beta = \infty$) では有限な n_z の解をもち，$T \to \infty$ では右辺は負になるの

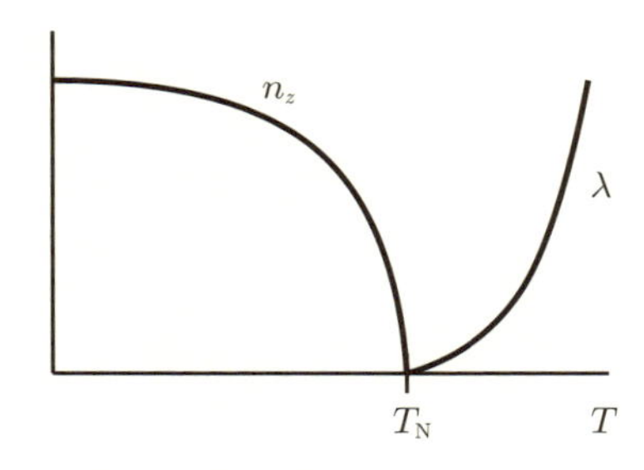

図 4–6　平均場近似に基づく反強磁性秩序パラメータ n_z，ギャップ λ の温度依存の概形.

で，ある温度で右辺は 0 (つまり $n_z = 0$) となる．この温度が**反強磁性転移温度** T_{N} (**ネール転移温度**ともいう) で，これは $\beta_{\mathrm{N}} \equiv 1/(k_{\mathrm{B}}T_{\mathrm{N}})$ として

$$\frac{1}{N}\sum_q \frac{\coth\frac{\beta_{\mathrm{N}}\omega_q}{2}}{\omega_q} = \frac{1}{g} \tag{4.109}$$

となる温度である．式 (4.109) の波数和は 3 次元では q の大きな領域で発散のふるまいをもつため，カットオフ $\Lambda \sim \pi/a$ を考慮して行う．和を積分に置き換え $\beta_{\mathrm{N}} v\Lambda \gg 1$ の状況を考えると

$$\frac{1}{N}\sum_q \frac{\coth\frac{\beta_{\mathrm{N}}\omega_q}{2}}{\omega_q} = \frac{2a^3}{\pi^2(\beta_{\mathrm{N}})^2 v^3}\int_0^{\frac{\beta_{\mathrm{N}} v\Lambda}{2}} dx x^2 \coth x \sim \frac{\beta_{\mathrm{N}}}{12} \tag{4.110}$$

が得られる．これにより

$$T_{\mathrm{N}} = \frac{g}{12k_{\mathrm{B}}} = \frac{J_0}{2k_{\mathrm{B}}} \tag{4.111}$$

が今の近似でのネール温度である．$T > T_{\mathrm{N}}$ では式 (4.108) の右辺が 0 となるように λ が温度 T と共に増大する．温度の関数としての n_z，λ の概形は**図 4–6** のようになる.

以上の平均場近似の範囲でのスピン相関関数 (帯磁率) のふるまいにもふれておこう．反強磁性体が外部磁場 (原子スケールでは一様とみなせる) に応答するのは強磁性的スピン成分 $\boldsymbol{l}$ があるからである．したがって帯磁率は $\boldsymbol{l}$ の間の相関関数で，$\boldsymbol{n}$ のみのモデル (4.98) に範囲で考えてもそれを計算することはできない．そこで式 (4.97) から (4.98) を導く過程に戻って考えると，$\boldsymbol{l}$ の期待値は

$$\bar{\boldsymbol{l}} = -\frac{1}{gS}\overline{\boldsymbol{n} \times \dot{\boldsymbol{n}}} \tag{4.112}$$

であることがわかる (実時間であれば $\bar{\boldsymbol{l}} = -\frac{\hbar}{gS}\overline{\boldsymbol{n} \times \dot{\boldsymbol{n}}}$ である)．反強磁性スピン波 φ_x, φ_y で表せば φ_x と φ_y が絡むことで強磁性的スピン成分 $\boldsymbol{l}$ の z 成分になるわけである．このことから帯磁率は $\boldsymbol{n} \times \dot{\boldsymbol{n}}$ の相関関数として計算することができる．

4.4　経路積分のまとめ

本章での計算でわかったように，経路積分表示では物理的に重要な自由度を見出すことは，積分の変数変換により行われる．特に注目すべきは，場の変数で書かれたラグランジアン自体を扱っているため場の共役関係に注意を払うことなく数学的に変換を実行できてしまうことである．これは，ラグランジアンの虚時間微分項が場の共役関係を自動的に考慮するからである．これに対してハミルトニアン形式では，演算子の交換関係を保持した変換のみをするように常に注意しなくてはならない．その意味で経路積分による場の理論は非常に強力な手法といえよう．なお，経路積分の有用性がよくわかる例として，超伝導の記述を付録にて紹介する．

参考文献

[1] E. Noether. Invariante variationsprobleme. *Nachr. Ges. Wiss. Gottingen*, 235 (1918).

[2] G. Tatara and P. Entel. Calculation of current-induced torque from spin continuity equation. *Phys. Rev. B*, **78**, 064429 (2008).

[3] R. P. Feynman. Space-time approach to non-relativistic quantum mechanics. *Rev. Mod. Phys.*, **20**, 367 (1948).

[4] J. J. Sakurai. *Modern Quantum Mechanics*. Addison Wesley, 1994.

[5] 崎田文二, 吉川圭二. 径路積分による多自由度の量子力学. 岩波書店, 1986.

[6] J. M. Radcliffe. Some properties of coherent spin states. *J. Phys. A: General Physics*, **4**, 313 (1971).

[7] J. Shibata, G. Tatara, and H. Kohno. Effect of spin current on uniform ferromagnetism: Domain nucleation. *Phys. Rev. Lett.*, **94**, 076601 (2005).

[8] H. Yamamoto, G. Tatara, I. Ichinose, and T. Matsui. Magnetic properties of the hubbard σ model with three-dimensionality. *Phys. Rev. B*, **44**, 7654 (1991).

[9] A. Auerbach. *Intracting Electrons and Quantum Magnetism*. Springer Verlag, 1994.

5

第5章

時間変化する場の理論

前章では熱平衡状態を表す虚時間のグリーン関数法を扱った．我々の最終目的は系のハミルトニアン演算子が与えられたときに物理量，つまり物質特性を表す測定可能な量，を任意の時刻で計算することである．本章では場の理論 (あるいはグリーン関数法といってもよい) によりこれを実行する手続きを述べる．実時間上で定義されるグリーン関数のうち，虚時間グリーン関数と同様によく言及されるのは retarded および advanced グリーン関数である．しかしこれらは演算子を時間の順序に応じて特定の並べ方をしたものの期待値であり物理量にはなっていないため，系の応答を計算するには，これらのグリーン関数で物理量を表す公式を与える線形応答理論などを用いる必要がある．本書ではそうした公式を用いずに直接物理量を計算する方法を取る．これは非平衡グリーン関数法とよばれる方法で，公式を用いるよりも直接的でまた汎用性がある．具体的には伝導電子の場合を考える．

5.1 非平衡グリーン関数

系のハミルトニアン演算子を $\hat{H}$ とする (本章では場の演算子であることを記号 $\hat{}$ で表す)．前提として，十分昔には系は自由な (あるいは解けている) ハミルトニアン演算子 $\hat{H}_0$ で記述される熱平衡状態にあったことを仮定する．熱平衡状態であった時刻を t_0 とし，$\hat{H}_0$ の固有値 E_α の固有状態を $|\alpha\rangle$ と表すことにする．この状態は時刻 t には全ハミルトニアン $\hat{H}(t) = \hat{H}_0 + \hat{V}(t)$ のもとでの時間発展演算子

$$\hat{U}(t - t_0) = Te^{-\frac{i}{\hbar}\int_{t_0}^{t} dt \hat{H}(t)}$$

で表される状態 $\hat{U}(t - t_0)|\alpha\rangle$ になっている．ここで $\hat{H}(t)$ は時間に顕に依存している場合も想定している．したがって時刻 t に演算子 $\hat{O}$ の期待値を測るとそれは

$$\overline{O}(t) = \frac{1}{Z}\mathrm{tr}\left[e^{-\beta\hat{H}_0}\hat{O}_H(t)\right]$$

である．ここで $Z \equiv \mathrm{tr}[e^{-\beta \hat{H}_0}]$，また

$$\hat{O}_H(t) \equiv \hat{U}(t-t_0)^\dagger \hat{O} \hat{U}(t-t_0)$$

である．時間依存を顕に書くと

$$\overline{O}(t) = \frac{1}{Z}\mathrm{tr}\left[e^{-\beta \hat{H}_0}[\overline{T}e^{\frac{i}{\hbar}\int_{t_0}^{t} dt \hat{H}(t)}]\hat{O}[Te^{-\frac{i}{\hbar}\int_{t_0}^{t} dt \hat{H}(t)}]\right] \tag{5.1}$$

となっている．ここで $\overline{T}$ は時間の大きいほうから演算子を右から並べる**逆時間順序**を表す．式 (5.1) を見ると時刻 t における**物理量**は，系が t_0 から t までハミルトニアン演算子 $\hat{H}$ で時間発展した後演算子 $\hat{O}$ が作用し，その後時間を逆に進んで t_0 まで戻り，最後に t_0 から $t = t_0 - i\hbar\beta$ まで $\hat{H}_0$ で虚時間方向に時間発展した期待値として表されている．経路の右端が観測時刻 t で終わってしまうと不便なので，右端は $t = \infty$ (t_∞ と表す) まで延長してしまおう．こうしても，t から t_∞ までの往復分の時間発展は

$$[U(t_\infty, t)]^\dagger U(t_\infty, t) = 1 \tag{5.2}$$

により打ち消してしまうので期待値の値は変わらない．こうして得られた物理量の期待値を表す時間の経路は，t_0 から t_∞ までの経路 $C_\rightarrow$，逆に t_∞ から t_0 まで戻る経路 $C_\leftarrow$ および $t_0 - i\hbar\beta$ までの虚時間方向への経路 C_β を合わせた $C \equiv C_\rightarrow + C_\leftarrow + C_\beta$ となっている．図で表すと**図 5–1** である．この全経路上の順序付けを T_C と表すと，物理量の期待値は

$$\overline{O}(t) = \frac{1}{Z}\mathrm{tr}\left[T_C e^{-\frac{i}{\hbar}\int_C dt \hat{H}(t)}\hat{O}\right] \tag{5.3}$$

と簡潔に表すことができる．ここで，演算子 $\hat{O}$ は $C_\rightarrow$ と $C_\leftarrow$ のどちらの上に存在していても期待値は変わらないことは式 (5.2) により保証されている．

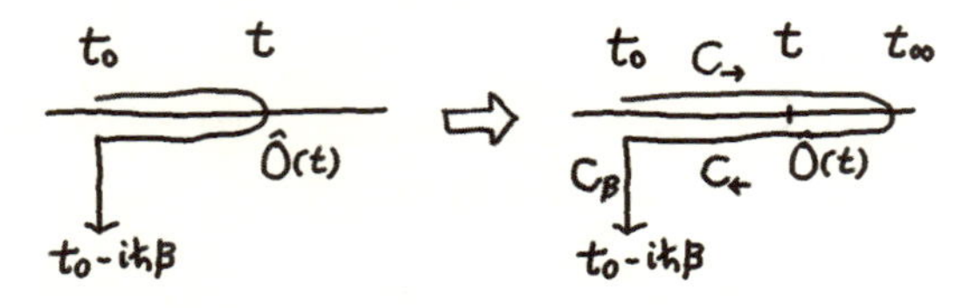

図 5–1

4.2.4 節では量子統計物理の分配関数の計算を虚時間での時間発展を追う形に表したが，物理量の各時刻での値を与える表式も同様に，実時間を往復する経路と虚時間の経路を合わせた経路 C に沿った時間発展として表すことができることを式 (5.3) は示している．これにより，物理量の摂動展開もこの経路に沿ったグリーン関数を導入することで，4.2.3 節でみた分配関数の虚時間グリーン関数による摂動展開と同じ形に書き下すことができる．このためには式 (5.1) において相互作用 $\hat{V}$ を $\hat{H}_0$ と分離した形に表す必要がある．そこで時間発展演算子 $\hat{U}$ を式 (4.60) と同様に $\hat{H}_0$ によって時間発展する自由な部分 $\hat{U}_0$ と相互作用部分に分け

$$\hat{U}(t-t_0) = \hat{U}_0(t-t_0)T[e^{-\frac{i}{\hbar}\int_{t_0}^{t} dt\widetilde{V}(t)}]$$

と表す．$\hat{U}_0(t-t_0) \equiv e^{-\frac{i}{\hbar}\hat{H}_0(t-t_0)}$ および $\widetilde{V}(t) \equiv [\hat{U}_0(t-t_0)]^{-1}\hat{V}\hat{U}_0(t-t_0)$ である．この定義と

$$\widetilde{O}(t) \equiv [\hat{U}_0(t-t_0)]^{-1}\hat{O}\hat{U}_0(t-t_0)$$

を用いると式 (5.1) は

$$\overline{O}(t) = \frac{1}{Z}\mathrm{tr}\left[e^{-\beta\hat{H}_0}\overline{T}[e^{\frac{i}{\hbar}\int_{t_0}^{t} dt\widetilde{V}(t)}]\widetilde{O}(t)T[e^{-\frac{i}{\hbar}\int_{t_0}^{t} dt\widetilde{V}(t)}]\right] \tag{5.4}$$

と表される．これはいわゆる**相互作用表示**である．この式を $\widetilde{V}$ について摂動展開すれば

$$\begin{aligned}\overline{O}(t) &= \frac{1}{Z}\mathrm{tr}\left[T_C e^{-\frac{i}{\hbar}\int_C dt\widetilde{V}(t)}\widetilde{O}(t)\right] \\ &= \frac{1}{Z}\sum_{n=0}^{\infty}\left(-\frac{i}{\hbar}\right)^n\left[\prod_{i=1}^{n}\int_C dt_i\right]\mathrm{tr}\left[T_C\widetilde{V}(t_1)\widetilde{V}(t_2)\cdots\widetilde{V}(t_n)\widetilde{O}(t)\right]\end{aligned} \tag{5.5}$$

となり，式 (4.58)，(4.61) と同様に，経路 C 上の時刻 t_C と t'_C をつなぐグリーン関数

$$G^c(t_C, t'_C) \equiv -\frac{i}{\hbar Z}\mathrm{tr}\left[T_C e^{-\frac{i}{\hbar}\int_C dt\hat{H}(t)}\hat{c}(t_C)\hat{c}^\dagger(t'_C)\right] \tag{5.6}$$

を導入して整理することができる．ここで T_C は経路 C 上での順序に従って演算子を並べてゆく**経路順序積**を表す (本来物理量の期待値の計算に必要なグリーン関数は演算子が $C_{\rightleftarrows}$ 上にあるものだけであるが，表記の簡略化のため $C_{\rightleftarrows}$ の代わ

りに記号 C で時間順序と経路上の時刻を表す)．このグリーン関数は，熱平衡状態から始まりそこからずれてゆく時間発展を原理的には追えるので，**非平衡グリーン関数**とよばれる*1．この経路順序を実の時刻で具体的に表してみると，時間を往復する経路の寄与は消えることを再度使って

$$G^c(t_C, t'_C) = -\frac{i}{\hbar Z}\mathrm{tr}\left[\theta(t_C - t'_C)c_H(t)c_H^\dagger(t') - \theta(t'_C - t_C)c_H^\dagger(t')c_H(t)\right] \quad (5.7)$$

とも表すことができる．ここで t, t' はそれぞれ t_C, t'_C を実時刻に戻した時刻である．この形からわかるように経路上のグリーン関数も普通の実時間のグリーン関数と同じく通常のハイゼンベルク表示の演算子の期待値に経路上の順序付けをした形にすぎない．t_C もしくは t'_C が $C_\leftarrow$ 側にある場合には順序付けが逆時間順序になることには注意が必要である．

ところで，式 (5.3) と (5.6) から明らかなように，観測量が $\hat{O} = \sum_{\alpha\beta} \hat{c}_\alpha \mathcal{O}_{\alpha\beta} \hat{c}_\beta$ のように場の2次で表されている場合 (ここで α, β は場の成分を総称した添字．例えばスピンの添字などである)，観測量自体も一種のグリーン関数である:

$$\overline{O}(t) = -i\hbar \mathrm{tr}\left[\mathcal{O}G(t_C, t_C + 0)\right] \quad (5.8)$$

ここで t_C は時刻 t に対応する経路上の時刻で，例によってこれは $C_\rightarrow$ と $C_\leftarrow$ のいずれにあるとしても構わない．$t_C + 0$ は経路上で t_C の直後の時刻を表す．そこで物理量を計算するという我々の目的には，経路上のグリーン関数を摂動で計算する公式を求めれば十分である．相互作用表示を用いると

$$\begin{aligned}
G^c(t_C, t'_C) &= -\frac{i}{\hbar Z}\mathrm{tr}\left[e^{-\beta \hat{H}_0} T_C e^{-\frac{i}{\hbar}\int_C dt \widetilde{V}(t)} \tilde{c}(t_C)\tilde{c}^\dagger(t'_C)\right] \\
&= \frac{1}{\hbar Z}\sum_{n=0}^{\infty}\left(-\frac{i}{\hbar}\right)^n \left[\prod_{i=1}^{n}\int_C dt_i\right] \\
&\quad \times \mathrm{tr}\left[e^{-\beta \hat{H}_0} T_C \widetilde{V}(t_1)\widetilde{V}(t_2)\cdots\widetilde{V}(t_n)\tilde{c}(t_C)\tilde{c}^\dagger(t'_C)\right]
\end{aligned}$$

である．ここで相互作用も場の2次であり $\hat{V} = \sum_{\alpha\beta} \hat{c}_\alpha \mathcal{V}_{\alpha\beta} \hat{c}_\beta$ と表されている場合を考える．この場合には

*1　非平衡グリーン関数という名称は，非平衡量子統計物理を完全に記述できる手法であるという誤解を招き得るものではあるが，ここでは慣例に従いこの名称でよぶ．また，**Kedysh グリーン関数**とよばれることもあるが，こちらは，定義が本書のものと少し異なるものを指す (Rammer and Smith [1])．

$$G^c{}_{\alpha,\beta}(t_C, t'_C) = \sum_{n=0}^{\infty}\left(-\frac{i}{\hbar}\right)^n\left[\prod_{i=1}^{n}\int_C dt_i\right]$$
$$[G^c(t_C, t_1)\mathcal{V}(t_1)G^c(t_1, t_2)\cdots\mathcal{V}(t_n)G^c(t_n, t'_C)]_{\alpha\beta} \qquad (5.9)$$

が結果となる[*2]．ここで変数 t_i は $C_{\rightarrow}$ と $C_{\leftarrow}$ の両方を走る[*3]．

式 (5.9) は摂動展開の出発点となるきれいな表式であるが，実際にこれを計算するためにはもう少し準備が必要である．この経路順序積においては一方向への時間発展とは異なった扱いが必要となるからである．経路上の時刻 t_C と t'_C の両方が t_0 から t_∞ までの経路 ($C_{\rightarrow}$) 上にあるときは，非平衡グリーン関数 (5.6) は実時間上での**時間順序グリーン関数** $G^{\mathrm{t}}(t, t')$ になる．ここで t と t' は経路上の時刻 t_C と t'_C を実の時刻に読み替えたものである．一方，t_C と t'_C の両方が t_∞ から t_0 まで戻る経路 ($C_{\leftarrow}$) 上にあるときは**逆時間順序グリーン関数** $G^{\bar{\mathrm{t}}}(t, t')$ になる．つまり

$$G^c(t_C \in C_{\rightarrow}, t'_C \in C_{\rightarrow}) = -\frac{i}{\hbar}\left\langle Tc_H(t)c_H^{\dagger}(t')\right\rangle \equiv G^{\mathrm{t}}(t, t')$$
$$G^c(t_C \in C_{\leftarrow}, t'_C \in C_{\leftarrow}) = -\frac{i}{\hbar}\left\langle \overline{T}c_H(t)c_H^{\dagger}(t')\right\rangle \equiv G^{\bar{\mathrm{t}}}(t, t') \qquad (5.10)$$

である．さらに，$C_{\rightarrow}$ と $C_{\leftarrow}$ をまたぐ場合は，t_C と t'_C の値によらずグリーン関数内の演算子の順序は固定される．$t_C \in C_{\rightarrow}$ で $t'_C \in C_{\leftarrow}$ の場合には

$$G^c(t_C \in C_{\rightarrow}, t'_C \in C_{\leftarrow}) = \frac{i}{\hbar}\left\langle c_H^{\dagger}(t')c_H(t)\right\rangle \equiv G^{<}(t, t') \qquad (5.11)$$

逆の場合は

$$G^c(t_C \in C_{\leftarrow}, t'_C \in C_{\rightarrow}) = -\frac{i}{\hbar}\left\langle c_H(t)c_H^{\dagger}(t')\right\rangle \equiv G^{>}(t, t') \qquad (5.12)$$

---

*2 ただし，ここでは 1 つの仮定をしている．元々はトレースの左端のみにあった十分昔の過去の熱平衡状態を表すボルツマン因子 $e^{-\beta\hat{H}_0}$ であるが，式 (5.9) ではそれぞれのグリーン関数の中にもボルツマン因子に関しての平均が入ってきてしまっている．これは近似であり，相互作用 V による散乱が十分に時間的に希薄におきており，1 つの散乱の後，次の散乱までの間に自由なハミルトニアン $\hat{H}_0$ により時間発展している間に，$\hat{H}_0$ で決まる熱平衡状態に十分に近づいていることを暗に仮定している．

*3 もとの期待値の表式 (5.1)，(5.4) では，観測量 $\hat{O}$ より右側 (後の時間) には何の演算子も存在しないのに，摂動の表式 (5.5) ではそこにも相互作用項 $\widetilde{V}$ が入ってくるのは一見奇妙に思えるが，式 (5.2) によりそれらの寄与は消えることは保証されている．

となる．$<$ と $>$ の添字はそれぞれ $t_C < t'_C$ および $t_C > t'_C$ であることからきており，それぞれ **lesser グリーン関数**，**greater グリーン関数**とよばれている．これら4つのグリーン関数は独立ではない．というのは時間順序グリーン関数は定義により

$$G^{\mathrm{t}}(t,t') = \theta(t-t')G^{>}(t,t') + \theta(t'-t)G^{<}(t,t')$$

と表されるからである．このため時刻の大小により

$$\begin{aligned} G^{\mathrm{t}}(t<t',t') &= \frac{i}{\hbar}\left\langle c_H^{\dagger}(t')c_H(t)\right\rangle = G^{<}(t,t'), \\ G^{\mathrm{t}}(t>t',t') &= -\frac{i}{\hbar}\left\langle c_H(t)c_H^{\dagger}(t')\right\rangle = G^{>}(t,t') \end{aligned}$$

でもある (**図 5–2**)．このことは，例えば $G^{<}(t,t')$ の時刻 t' は経路では $C_{\leftarrow}$ 上にあるが，これを $C_{\rightarrow}$ 上にあると見ても実時間の意味で $t<t'$ であるならばグリーン関数の値は変わらないことの現れで，これもまた式 (5.2) により，行って戻る経路の寄与は打ち消すからである．そうであっても，$G^{<}$ と $G^{>}$ を導入しておくことは後々便利である．例えば式 (5.8) で与えられる場の2次の物理量は

$$\overline{O}(t) = -i\hbar \mathrm{tr}\left[\mathcal{O}G^{<}(t,t)\right] \tag{5.13}$$

と lesser グリーン関数の同時刻成分から計算される*4．

---

*4　なお，時間順序グリーン関数は式 (5.10) の定義どおりに相互作用表示で表すと

$$\begin{aligned} G^{\mathrm{t}}(t,t') = &-\frac{i}{\hbar}\theta(t-t')\Big\langle \overline{T}[e^{-i\int_{t\infty}^{t_0} dt\widetilde{V}(t)}]T[e^{-i\int_{t}^{t\infty} dt\widetilde{V}(t)}]\tilde{c}(t) \\ &T[e^{-i\int_{t'}^{t} dt\widetilde{V}(t)}]\tilde{c}^{\dagger}(t')T[e^{-i\int_{t_0}^{t'} dt\widetilde{V}(t)}]\Big\rangle \\ &+\theta(t'-t)\ \text{項} \end{aligned}$$

となり，これを $\widetilde{V}$ で摂動展開した式には最初の因子 $\overline{T}[e^{-i\int_{t\infty}^{t_0} dt\widetilde{V}(t)}]$ のために $C_{\leftarrow}$ 上にも $\widetilde{V}$ が現れる．これは経路上で定義されたグリーン関数 G^{c} と全く同じで，本来物理量とリンクした量である限りこのことは正しい．ところが多くの書物における時間順序グリーン関数の扱いでは，時刻 t_{∞} から t_0 まで戻ることを表すこの因子を状態にたかだか位相を与えるのみと仮定し無視している (例えば Abrikosov et al. [2] sec.6)．これは戻る際の散乱により励起が起きないのであれば妥当であり，この時には時間順序グリーン関数の摂動展開は実空間の $-\infty < t < \infty$ までの区間で閉じる簡略な表現が得られる．

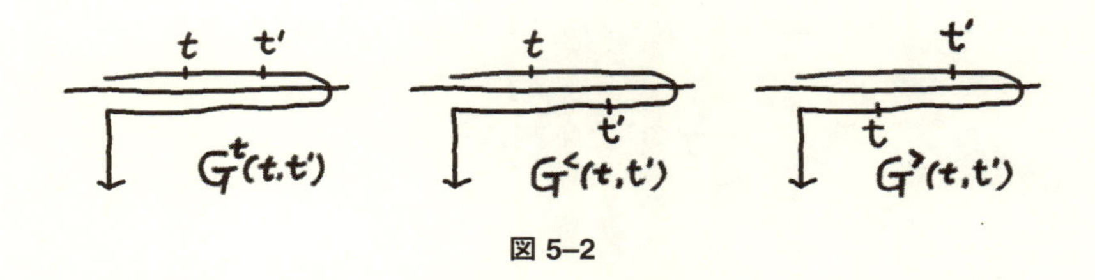

図 5–2

5.1.1 自由電子のグリーン関数

実際の計算を実行するには導入した 4 種のグリーン関数の具体型を知らねばならない．ここでハミルトニアンが $\hat{H}_0 = \int d^3r \hat{c}^\dagger \left(\frac{-\hbar^2\nabla^2}{2m} - \epsilon_{\rm F}\right)\hat{c}$ で与えられる自由電子の場合のグリーン関数を求めておこう．エネルギーはフェルミエネルギ $\epsilon_{\rm F}$ から測っている．ここでは簡単のため $t_0 = 0$ とおく．時間順序グリーン関数は

$$\tilde{c}(\boldsymbol{r}, t) \equiv U_0^\dagger(t)\hat{c}(\boldsymbol{r})U_0(t) \tag{5.14}$$

で定義される時間発展した演算子 (相互作用表示) を求めて計算できる．ここで $U_0(t) = e^{-\frac{i}{\hbar}\hat{H}_0 t}$ である．式 (5.14) を時間微分すると

$$\frac{\partial}{\partial t}\tilde{c}(\boldsymbol{r}, t) = \frac{i}{\hbar}[\hat{H}_0, \tilde{c}(\boldsymbol{r}, t)]$$

である．一般の演算子 A, B, C に対して成立する $[AB, C] = A\{B, C\} - \{A, C\}B$ を用いれば $\tilde{c}(\boldsymbol{r}, t)$ の満たす微分方程式

$$\left(i\hbar\frac{\partial}{\partial t} + \frac{\hbar^2\nabla^2}{2m} + \epsilon_{\rm F}\right)\tilde{c}(\boldsymbol{r}, t) = 0 \tag{5.15}$$

が得られる．これを空間についてフーリエ変換すると解は

$$\tilde{c}_{\boldsymbol{k}}(t) = e^{-\frac{i}{\hbar}\epsilon_{\boldsymbol{k}} t}\hat{c}_{\boldsymbol{k}}$$

と求まる．ここで $\epsilon_{\boldsymbol{k}} \equiv \frac{\hbar^2 k^2}{2m} - \epsilon_{\rm F}$ で，また $\tilde{c}_{\boldsymbol{k}}(t = 0) = \hat{c}_{\boldsymbol{k}}$ を用いた．この結果から自由電子の時間順序グリーン関数を波数表示したものは (自由なグリーン関数を小文字の g で表すことにする)

$$g^{\rm t}_{\boldsymbol{k}}(t - t') = -\frac{i}{\hbar}e^{-\frac{i}{\hbar}\epsilon_{\boldsymbol{k}}(t-t')}\left[\theta(t - t')\left\langle \hat{c}_{\boldsymbol{k}}\hat{c}^\dagger_{\boldsymbol{k}}\right\rangle - \theta(t' - t)\left\langle \hat{c}^\dagger_{\boldsymbol{k}}\hat{c}_{\boldsymbol{k}}\right\rangle\right]$$

となる．ここで現れた期待値は初期の熱平衡状態 $t = 0$ での粒子と反粒子の密度

であるので，時間順序グリーン関数の結果は**フェルミ分布**関数

$$f_{\boldsymbol{k}} \equiv \frac{1}{e^{\beta\epsilon_{\boldsymbol{k}}}+1}$$

を用いて

$$g^{\mathrm{t}}_{\boldsymbol{k}}(t-t') = -\frac{i}{\hbar}e^{-\frac{i}{\hbar}\epsilon_{\boldsymbol{k}}(t-t')}(\theta(t-t')(1-f_{\boldsymbol{k}})-\theta(t'-t)f_{\boldsymbol{k}}) \tag{5.16}$$

となる．

この結果はグリーン関数の満たす運動方程式を解くことでも計算することができる．式 (5.15) から得られる方程式

$$\begin{aligned}\left(i\hbar\frac{\partial}{\partial t}+\frac{\hbar^2\nabla^2}{2m}+\epsilon_{\mathrm{F}}\right)g^{\mathrm{t}}(\boldsymbol{r},t,\boldsymbol{r}',t') &= \delta(t-t')\left\langle\{\hat{c}(\boldsymbol{r},t),\hat{c}^{\dagger}(\boldsymbol{r}',t')\}\right\rangle \\ &= \delta(t-t')\delta(\boldsymbol{r}-\boldsymbol{r}') \end{aligned} \tag{5.17}$$

をフーリエ変換

$$g^{\mathrm{t}}(\boldsymbol{r},t,\boldsymbol{r}',t) = \frac{1}{V}\int\frac{d\omega}{2\pi}\sum_{\boldsymbol{k}}e^{i\boldsymbol{k}\cdot(\boldsymbol{r}-\boldsymbol{r}')}e^{-i\omega(t-t')}g^{\mathrm{t}}_{\boldsymbol{k},\omega}$$

し，解くことで

$$g^{\mathrm{t}}_{\boldsymbol{k},\omega} = \frac{1}{\hbar\omega-\epsilon_{\boldsymbol{k}}} \tag{5.18}$$

が得られる[*5]．

ただしこの式は $\hbar\omega=\epsilon_{\boldsymbol{k}}$ の極の処理が指定されておらず，このままでは ω の積分を行って得られる $g^{\mathrm{t}}(\boldsymbol{r},t,\boldsymbol{r}',t)$ は不定である．ω の極の処理はどういう**境界条件**を考えるかにより決まる．実時間発展を解いた結果，式 (5.16) によれば今のグリーン関数は $t-t'\to\infty$ で $1-f_{\boldsymbol{k}}$ に比例，$t-t'\to-\infty$ で $f_{\boldsymbol{k}}$ に比例することがわかっている．これを再現するようにするには

$$g^{\mathrm{t}}_{\boldsymbol{k},\omega} = \frac{1-f_{\boldsymbol{k}}}{\hbar\omega-\epsilon_{\boldsymbol{k}}+i0} - \frac{f_{\boldsymbol{k}}}{\hbar\omega-\epsilon_{\boldsymbol{k}}-i0} \tag{5.19}$$

---

*5　本書では $\boldsymbol{r},t$ の関数としての場の演算子 ($\hat{c}(\boldsymbol{r},t)$ など) を $\frac{1}{\sqrt{V}}$ の単位をもつよう定義，フーリエ変換を $\hat{c}(\boldsymbol{r},t)=\frac{1}{\sqrt{V}}\int\frac{d\omega}{2\pi}e^{i(\boldsymbol{k}\cdot\boldsymbol{r}-\omega t)}\hat{c}_{\boldsymbol{k}}(\omega)$ で定義する．したがって，$\hat{c}_{\boldsymbol{k}}(t)$ は無次元，$\hat{c}_{\boldsymbol{k}}(\omega)$ は t^{-1} の単位をもつ．同様にグリーン関数 $G(\boldsymbol{r},t)$ は，$\frac{1}{\hbar V}$，$G_{\boldsymbol{k}}(\omega)$ は 1/ エネルギーの単位である．

と取ればよいことがわかる．ここで $\pm i0$ は正および負の無限小の虚部を表す．これが自由な時間順序グリーン関数のフーリエ表示である．

以上の計算からわかるように

$$
\begin{aligned}
g_{\boldsymbol{k}}^{<}(t) &= ie^{-\frac{i}{\hbar}\epsilon_{\boldsymbol{k}}t} f_{\boldsymbol{k}}, \\
g_{\boldsymbol{k}}^{>}(t) &= -ie^{-\frac{i}{\hbar}\epsilon_{\boldsymbol{k}}t}(1-f_{\boldsymbol{k}})
\end{aligned}
\tag{5.20}
$$

であり，そのフーリエ変換は

$$
\begin{aligned}
g_{\boldsymbol{k},\omega}^{<} &= 2\pi i f_{\boldsymbol{k}}\delta(\hbar\omega-\epsilon_{\boldsymbol{k}}), \\
g_{\boldsymbol{k},\omega}^{>} &= -2\pi i(1-f_{\boldsymbol{k}})\delta(\hbar\omega-\epsilon_{\boldsymbol{k}})
\end{aligned}
\tag{5.21}
$$

である．式 (5.21) は次の形にも表せる．

$$
\begin{aligned}
g_{\boldsymbol{k},\omega}^{<} &= f_{\boldsymbol{k}}(g_{\boldsymbol{k},\omega}^{\mathrm{a}}-g_{\boldsymbol{k},\omega}^{\mathrm{r}}), \\
g_{\boldsymbol{k},\omega}^{>} &= -(1-f_{\boldsymbol{k}})(g_{\boldsymbol{k},\omega}^{\mathrm{a}}-g_{\boldsymbol{k},\omega}^{\mathrm{r}})
\end{aligned}
\tag{5.22}
$$

この形は自由な場合だけでなく，不純物散乱による寿命をもつ場合 (式 (5.47)) や定常状態のグリーン関数に対して成立する．なお $g^{<}$，$g^{>}$ が $\delta(\hbar\omega-\epsilon_{\boldsymbol{k}})$ の因子を含むため，これらの式でフェルミ分布関数 $f_{\boldsymbol{k}}$ を角振動数 ω で表し

$$
\begin{aligned}
g_{\boldsymbol{k},\omega}^{<} &= f(\omega)(g_{\boldsymbol{k},\omega}^{\mathrm{a}}-g_{\boldsymbol{k},\omega}^{\mathrm{r}}), \\
g_{\boldsymbol{k},\omega}^{>} &= -(1-f(\omega))(g_{\boldsymbol{k},\omega}^{\mathrm{a}}-g_{\boldsymbol{k},\omega}^{\mathrm{r}})
\end{aligned}
\tag{5.23}
$$

としても同じである．後に 5.2 節の具体例で見るように，角振動数表示は空間的に一様で時間変化する外場の元の応答を計算する際に便利で，接合系や空間変化するポテンシャルをかけた状況では分布関数を波数で指定しておいたほうが便利である．

5.1.2 物理量の計算

式 (5.9) に基づいて物理量を計算するためには，経路上で定義されたグリーン関数 G^{c} の lesser 成分 $G^{<}$ をとる操作が必要である．t_C, t'_C を実時間に読み替えたものを t, t' とすると，$G^{<}(t,t') = G^{\mathrm{c}}(t_C \in C_{\rightarrow}, t'_C \in C_{\leftarrow})$ である．このことか

ら摂動展開の $\mathcal{V}$ の1次の項の lesser 成分を計算してみよう．ここで考えるポテンシャル相互作用の場合は各グリーン関数は時刻の積分を挟んで1本のものとしてつながっている．経路 C 上の時間積分を具体的に書き下すと ($^{(1)}$ は1次を表す)

$$\begin{aligned} G^{<(1)}(t,t') &= G^{c(1)}(t_C \in C_\rightarrow, t'_C \in C_\leftarrow) \\ &= \int_{C_\rightarrow} dt_{C1} G^c(t_C, t_{C1}) \mathcal{V}(t_1) G^c(t_{C1}, t'_C) \\ &\quad + \int_{C_\leftarrow} dt_{C1} G^c(t_C, t_{C1}) \mathcal{V}(t_1) G^c(t_{C1}, t'_C) \end{aligned} \tag{5.24}$$

である．経路上の時間順序を考慮して実時間のグリーン関数に置き換えれば

$$\begin{aligned} G^{<(1)}(t,t') = &\int_{C_\rightarrow} dt_{C1} G^{\mathrm{t}}(t_C, t_{C1}) \mathcal{V}(t_1) G^<(t_{C1}, t'_C) \\ &+ \int_{C_\leftarrow} dt_{C1} G^<(t_C, t_{C1}) \mathcal{V}(t_1) G^{\bar{\mathrm{t}}}(t_{C1}, t'_C) \\ = &\int_{-\infty}^{\infty} dt_1 \left[G^{\mathrm{t}}(t,t_1) \mathcal{V}(t_1) G^<(t_1,t') - G^<(t,t_1) \mathcal{V}(t_1) G^{\bar{\mathrm{t}}}(t_1,t') \right] \end{aligned} \tag{5.25}$$

という関係が得られる．ここで

$$G^{\mathrm{t}}(t,t') = G^{\mathrm{r}}(t,t') + G^<(t,t'), \tag{5.26}$$

$$G^{\bar{\mathrm{t}}}(t,t') = -G^{\mathrm{a}}(t,t') + G^<(t,t') \tag{5.27}$$

という恒等式を用いると

$$\begin{aligned} \left[\int_C dt_{C1} G^c(t_C, t_{C1}) \mathcal{V}(t_1) G^c(t_{C1}, t'_C) \right]^< = &\int_{-\infty}^{\infty} dt_1 \left[G^{\mathrm{r}}(t,t_1) \mathcal{V}(t_1) G^<(t_1,t') \right. \\ &\left. + G^<(t,t_1) \mathcal{V}(t_1) G^{\mathrm{a}}(t_1,t') \right] \end{aligned} \tag{5.28}$$

という，積の lesser 成分を r, a, $<$ の各成分に分解する公式が得られる．式 (5.28) を簡単に

$$[G^c G^c]^< = G^{\mathrm{r}} G^< + G^< G^{\mathrm{a}} \tag{5.29}$$

と表記することにしよう．retarded および advanced 成分については

$$[G^c G^c]^{\mathrm{a}} = G^{\mathrm{a}} G^{\mathrm{a}},$$
$$[G^c G^c]^{\mathrm{r}} = G^{\mathrm{r}} G^{\mathrm{r}} \tag{5.30}$$

であることも確認できる．これらの関係がグリーン関数の積の lesser 成分の評価に使われる重要な公式で，**Langreth の定理**ともよばれる．式 (5.29) からわかるように，物理量は一般にグリーン関数の retarded と advanced 成分のいずれかのみを含む寄与と両方を含む寄与からなる．式 (5.29) で角振動数が ω と $\omega+\Omega$ をもつ 2 つの自由グリーン関数の場合を式 (5.23) を用いて具体的に書いてみると

$$\begin{aligned}[g^c_\omega g^c_{\omega+\Omega}]^< &= g^{\mathrm{r}}_\omega g^<_{\omega+\Omega} + g^<_\omega g^{\mathrm{a}}_{\omega+\Omega} \\ &= [f(\omega+\Omega)-f(\omega)]g^{\mathrm{r}}_\omega g^{\mathrm{a}}_{\omega+\Omega} + f(\omega)g^{\mathrm{a}}_\omega g^{\mathrm{a}}_{\omega+\Omega} - f(\omega+\Omega)g^{\mathrm{r}}_\omega g^{\mathrm{r}}_{\omega+\Omega}\end{aligned} \tag{5.31}$$

となっている．この形は振動数 Ω をもった外場に対する線形応答を計算する際によく現れるが，その状況では右辺の 1 項めは外場により引き起こされた電子励起過程を表す．実際この項は角振動数 ω の状態に電子が存在し $\omega+\Omega$ の状態が空いているかその逆の場合に有限になる．つまりこの寄与はフェルミ面近傍での電子励起によるものである．これは **Fermi surface** の寄与とよばれる．これに対して式 (5.31) の最後の 2 項はエネルギー 0 から ϵ_{F} までのすべての電子が寄与するため **Fermi sea** の寄与とよばれる．Fermi surface の寄与は多くの低エネルギー輸送現象で主要項であるが，Fermi sea の寄与は微妙な問題において不可欠であることが熱輸送現象などで知られている．

高次の摂動項で多くのグリーン関数を含む場合にはこれらの分解公式を順次適用すればよい．例えば 3 つのグリーン関数の積の lesser 成分は

$$[G^c G^c G^c]^< = G^{\mathrm{r}}[G^c G^c]^< + G^<[G^c G^c]^{\mathrm{a}} = G^{\mathrm{r}} G^{\mathrm{r}} G^< + G^{\mathrm{r}} G^< G^{\mathrm{a}} + G^< G^{\mathrm{a}} G^{\mathrm{a}}$$

と分解される．

ここまでは場のグリーン関数が 1 本で表されるファインマン図を想定した．1 つの時空点から別の時空点に伝搬する場のグリーン関数は常に 1 つで，電子のポテンシャル散乱 (例えば**図 5–3**(左)) や古典的なゲージ場との相互作用はこの範囲内である．しかし真に多体の場合，例えばスピン波などの別自由度との相互作用を考える際には，ある時空点から電子とスピン波の 2 つのグリーン関数が伝搬す

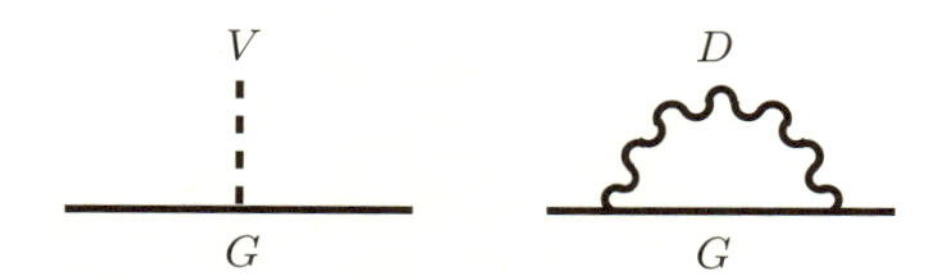

図 5–3　(左)：ポテンシャル V による電子の散乱を表すファインマン図．電子のグリーン関数 G は 1 本でつながってゆく．(右)：別自由度との相互作用による自己エネルギーの例．電子のグリーン関数と波線で表される他自由度のグリーン関数 D が同時空点をつなぐ．

ることがあり (図 5–3(右))，この場合は摂動の分解公式は修正される．具体例で考えてみよう．スピン波による電子の自己エネルギーの寄与として，スピン波のグリーン関数を D として $D^c(t-t')G^c(t-t')$ のような量が現れるが，これを実時間に落とした各成分は

$$
\begin{aligned}
[G^c(t-t')D^c(t-t')]^< &= G^<(t-t')D^<(t-t'),\\
[G^c(t-t')D^c(t-t')]^{\mathrm{a}} &= G^{\mathrm{a}}(t-t')D^<(t-t') + G^>(t-t')D^{\mathrm{a}}(t-t')\\
&= G^{\mathrm{a}}(t-t')D^>(t-t') + G^<(t-t')D^{\mathrm{a}}(t-t'),\\
[G^c(t-t')D^c(t-t')]^{\mathrm{r}} &= G^{\mathrm{r}}(t-t')D^<(t-t') + G^>(t-t')D^{\mathrm{r}}(t-t')\\
&= G^{\mathrm{r}}(t-t')D^>(t-t') + G^<(t-t')D^{\mathrm{r}}(t-t')
\end{aligned}
\tag{5.32}
$$

となる．

相互作用を扱うより一般的な処方箋は次のようになる．計算したい物理量 O が電子の演算子の 2 次であるとすると，同一時空点をつなぐグリーン関数で

$$
O(\boldsymbol{r},t) = -i\hbar \mathrm{tr}[OG^<(\boldsymbol{r},t,\boldsymbol{r},t)] \tag{5.33}
$$

の形に表せる．$G^<$ を計算するために経路上のグリーン関数に G 相互作用を必要なだけ取り込む．G の満たすダイソン方程式は一般に**自己エネルギー** Σ を用いて

$$
G = g + g\Sigma G \tag{5.34}
$$

表すことができる．式 (5.34) を G について逐次解くと Σ を繰り返した過程は取り込まれるので，自己エネルギーは完結した素過程で繰り返しを含まないものの

みを考慮する (例えば**図 5–4** のようなもの)．式 (5.34) は 1 本線でつながっているので，この lesser 成分は分解公式 (5.29) により取ることができ

$$G^{<} = g^{<} + g^{\mathrm{r}}\Sigma^{\mathrm{r}}G^{<} + g^{\mathrm{r}}\Sigma^{<}G^{\mathrm{a}} + g^{<}\Sigma^{\mathrm{a}}G^{\mathrm{a}} \tag{5.35}$$

となる．この式を相互作用を逐次必要な次数まで入れて解き同じ時空点での値を式 (5.33) により評価すれば物理量が得られる．同時空点の期待値にすることはファインマン図では両端を閉じた図 (**図 5–5**(右)) で表される．

図 5–4 自己エネルギーの例．

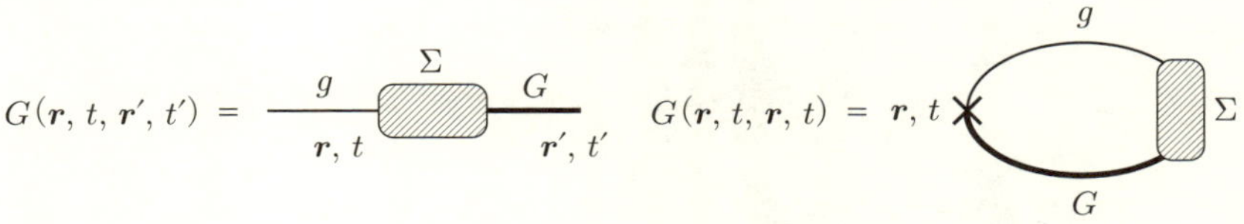

$G(\boldsymbol{r}, t, \boldsymbol{r}', t') =$ g Σ G $\boldsymbol{r}, t$ $\boldsymbol{r}', t'$ $G(\boldsymbol{r}, t, \boldsymbol{r}, t) =$ $\boldsymbol{r}, t$ g Σ G

図 5–5 グリーン関数の自己エネルギー Σ を用いたダイソン方程式表現．細い実線は自由なグリーン関数 g，太い実線は相互作用をフルに取り込んだグリーン関数 G を表す．(左) は異なる時空点 $\boldsymbol{r}, t$ と $\boldsymbol{r}', t'$ をつなぐ一般のグリーン関数で，(右) は局所的な物理量に現れる同時空点 $\boldsymbol{r}, t$ を結ぶ閉じた図．

式 (5.35) は形式的には $G^{<}$ について解いた形にすることもできる．まず

$$(1 - g^{\mathrm{r}}\Sigma^{\mathrm{r}})G^{<} = g^{<}(1 + \Sigma^{\mathrm{a}}G^{\mathrm{a}}) + g^{\mathrm{r}}\Sigma^{<}G^{\mathrm{a}} \tag{5.36}$$

と変形する．式 (5.34) と分解公式 (5.30) により G^{a} と G^{r} は方程式

$$G^{\mathrm{a}} = g^{\mathrm{a}} + g^{\mathrm{a}}\Sigma^{\mathrm{a}}G^{\mathrm{a}} = g^{\mathrm{a}} + G^{\mathrm{a}}\Sigma^{\mathrm{a}}g^{\mathrm{a}} \tag{5.37}$$

を満たす (retarded も同様) ので形式的には解は

$$G^{\mathrm{a}} = g^{\mathrm{a}}\frac{1}{1 - \Sigma^{\mathrm{a}}g^{\mathrm{a}}} = \frac{1}{1 - g^{\mathrm{a}}\Sigma^{\mathrm{a}}}g^{\mathrm{a}} \tag{5.38}$$

と表せる．これにより式 (5.36) は

$$G^< = \frac{1}{1-g^{\rm r}\Sigma^{\rm r}} g^< \frac{1}{1-\Sigma^{\rm a} g^{\rm a}} + G^{\rm r}\Sigma^< G^{\rm a}$$
$$= (1+G^{\rm r}\Sigma^{\rm r}) g^< (1+\Sigma^{\rm a} G^{\rm a}) + G^{\rm r}\Sigma^< G^{\rm a} \tag{5.39}$$

となる．ここで $1+\Sigma^{\rm a}G^{\rm a} = \frac{1}{1-\Sigma^{\rm a}g^{\rm a}}$ を用いた．$G^{\rm r}$ と $G^{\rm a}$ は式 (5.38) により求まっているので，$G^<$ の解もこの式により形式的には与えられることになる．さらに，式 (5.38) 右辺第 1 項目は多くの状況では 0 になり，より簡潔な結果

$$G^< = G^{\rm r}\Sigma^< G^{\rm a} \tag{5.40}$$

になる [3]．というのは，式 (5.37) を使えばこの項は $G^{\rm r}(g^{\rm r})^{-1}g^<(g^{\rm a})^{-1}G^{\rm a}$ であり，$(g^{\rm r})^{-1} = i\hbar\partial_t + \frac{\hbar^2\nabla^2}{2m}$，および式 (5.21) を用いると $(g^{\rm r})^{-1}g^<(t-t', \boldsymbol{r}-\boldsymbol{r}')$ をフーリエ成分で表したものは $(\hbar\omega-\epsilon_{\boldsymbol{k}})\delta(\hbar\omega-\epsilon_{\boldsymbol{k}}) = 0$ に比例するからである．ただし寄与が消えるためには $G^{\rm r}$, $G^{\rm a}$ が発散していない必要がある．またこの議論はあくまでも $G^{\rm r}$, $G^{\rm a}$ と $G^<$ の完全な解を求めるとしたときの話であって，摂動的に考える際には当然ながら式 (5.39) の全体を展開しなければならない．

5.1.3　不純物散乱による寿命

形式的には解けた式 (5.38)，(5.39) を用いた例として，不純物による電子散乱による弾性散乱の**寿命**の計算をしておこう．簡単なモデルとして空間について局所的 (δ 関数型) ポテンシャル

$$V_{\rm i}(\boldsymbol{r}) = v_{\rm i} a^3 \sum_{i=1}^{N_{\rm i}} \delta(\boldsymbol{r}-\boldsymbol{R}_i) \tag{5.41}$$

を考える (**図 5–6**)．ここで $v_{\rm i}$ はポテンシャルの強度，$N_{\rm i}$ は不純物の総数，$\boldsymbol{R}_i$ は i 番めの不純物のある座標を表す．不純物の位置については後でランダム平均を取る．これによる散乱を表すハミルトニアンは

$$H_{\rm imp} = \int d^3r V_{\rm i} c^\dagger c = \frac{v_{\rm i}}{N} \sum_{\boldsymbol{k}\boldsymbol{k}',i} e^{i(\boldsymbol{k}-\boldsymbol{k}')\cdot\boldsymbol{R}_i} c^\dagger_{\boldsymbol{k}'} c_{\boldsymbol{k}}$$

である．ここで $N \equiv V/a^3$ は全格子点数である．この散乱により電子の波数は任意の変化をするため系の運動量は保存されていない．一方で現実の系には巨視的

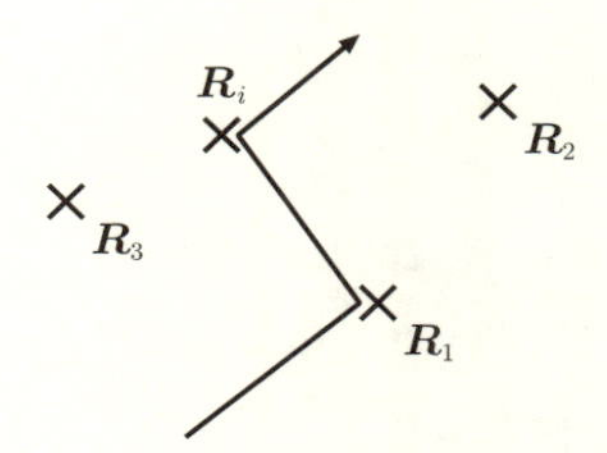

図 5–6　ランダムな位置 $\boldsymbol{R}_i$ にある点状散乱体による不純物散乱のモデル．

な数の不純物が存在しているため平均としては全系で電子の運動量は保存されていると見てよい[*6]．このことを計算において取り入れるには不純物の数 $N_{\rm i}$ が大きく，またその位置 $\boldsymbol{R}_i$ はランダムであるとして平均を取ればよい．ランダムな位置に関しての平均は，複素数 $e^{i\boldsymbol{q}\cdot\boldsymbol{R}_i}$ で $\boldsymbol{R}_i$ について多数の平均を取ることで

$$\frac{1}{N}\sum_i e^{i\boldsymbol{q}\cdot\boldsymbol{R}_i} = 0\ (\boldsymbol{q}\neq 0)$$

$$\frac{1}{N}\sum_{ij} e^{i\boldsymbol{q}\cdot\boldsymbol{R}_i} e^{i\boldsymbol{q}'\cdot\boldsymbol{R}_j} = \frac{1}{N}\sum_i e^{i(\boldsymbol{q}+\boldsymbol{q}')\cdot\boldsymbol{R}_i} = n_{\rm i}\delta_{\boldsymbol{q}+\boldsymbol{q}'} \tag{5.42}$$

となる．ここで $n_{\rm i} \equiv \frac{N_{\rm i}}{N}$ は不純物濃度である．2 つめの式では $\boldsymbol{R}_i = \boldsymbol{R}_j$ という同一点からの寄与のみが有限に残り得ることを用いた．式 (5.42) の δ 関数の因子のおかげで，この平均操作の後は電子系の全運動量は保存されている (**図 5–7**)．

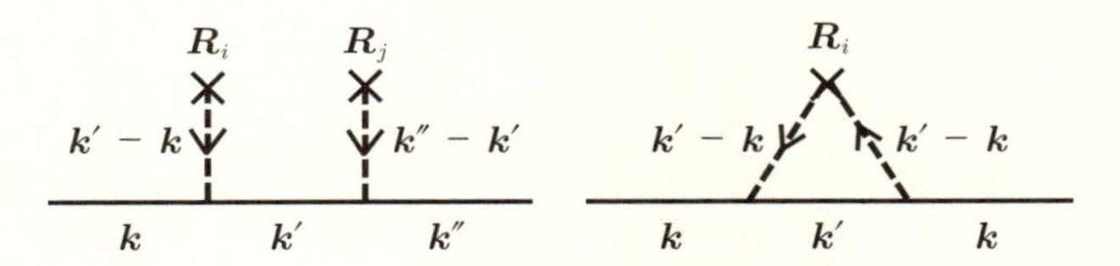

図 5–7　(左)：不純物 (× で示す) による散乱は，電子に対して波数変化を起こすため並進対称性を破る．(右)：不純物の位置 $\boldsymbol{R}_i$ についてのランダム平均の後は，電子の波数が保存され並進対称性が回復する．

このポテンシャル散乱の 2 次の過程から生じる電子に対する自己エネルギーを計算してみよう (i は impurity の略)．advanced 成分は

---

*6　もしそうでなければ，固定された不純物のもとで自発的に電流が発生することになる．

$$\Sigma_{\mathrm{i}}^{\mathrm{a}}(\boldsymbol{k},\omega)=\frac{n_{\mathrm{i}}(v_{\mathrm{i}})^2}{N}\sum_{\boldsymbol{k}'}g^{\mathrm{a}}_{\boldsymbol{k}',\omega}$$

である．上式に現れたような波数の和 $\sum_{\boldsymbol{k}}$ は積分 $V\int\frac{d^3k}{(2\pi)^3}$ に置き換えて以下のように実行する．まず等方的として角度積分を実行し，残った k 積分をエネルギー $\epsilon\equiv\frac{\hbar^2k^2}{2m}-\epsilon_{\mathrm{F}}$ を用いて書き換えると

$$\frac{1}{V}\sum_{\boldsymbol{k}}=\int d\epsilon\nu(\epsilon) \tag{5.43}$$

となる．ここで

$$\nu(\epsilon)\equiv\frac{mk(\epsilon)}{2\pi^2\hbar^2} \tag{5.44}$$

は単位体積あたりの電子の**状態密度**でエネルギーと体積の積の逆数の単位をもつ $(k(\epsilon)\equiv\sqrt{2m\epsilon}/\hbar)$．これを用いると自己エネルギーの波数和は

$$\frac{1}{V}\sum_{\boldsymbol{k}}g^{\mathrm{a}}_{\boldsymbol{k},\omega}=\int d\epsilon\frac{\nu(\epsilon)}{\hbar\omega-\epsilon-i0} \tag{5.45}$$

である．ここで自己エネルギーの虚部のみに注目して計算を進める．実部はエネルギーのシフトでありフェルミエネルギーに繰り込むことができるからである[*7]．$\mathrm{Im}\left[\frac{1}{\hbar\omega-\epsilon-i0}\right]=\pi\delta(\hbar\omega-\epsilon)$ を使い，さらに角振動数はフェルミエネルギーを基準に考えているので (式 (5.17)，(5.77) などを参照) 0 と近似して

$$\Sigma_{\mathrm{i}}^{\mathrm{a}}(\boldsymbol{k},\omega)=i\pi\nu n_{\mathrm{i}}(v_{\mathrm{i}})^2a^3$$

が得られる．ここで $\nu\equiv\nu(0)$ はフェルミエネルギーでの状態密度である．解 (5.38) を用いると，不純物散乱を 2 次の自己エネルギーとして考慮し，これを無限次まで取り込んだ advanced グリーン関数は

$$G^{\mathrm{a}}(\boldsymbol{k},\omega)=\frac{1}{\omega-\epsilon_{\boldsymbol{k}}-\frac{i}{2\tau_{\mathrm{e}}}}$$
$$G^{\mathrm{r}}(\boldsymbol{k},\omega)=\frac{1}{\omega-\epsilon_{\boldsymbol{k}}+\frac{i}{2\tau_{\mathrm{e}}}} \tag{5.46}$$

[*7] 実は式 (5.45) の実部は発散しているが，それも気にしないことにする．

であることがわかる．ここで

$$\tau_{\rm e} \equiv \left[\frac{2\pi\nu n_{\rm i}(v_{\rm i})^2 a^3}{\hbar N}\right]^{-1}$$

は不純物散乱による電子の弾性散乱の寿命である．式 (5.46) の結果によれば，電子のエネルギー $\epsilon_{\boldsymbol{k}}$ は不純物散乱の結果虚部をもち retarded 成分に対しては $\epsilon_{\boldsymbol{k}} + \frac{i}{2\tau_{\rm e}}$ となる．エネルギー ϵ をもつ状態の時間発展は $e^{-i\epsilon t}$ であるから，虚部の出現は状態が $e^{-t/(2\tau_{\rm e})}$ に比例して緩和することを意味する．緩和率はこの因子の 2 乗で決まるので，$\tau_{\rm e}$ が緩和時間という意味をもつ．この緩和は波数 $\boldsymbol{k}$ をもつ状態が不純物散乱により別の波数の状態に変化することを表している．この散乱時間の間に電子は平均で

$$l_{\rm e} \equiv \frac{\hbar k_{\rm F}}{m}\tau_{\rm e}$$

の距離を進む．これを**平均自由工程**とよぶ．金属が金属であるためにはエネルギーのぼけ $\frac{1}{2\tau_{\rm e}}$ がエネルギーに対して小さい，つまり

$$\frac{\epsilon_{\rm F}\tau_{\rm e}}{\hbar} \gg 1 \qquad \text{または} \quad k_{\rm F} l_{\rm e} \ll 1$$

である必要がある．これら 2 つの関係式は $l_{\rm e}k_{\rm F} = \frac{2\epsilon_{\rm F}\tau_{\rm e}}{\hbar}$ のため同等である．

さて，不純物散乱による 2 次の自己エネルギーの lesser 成分は

$$\Sigma_{\rm i}^{<}(\boldsymbol{k},\omega) = \frac{n_{\rm i}(v_{\rm i})^2}{N}\sum_{\boldsymbol{k}'} g_{\boldsymbol{k}',\omega}^{<} = i\frac{f(\omega)}{\tau_{\rm e}}$$

である．ただし $g_{\boldsymbol{k}',\omega}^{<} = 2\pi i f(\omega)\delta(\omega-\epsilon_{\boldsymbol{k}})$ を用いた．式 (5.40) を用いると今の近似の範囲での lesser グリーン関数として

$$G^{<}(\boldsymbol{k},\omega) = \frac{i\frac{f(\omega)}{\tau_{\rm e}}}{(\omega-\epsilon_{\boldsymbol{k}})^2 + \left(\frac{1}{2\tau_{\rm e}}\right)^2} = f(\omega)(G^{\rm a} - G^{\rm r}) \tag{5.47}$$

が得られる．この関係は今の不純物が角振動数を運ばない (静的) ものであるために成り立っている．

グリーン関数に対する不純物散乱の効果を 4 次で考えると，**図 5–8** がある．左図は 2 次の自己エネルギーを考慮した式 (5.46)，(5.47) に取り込まれているが，

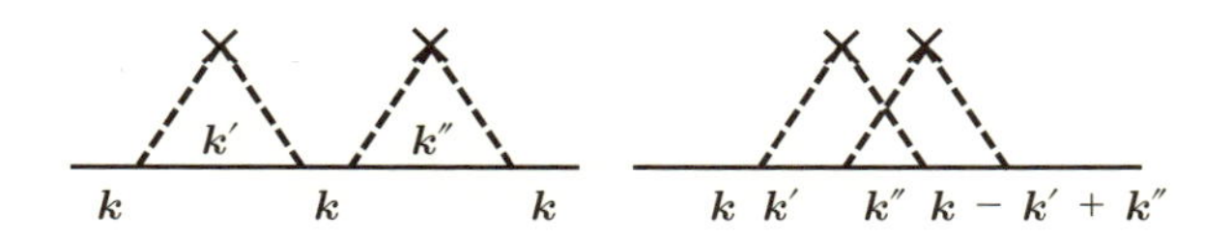

図 5–8　不純物散乱の4次からから生じる過程．(左)は，2次の自己エネルギーを考慮した場合に含まれる寄与．(右)は，左と比べて $\frac{\hbar}{\epsilon_F\tau_e}$ 程度小さい寄与である．

右図のは別に考えなければならない．この寄与は $\frac{n_i(v_i)^2}{N}\sum_{\boldsymbol{k}'\boldsymbol{k}''} g_{\boldsymbol{k}'}g_{\boldsymbol{k}''}g_{\boldsymbol{k}-\boldsymbol{k}'+\boldsymbol{k}''}$ に比例し，これが重要になるときは $\boldsymbol{k}'$, $\boldsymbol{k}''$,$\boldsymbol{k}-\boldsymbol{k}'+\boldsymbol{k}''$ のすべてがフェルミ準位にあるときである．しかしこれは非常に強い制約であり結果として寄与は小さい．このため図 5–8(右)の過程は寿命 τ_e に $\frac{\hbar}{\epsilon_F\tau_e}$ 程度の小さい補正を与えるのみで，通常は無視できる．なお自己エネルギーを通して特定の不純物散乱の寄与が無限次まで取り込まれている一方，それ以外の(次に述べる頂点補正にも入らない)高次の過程は存在する．その意味では散乱の次数に関して一見扱いが統一的でないが，自己エネルギーはグリーン関数の極での発散的寄与をカットする重要なはたらきがあるため最強発散項として足し上げることは理にかなっている．

頂点補正　物理量を計算する際は，測定量や駆動外場を表す相互作用端点を含めた計算を行う．これらは一般には有限の角振動数 Ω や波数 $\boldsymbol{q}$ を運んでいる．これをまたぐような不純物散乱の寄与(**図 5–9** のような)は上の自己エネルギーには含めていないため別に考える必要がある．外場が運ぶ角振動数 Ω や波数 $\boldsymbol{q}$ は電子のもつそれらと比べて通常は小さいのでまずはこれらを0とする．advanced および retarded グリーン関数に対しての図 5–9 の補正は，分解の公式 (5.30) によ

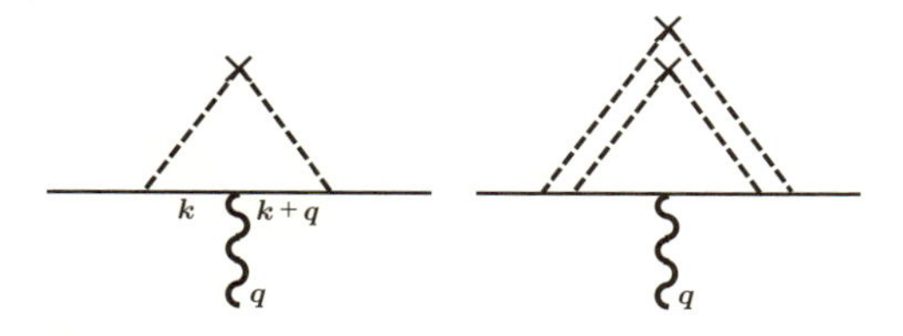

図 5–9　波線で表される相互作用端点をまたぐ不純物散乱の2次の寄与(左)と，4次の寄与(右)．端点をまたぐ2つのグリーン関数が retarded と advanced である場合に，外場の波数 $\boldsymbol{q}$ と角振動数 Ω が小さいときこの寄与は1に近い値をもち無限次まで取り込む必要がある．

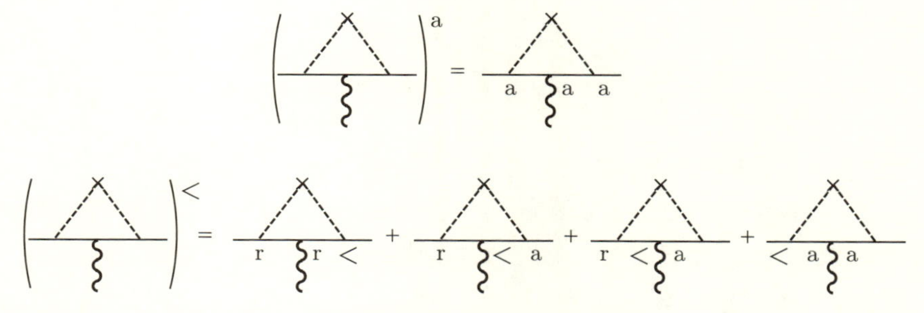

図 5–10 相互作用を挟む不純物散乱過程の advanced (上) および lesser (下) 成分をとった図．自由グリーン関数の lesser 成分は，retarded, advanced 成分で表されるため，lesser 成分への寄与には retarded, advanced の両成分をもつ寄与があり，これらは通常頂点補正として大きな寄与をもつ．

り**図 5–10** にあるとおり同じグリーン関数のみを含む．これは先と同様の留数積分と近似を用いて計算すると

$$\frac{1}{V}\sum_{\boldsymbol{k}}(g^{\mathrm{a}}_{\boldsymbol{k}\omega})^2 = 2\pi i \left.\frac{d\nu(\epsilon)}{d\epsilon}\right|_{\epsilon=0} = \pi i \frac{\nu}{\epsilon_{\mathrm{F}}}$$

となるので，advanced グリーン関数に対する図 5–9 の補正の大きさを決めるのはこれに不純物散乱の強さの 2 次をかけた，$n_i {v_i}^2 \frac{\nu}{\epsilon_{\mathrm{F}}} \propto (\epsilon_{\mathrm{F}}\tau_{\mathrm{e}})^{-1}$ という小さな量である．したがってこのような補正は advanced および retarded グリーン関数に対しては無視してよい．一方 lesser 成分については式 (5.29) により図 5–10 のように retarded, advanced 成分が混ざってくるため注意が必要である．図 5–9 の補正で 2 つのグリーン関数が retarded, advanced の場合を $\Omega = 0$，$\boldsymbol{q} = 0$ で評価すると

$$\frac{1}{V}\sum_{\boldsymbol{k}} g^{\mathrm{a}}_{\boldsymbol{k}\omega} g^{\mathrm{r}}_{\boldsymbol{k}\omega} = \int d\epsilon \frac{\nu(\epsilon)}{(\hbar\omega - \epsilon)^2 + (\eta_{\mathrm{e}})^2}$$

という積分で表される．ここで $\eta_{\mathrm{e}} \equiv \frac{\hbar}{2\tau_{\mathrm{e}}}$ である．金属では $\hbar(\epsilon_{\mathrm{F}}\tau_{\mathrm{e}})^{-1}$ が小さいので，被積分関数は分母の因子のため $\epsilon = \omega(\sim 0)$ で急激に変化するが，分子の $\nu(\epsilon) \propto \sqrt{\epsilon_{\mathrm{F}} + \epsilon}$ は $\epsilon = 0$ 付近で緩やかにしか変化しないため，この積分を分子を $\nu(\epsilon) \simeq \nu(0)$ として実行しても $\hbar(\epsilon_{\mathrm{F}}\tau_{\mathrm{e}})^{-1}$ 程度の小さな誤差しか生じない．この近似の範囲で図 5–10 の lesser 成分への補正因子を評価すると，不純物散乱を含

まないものに比べて

$$n_{\rm i}v_{\rm i}^2\frac{1}{N}\sum_{\boldsymbol{k}}g^{\rm a}_{\boldsymbol{k}\omega}g^{\rm r}_{\boldsymbol{k}\omega}=2\pi\hbar a^3\nu n_{\rm i}v_{\rm i}^2\tau_{\rm e}=1$$

の相対的大きさとなることがわかる．しかも不純物散乱の組を複数取り入れた寄与も同じ大きさになるため，これらを無限次まで足し上げると1の無限和に比例して発散してしまう．そこで外からの角振動数と波数 Ω と $\boldsymbol{q}$ を有限としてこれらの寄与をもう一度は注意深く調べよう．$q/k_{\rm F}\ll 1$，$\Omega\tau_{\rm e}\ll 1$ の状況を考え不純物散乱の組から生じる因子

$$\Pi_{\boldsymbol{q}\Omega}\equiv n_{\rm i}v_{\rm i}^2\frac{1}{N}\sum_{\boldsymbol{k}}g^{\rm a}_{\boldsymbol{k}+\frac{\boldsymbol{q}}{2},\omega+\frac{\Omega}{2}}g^{\rm r}_{\boldsymbol{k}-\frac{\boldsymbol{q}}{2},\omega-\frac{\Omega}{2}} \tag{5.48}$$

に注目しよう．ここで $\boldsymbol{q}$ と Ω を均等に配分しておいた．グリーン関数は

$$\begin{aligned}g^{\rm a}_{\boldsymbol{k}+\frac{\boldsymbol{q}}{2},\omega+\frac{\Omega}{2}}=g^{\rm a}_{\boldsymbol{k}\omega}\Bigg[1&+\left(\frac{\hbar^2(\boldsymbol{k}\cdot\boldsymbol{q})}{2m}-\frac{\hbar\Omega}{2}\right)g^{\rm a}_{\boldsymbol{k}\omega}\\&+\frac{\hbar^2q^2}{8m}g^{\rm a}_{\boldsymbol{k}\omega}+\frac{\hbar^4(\boldsymbol{k}\cdot\boldsymbol{q})^2}{4m^2}(g^{\rm a}_{\boldsymbol{k}\omega})^2+\cdots\Bigg]\end{aligned} \tag{5.49}$$

と展開できるので，

$$\begin{aligned}\Pi_{\boldsymbol{q}\Omega}=n_{\rm i}v_{\rm i}^2\frac{1}{N}\sum_{\boldsymbol{k}}|g^{\rm a}_{\boldsymbol{k}\omega}|^2\Bigg[1&+\left(\frac{\hbar^2(\boldsymbol{k}\cdot\boldsymbol{q})}{2m}-\frac{\hbar\Omega}{2}\right)(g^{\rm a}_{\boldsymbol{k}\omega}-g^{\rm r}_{\boldsymbol{k}\omega})\\+\frac{\hbar^2q^2}{8m}(g^{\rm a}_{\boldsymbol{k}\omega}+g^{\rm r}_{\boldsymbol{k}\omega})&+\frac{\hbar^4(\boldsymbol{k}\cdot\boldsymbol{q})^2}{4m^2}[-|g^{\rm a}_{\boldsymbol{k}\omega}|^2+(g^{\rm a}_{\boldsymbol{k}\omega})^2+(g^{\rm r}_{\boldsymbol{k}\omega})^2]+\cdots\Bigg]\end{aligned} \tag{5.50}$$

である．以下，波数の和を $\hbar(\epsilon_{\rm F}\tau_{\rm e})^{-1}$ 程度の小さい項を無視して計算する．$\boldsymbol{k}$ の1次の項は方向についての積分で消え，Ω の1次の項の係数は

$$\frac{1}{V}\sum_{\boldsymbol{k}}|g^{\rm a}_{\boldsymbol{k}\omega}|^2(g^{\rm a}_{\boldsymbol{k}\omega}-g^{\rm r}_{\boldsymbol{k}\omega})=\frac{i\hbar}{\tau_{\rm e}}\frac{1}{V}\sum_{\boldsymbol{k}}|g^{\rm a}_{\boldsymbol{k}\omega}|^4\simeq\frac{4\pi i}{\hbar^2}\nu(\tau_{\rm e})^2 \tag{5.51}$$

と計算される．式(5.50)の最後の項は

$$\partial_{k_i}g^{\rm a}_{\boldsymbol{k}\omega}=\frac{\hbar^2k_i}{m}(g^{\rm a}_{\boldsymbol{k}\omega})^2 \tag{5.52}$$

を用いて波数についての部分積分を行うことで

$$\frac{1}{V}\sum_{\boldsymbol{k}}|g^{\mathrm{a}}_{\boldsymbol{k}\omega}|^2\frac{\hbar^4(\boldsymbol{k}\cdot\boldsymbol{q})^2}{m}[(g^{\mathrm{a}}_{\boldsymbol{k}\omega})^2+(g^{\mathrm{r}}_{\boldsymbol{k}\omega})^2]$$
$$=\frac{\hbar^2}{2}q_iq_j\frac{1}{V}\sum_{\boldsymbol{k}}k_j[g^{\mathrm{r}}_{\boldsymbol{k}\omega}\partial_{k_i}(g^{\mathrm{a}}_{\boldsymbol{k}\omega})^2+[\partial_{k_i}(g^{\mathrm{r}}_{\boldsymbol{k}\omega})^2]g^{\mathrm{a}}_{\boldsymbol{k}\omega}]$$
$$=-\frac{\hbar^2q^2}{2}\frac{1}{V}\sum_{\boldsymbol{k}}[g^{\mathrm{r}}_{\boldsymbol{k}\omega}(g^{\mathrm{a}}_{\boldsymbol{k}\omega})^2+(g^{\mathrm{r}}_{\boldsymbol{k}\omega})^2g^{\mathrm{a}}_{\boldsymbol{k}\omega}]-\frac{\hbar^2}{m}\frac{1}{V}\sum_{\boldsymbol{k}}(\boldsymbol{k}\cdot\boldsymbol{q})^2|g^{\mathrm{a}}_{\boldsymbol{k}\omega}|^4 \tag{5.53}$$

と書き換えると最終行の第 1 項目の寄与は式 (5.50) の $\frac{\hbar^2q^2}{8m}$ の項と打ち消すことがわかる．最終行の第 2 項は $\frac{1}{V}\sum_{\boldsymbol{k}}(\boldsymbol{k}\cdot\boldsymbol{q})^2|g^{\mathrm{a}}_{\boldsymbol{k}\omega}|^4=\frac{4\pi}{3\hbar^3}q^2\nu {k_{\mathrm{F}}}^2\tau_{\mathrm{e}}^3$ と計算されるので，最終的に

$$\Pi_{\boldsymbol{q}\Omega}=1-\left(i\Omega+Dq^2\right)\tau_{\mathrm{e}}+O((q^2,\Omega)^2) \tag{5.54}$$

であることがわかる．ここで

$$D\equiv\frac{\hbar^2{k_{\mathrm{F}}}^2}{3m^2}\tau_{\mathrm{e}} \tag{5.55}$$

は電子の**拡散係数**である．これを用いて不純物散乱の組を無限次まで足し上げると

$$D(\boldsymbol{q},\Omega)\equiv\sum_{n=0}^{\infty}(\Pi_{\boldsymbol{q}\Omega})^n=\frac{1}{1-\Pi_{\boldsymbol{q}\Omega}}=\frac{1}{(i\Omega+Dq^2)\tau_{\mathrm{e}}} \tag{5.56}$$

が得られる．この因子は**拡散方程式**の解に現れるもので，これは電子が不純物散乱を受けながら拡散してゆく様子を表したものである．実際，$D(\boldsymbol{q},\Omega)$ を実空間実時間にフーリエ変換したものはソースをもつ拡散方程式 $(\partial_t-D\nabla^2)\psi(\boldsymbol{r},t)=\delta(t)\delta(\boldsymbol{r})$ の解になっている．拡散の効果により電子は平均自由行程 l_{e} よりも長距離を伝搬するようになり，この長距離性がフーリエ成分が $q=0$ で増大する因子により表されている．先程 $\boldsymbol{q}=0$，$\Omega=0$ で見た発散はこの拡散因子のためだったのである．ここで行った無限次までの和は，ファインマン図を折り曲げてみれば**図 5–11** のように，相互作用端点を挟んだ retarded と advanced グリーン関数をつなぐ連続した不純物散乱のはしごになっている．こうして見るほうが多数回の散乱によって拡散するイメージもわかりやすい．

ここで考えた不純物散乱の寄与は図 5–11 のようにみると外場の相互作用を表す頂点 (vertex) への補正とみることができるので**頂点補正**とよばれる．頂点補正で

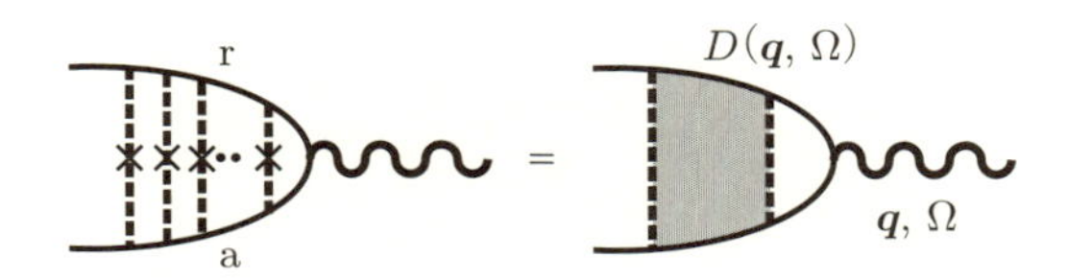

図 5–11　相互作用を挟む不純物散乱過程を相互作用の端点に対する頂点補正と見ると，これは retarded, advanced のグリーン関数をつなぐ不純物散乱のはしごである．無限次までの和を取ったものが $D(\boldsymbol{q}, \Omega)$ であり，これは連続する不純物散乱により電子が拡散してゆく過程を表す．

は retarded と advanced のグリーン関数をつなぐもののみが意味ある寄与をしたが，このことは，非平衡的に誘起された励起のみが拡散することと整合している．

線形応答理論公式を用いる立場では頂点補正はグリーン関数への補正ではなく応答量の公式に対しての補正と見るようであるが，非平衡グリーン関数の形式では上で見たように頂点補正はグリーン関数に対しての相互作用の外線を含んだ自己エネルギー補正の 1 つとみなせる．これはそもそも物理量はグリーン関数の一種であるからである．

5.2　実践練習

グリーン関数法を用いていくつか簡単な問題を解いてみよう．簡単な問題を解くことは手法に慣れるためには好適である．

5.2.1　接合系の電流

2 つの金属の接合において界面に流れる電流の表式を求めてみる．ここではスピン自由度は考えない．2 つの金属を L,R とし，それら内の電子を自由電子と扱い次のハミルトニアンで表す．

$$H_{\rm L} = \sum_{\boldsymbol{k}} \epsilon_{{\rm L}\boldsymbol{k}} c^{\dagger}_{{\rm L}\boldsymbol{k}} c_{{\rm L}\boldsymbol{k}}, \qquad H_{\rm R} = \sum_{\boldsymbol{k}} \epsilon_{{\rm R}\boldsymbol{k}} c^{\dagger}_{{\rm R}\boldsymbol{k}} c_{{\rm R}\boldsymbol{k}}$$

ここで $\epsilon_{\alpha\boldsymbol{k}}$ ($\alpha =$L, R) はそれぞれの金属内の電子のエネルギーで，波数 $\boldsymbol{k}$ はそれぞれの金属内で許されている値を取るものとする．

接合部では電子の飛び移りがあり，それを

$$H_t = t_{\rm LR} \sum_{\boldsymbol{k}\boldsymbol{k}'} (c^\dagger_{{\rm L}\boldsymbol{k}} c_{{\rm R}\boldsymbol{k}'} + c^\dagger_{{\rm R}\boldsymbol{k}'} c_{{\rm L}\boldsymbol{k}})$$

で表す．飛び移りが界面の一点で δ 関数的に起き，確率振幅 $t_{\rm LR}$ は実数で波数によらないとする．これにより飛び移り前後の波数 $\boldsymbol{k}, \boldsymbol{k}'$ は独立変数となる．L と R の間を流れる電流の演算子は

$$J_{\rm RL} = -\frac{iet_{\rm LR}}{\hbar} \sum_{\boldsymbol{k}\boldsymbol{k}'} (c^\dagger_{{\rm R}\boldsymbol{k}'} c_{{\rm L}\boldsymbol{k}} - c^\dagger_{{\rm L}\boldsymbol{k}} c_{{\rm R}\boldsymbol{k}'}) \tag{5.57}$$

で与えられる．これを確かめるには L 側の総電荷の時間発展方程式を求めてみればよい．L 側の総電荷は $Q_{\rm L} = e\sum_{\boldsymbol{k}} c^\dagger_{{\rm L}\boldsymbol{k}} c_{{\rm L}\boldsymbol{k}}$ である．この時間変化は，$\dot{Q}_{\rm L} = e\sum_{\boldsymbol{k}} (c^\dagger_{{\rm L}\boldsymbol{k}} \dot{c}_{{\rm L}\boldsymbol{k}} + \dot{c}^\dagger{}_{{\rm L}\boldsymbol{k}} c_{{\rm L}\boldsymbol{k}})$ であり，演算子の時間微分はハイゼンベルク方程式により

$$\dot{c}_{{\rm L}\boldsymbol{k}} = -\frac{i}{\hbar} \left[\epsilon_{{\rm L}\boldsymbol{k}} c_{{\rm L}\boldsymbol{k}} + t \sum_{\boldsymbol{k}'} c_{{\rm R}\boldsymbol{k}'} \right] \tag{5.58}$$

などである．L 側の電荷が時間変化することは界面を通じて電流が流れていることになるから，

$$J_{\rm RL} \equiv -\dot{Q}_{\rm L}$$

で L から R へ流れる電流演算子を定義するとこれは式 (5.57) に一致していることがわかる．

さて，電流の期待値は界面をまたぐ lesser グリーン関数

$$G^<_{{\rm L}\boldsymbol{k},{\rm R}\boldsymbol{k}'}(t,t') \equiv \frac{i}{\hbar} \left\langle \hat{c}^\dagger_{{\rm R}\boldsymbol{k}'}(t') \hat{c}_{{\rm L}\boldsymbol{k}}(t) \right\rangle$$

を用いて

$$J_{\rm RL}(t) = -t_{\rm LR} \sum_{\boldsymbol{k}\boldsymbol{k}'} [G_{{\rm L}\boldsymbol{k},{\rm R}\boldsymbol{k}'}(t,t) - G_{{\rm R}\boldsymbol{k}',{\rm L}\boldsymbol{k}}(t,t)]^< \tag{5.59}$$

と表される．これを計算するために複素時間経路 C 上のグリーン関数についての時間微分を取ってダイソン (Dyson) 方程式を立てる．式 (5.58) からは

$$(i\hbar\partial_t - \epsilon_{{\rm L}\boldsymbol{k}}) G_{{\rm L}\boldsymbol{k},{\rm R}\boldsymbol{k}'} = t_{\rm LR} \sum_{\boldsymbol{k}''} G_{{\rm R}\boldsymbol{k}'',{\rm R}\boldsymbol{k}'}$$

が得られるので，ダイソン方程式は

$$G_{\mathrm{L}\boldsymbol{k},\mathrm{R}\boldsymbol{k}'}(t,t') = t_{\mathrm{LR}} \int_C dt_1 g_{\mathrm{L}\boldsymbol{k}}(t-t_1) \sum_{\boldsymbol{k}''} G_{\mathrm{R}\boldsymbol{k}'',\mathrm{R}\boldsymbol{k}'}(t_1,t') \tag{5.60}$$

である．時間についてのフーリエ変換を行い，式 (5.59) のもう 1 項については逆に並べたダイソン方程式

$$G_{\mathrm{R}\boldsymbol{k}',\mathrm{L}\boldsymbol{k}}(t,t') = t_{\mathrm{LR}} \int_C dt_1 \sum_{\boldsymbol{k}''} G_{\mathrm{R}\boldsymbol{k}',\mathrm{R}\boldsymbol{k}''}(t,t_1) g_{\mathrm{L}\boldsymbol{k}}(t_1-t') \tag{5.61}$$

を使うと式 (5.59) は

$$\begin{aligned} J_{\mathrm{RL}}(t) = & -(t_{\mathrm{LR}})^2 \sum_{\boldsymbol{k}\boldsymbol{k}'\boldsymbol{k}''} \int \frac{d\omega}{2\pi} [g^{<}_{\mathrm{L}\boldsymbol{k}}(\omega)(G^{\mathrm{a}}_{\mathrm{R}\boldsymbol{k}',\mathrm{R}\boldsymbol{k}''}(\omega) - G^{\mathrm{r}}_{\mathrm{R}\boldsymbol{k}',\mathrm{R}\boldsymbol{k}''}(\omega)) \\ & - (g^{\mathrm{a}}_{\mathrm{L}\boldsymbol{k}}(\omega) - g^{\mathrm{r}}_{\mathrm{L}\boldsymbol{k}}(\omega)) G^{<}_{\mathrm{R}\boldsymbol{k}',\mathrm{R}\boldsymbol{k}''}(\omega)] \end{aligned} \tag{5.62}$$

となる．L と R を入れ替えたものは符号が逆の寄与なのでそれと平均化して

$$\begin{aligned} J_{\mathrm{RL}}(t) = & -i(t_{\mathrm{LR}})^2 \sum_{\boldsymbol{k}\boldsymbol{k}'\boldsymbol{k}''} \int \frac{d\omega}{2\pi} [g^{<}_{\mathrm{L}\boldsymbol{k}}(\omega) \mathrm{Im}[G^{\mathrm{a}}_{\mathrm{R}\boldsymbol{k}',\mathrm{R}\boldsymbol{k}''}(\omega)] \\ & - g^{<}_{\mathrm{R}\boldsymbol{k}}(\omega) \mathrm{Im}[G^{\mathrm{a}}_{\mathrm{L}\boldsymbol{k}',\mathrm{L}\boldsymbol{k}''}(\omega)] \\ & - \mathrm{Im}[g^{\mathrm{a}}_{\mathrm{L}\boldsymbol{k}}(\omega)] G^{<}_{\mathrm{R}\boldsymbol{k}',\mathrm{R}\boldsymbol{k}''}(\omega) + \mathrm{Im}[g^{\mathrm{a}}_{\mathrm{R}\boldsymbol{k}}(\omega)] G^{<}_{\mathrm{L}\boldsymbol{k}',\mathrm{L}\boldsymbol{k}''}(\omega)] \end{aligned} \tag{5.63}$$

が見通しのよい表式である．これを計算するには，$G_{\mathrm{R}\boldsymbol{k}'',\mathrm{R}\boldsymbol{k}'}$ に関してのダイソン方程式

$$G_{\mathrm{R}\boldsymbol{k}'',\mathrm{R}\boldsymbol{k}'}(t,t') = g_{\mathrm{R}\boldsymbol{k}''}(t,t')\delta_{\boldsymbol{k}''\boldsymbol{k}'} + t_{\mathrm{LR}} \int_C dt_1 g_{\mathrm{R}\boldsymbol{k}''}(t-t_1) \sum_{\boldsymbol{k}} G_{\mathrm{L}\boldsymbol{k},\mathrm{R}\boldsymbol{k}'}(t_1,t') \tag{5.64}$$

に式 (5.60) を用いて

$$\begin{aligned} G_{\mathrm{R}\boldsymbol{k}'',\mathrm{R}\boldsymbol{k}'}(t,t') = & g_{\mathrm{R}\boldsymbol{k}''}(t,t')\delta_{\boldsymbol{k}''\boldsymbol{k}'} \\ & + \int_C dt_1 \int_C dt_2 g_{\mathrm{R}\boldsymbol{k}''}(t-t_1) \Sigma_{\mathrm{R}}(t_1-t_2) \sum_{\boldsymbol{k}} G_{\mathrm{R}\boldsymbol{k},\mathrm{R}\boldsymbol{k}'}(t_2,t') \end{aligned} \tag{5.65}$$

という閉じた形が得られる．ここで $\Sigma_{\rm R}(t_1-t_2)\equiv(t_{\rm LR})^2\sum_{\boldsymbol{k}}g_{{\rm L}\boldsymbol{k}}$ は R に対しての自己エネルギーである．時間微分を右から掛けて得られるダイソン方程式も合わせて書くと，以下時間を略して書くことにして

$$
\begin{aligned}
G_{{\rm R}\boldsymbol{k}'',{\rm R}\boldsymbol{k}'} &= g_{{\rm R}\boldsymbol{k}''}\delta_{\boldsymbol{k}''\boldsymbol{k}'} + g_{{\rm R}\boldsymbol{k}''}\Sigma_{\rm R}\sum_{\boldsymbol{k}} G_{{\rm R}\boldsymbol{k},{\rm R}\boldsymbol{k}'} \\
&= g_{{\rm R}\boldsymbol{k}''}\delta_{\boldsymbol{k}''\boldsymbol{k}'} + \sum_{\boldsymbol{k}} G_{{\rm R}\boldsymbol{k}'',{\rm R}\boldsymbol{k}}\Sigma_{\rm R} g_{{\rm R}\boldsymbol{k}'} \qquad (5.66)
\end{aligned}
$$

である．したがって advanced, retarded 成分の波数和を一部取ったものは

$$
\sum_{\boldsymbol{k}''} G^{\rm a}_{{\rm R}\boldsymbol{k}'',{\rm R}\boldsymbol{k}'} = g_{{\rm R}\boldsymbol{k}'}\frac{1}{1-\Sigma^{\rm a}_{\rm R} g^{\rm a}_{{\rm R}\boldsymbol{k}'}}, \quad \sum_{\boldsymbol{k}'} G^{\rm r}_{{\rm R}\boldsymbol{k}'',{\rm R}\boldsymbol{k}'} = \frac{1}{1-g^{\rm r}_{{\rm R}\boldsymbol{k}''}\Sigma^{\rm r}_{\rm R}} g^{\rm r}_{{\rm R}\boldsymbol{k}''} \qquad (5.67)
$$

と表される．式 (5.66) から lesser 成分は

$$
\begin{aligned}
\sum_{\boldsymbol{k}}(\delta_{\boldsymbol{k}''\boldsymbol{k}} - g^{\rm r}_{{\rm R}\boldsymbol{k}''}\Sigma^{\rm r}_{\rm R})G^{<}_{{\rm R}\boldsymbol{k},{\rm R}\boldsymbol{k}'} &= g^{<}_{{\rm R}\boldsymbol{k}''}(\delta_{\boldsymbol{k}''\boldsymbol{k}'} + \Sigma^{\rm a}_{\rm R}\sum_{\boldsymbol{k}} G^{\rm a}_{{\rm R}\boldsymbol{k},{\rm R}\boldsymbol{k}'}) \\
&\quad + g^{\rm r}_{{\rm R}\boldsymbol{k}''}\Sigma^{<}_{\rm R}\sum_{\boldsymbol{k}} G^{\rm a}_{{\rm R}\boldsymbol{k},{\rm R}\boldsymbol{k}'} \qquad (5.68)
\end{aligned}
$$

を満たすので，これを行列と見て解き式 (5.40) と同様に $(g^{\rm r})^{-1}g^{<}=0$ を使えば

$$
G^{<}_{{\rm R}\boldsymbol{k},{\rm R}\boldsymbol{k}'} = \sum_{\boldsymbol{k}''} G^{\rm r}_{{\rm R}\boldsymbol{k},{\rm R}\boldsymbol{k}''}\Sigma^{<}_{\rm R}\sum_{\boldsymbol{k}'''} G^{\rm a}_{{\rm R}\boldsymbol{k}''',{\rm R}\boldsymbol{k}'} \qquad (5.69)
$$

が得られる．これらの式を数値的に解けば電流の完全な解となる．

$t_{\rm LR}$ の 2 次までの摂動の結果を見てみよう．式 (5.63) で式 (5.22) を用いるとこの範囲での電流は

$$
J_{\rm RL} = 2t^2\sum_{\boldsymbol{k}\boldsymbol{k}'}(f_{{\rm L}\boldsymbol{k}} - f_{{\rm R}\boldsymbol{k}'}){\rm Im}[g^{\rm a}_{{\rm L}\boldsymbol{k}}]{\rm Im}[g^{\rm a}_{{\rm R}\boldsymbol{k}'}] \qquad (5.70)
$$

と求まる．つまり電流は L,R のフェルミ分布関数の差 $(f_{{\rm L}\boldsymbol{k}} - f_{{\rm R}\boldsymbol{k}'})$ に比例して発生する．この式は今の場合のランダウアー (Landauer) 公式であり，伝導度は ${\rm Im}[g^{\rm a}_{{\rm L}\boldsymbol{k}}]{\rm Im}[g^{\rm a}_{{\rm R}\boldsymbol{k}'}]$ に比例し，実質 L と R の状態密度により決まることになる．

5.2.2　ベクトルポテンシャル (ゲージ場) から生じる電流

量子系の輸送特性を計算するための練習として，電磁場のベクトルポテンシャル (U(1) ゲージ場) に対する金属の応答を考えてみよう．ベクトルポテンシャルは古典的な外場として扱い，これを $\boldsymbol{A}$ で表す．これは荷電粒子の運動量 $\boldsymbol{p}$ を $\boldsymbol{p}-e\boldsymbol{A}$ と変えることで得られるいわゆる**ミニマル** (minimal) **結合**で結合する．ここで e は電子の電荷である ($e<0$)．自由電子の場合にベクトルポテンシャルも含めたハミルトニアンは式 (4.26) から

$$H=\int d^3r\left[\frac{\hbar^2}{2m}|\nabla\hat{c}|^2-\hat{\boldsymbol{j}}_{\rm p}\cdot\boldsymbol{A}+\frac{e^2}{2m}A^2\hat{c}^\dagger\hat{c}\right]$$

である．ここで

$$\hat{\boldsymbol{j}}_{\rm p}\equiv-\frac{ie\hbar}{2m}\hat{c}^\dagger\overleftrightarrow{\nabla}\hat{c}=-\frac{ie\hbar}{2m}[\hat{c}^\dagger(\nabla\hat{c})-(\nabla\hat{c}^\dagger)\hat{c}]$$

はベクトルポテンシャルなしの場合の電流密度演算子，$\overleftrightarrow{\nabla}\equiv\overrightarrow{\nabla}-\overleftarrow{\nabla}$ は左右の演算子にかかる微分演算子である．一般式 (4.17) からわかるように，ベクトルポテンシャルにより物理的電流密度は変更を受け

$$\hat{\boldsymbol{j}}=\hat{\boldsymbol{j}}_{\rm p}+\hat{\boldsymbol{j}}_{\rm d}$$

となる．ここで

$$\hat{\boldsymbol{j}}_{\rm d}\equiv-\frac{e^2}{m}\boldsymbol{A}\hat{c}^\dagger\hat{c}$$

である．$\boldsymbol{j}_{\rm p}$ と $\boldsymbol{j}_{\rm d}$ はそれぞれ**常磁性電流密度**，**反磁性電流密度**とよばれる．

では，グリーン関数法を用いてベクトルポテンシャルが生み出す**電流密度**を計算しよう．それぞれの電流密度の期待値は同時空点の lesser グリーン関数 $G^<(\boldsymbol{r},t,\boldsymbol{r},t)$ を用いて

$$\boldsymbol{j}_{\rm p}(\boldsymbol{r},t)=-\frac{e\hbar^2}{2m}(\nabla_r-\nabla_{r'})G^<(\boldsymbol{r},t,\boldsymbol{r}',t)|_{\boldsymbol{r}'=\boldsymbol{r}} \tag{5.71}$$

$$\boldsymbol{j}_{\rm d}(\boldsymbol{r},t)=i\frac{e^2\hbar}{m}\boldsymbol{A}G^<(\boldsymbol{r},t,\boldsymbol{r},t) \tag{5.72}$$

と表される．以下ではベクトルポテンシャルの1次の寄与，つまり**線形応答**のみを考える．電流への寄与はファインマン図では**図 5–12** のように表される．線形

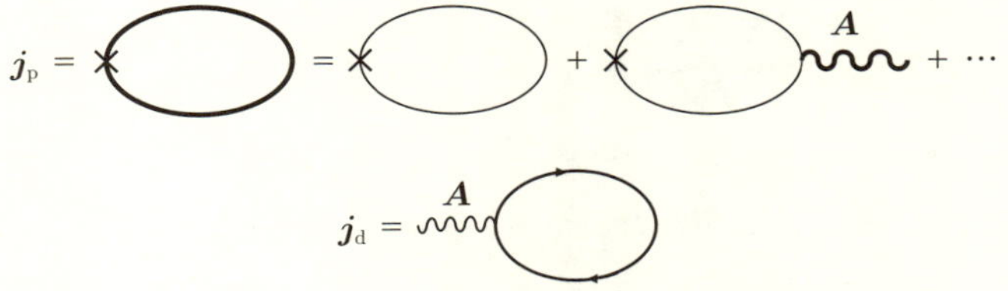

図 5–12 ベクトルポテンシャル $\boldsymbol{A}$ (波線) により駆動される電流密度 $\boldsymbol{j}$ (式 (5.72)) のファインマン図による表現．太い実線はベクトルポテンシャルを含む電子のグリーン関数 G，細い実線は自由な電子のグリーン関数 g である．

の範囲では $\boldsymbol{j}_\mathrm{d}$ のグリーン関数にはベクトルポテンシャルの寄与を含める必要がない．電子の演算子のフーリエ変換を

$$\hat{c}(\boldsymbol{r},t)=\frac{1}{\sqrt{V}}\sum_{\boldsymbol{k}}\int\frac{d\omega}{2\pi}e^{i\boldsymbol{k}\cdot\boldsymbol{r}}e^{-i\omega t}\hat{c}_{\boldsymbol{k}\omega}$$

のように定義し，lesser グリーン関数を

$$G^{<}(\boldsymbol{r},t,\boldsymbol{r}',t')\equiv\sum_{\boldsymbol{k}\boldsymbol{q}}G^{<}_{\boldsymbol{k}+\frac{\boldsymbol{q}}{2},\boldsymbol{k}-\frac{\boldsymbol{q}}{2}}(t,t')e^{i\boldsymbol{k}\cdot(\boldsymbol{r}-\boldsymbol{r}')}e^{i\frac{\boldsymbol{q}}{2}\cdot(\boldsymbol{r}+\boldsymbol{r}')}$$

とフーリエ表示する．電流密度も

$$\boldsymbol{j}(\boldsymbol{r},t)=\sum_{\boldsymbol{q}}e^{i\boldsymbol{q}\cdot\boldsymbol{r}}\boldsymbol{j}(\boldsymbol{q},t)$$

と波数表示するとその成分は

$$j_{\mathrm{p},i}(\boldsymbol{q},t)=-i\frac{e\hbar^2}{m}\frac{1}{V}\sum_{\boldsymbol{k}}k_iG^{<}_{\boldsymbol{k}+\frac{\boldsymbol{q}}{2},\boldsymbol{k}-\frac{\boldsymbol{q}}{2}}(t,t)$$

$$j_{\mathrm{d},i}(\boldsymbol{q},t)=i\frac{e^2\hbar}{m}\frac{1}{V}\sum_{\boldsymbol{k}}A_i(\boldsymbol{q},t)G^{<}_{\boldsymbol{k}}(t,t) \tag{5.73}$$

である．ここで $A(\boldsymbol{q},t)\equiv\int d^3re^{i\boldsymbol{q}\cdot\boldsymbol{r}}A(\boldsymbol{r},t)$．ベクトルポテンシャルとの相互作用項は

$$H_A\equiv\int d^3r\left[-\hat{\boldsymbol{j}}_\mathrm{p}\cdot\boldsymbol{A}+\frac{e^2}{2m}A^2\hat{c}^\dagger\hat{c}\right]$$

$$= -\frac{1}{V}\sum_{\boldsymbol{kq}}\sum_{j}\frac{\hbar k_j}{m}A_j(\boldsymbol{q},t)\hat{c}^{\dagger}_{\boldsymbol{k}+\frac{\boldsymbol{q}}{2}}\hat{c}_{\boldsymbol{k}-\frac{\boldsymbol{q}}{2}}(t) + O(A^2)$$

である．この相互作用を摂動的に扱いグリーン関数を計算することで電流密度は求まる．経路上のグリーン関数の満たすダイソン方程式は

$$G_{\boldsymbol{k}+\frac{\boldsymbol{q}}{2},\boldsymbol{k}-\frac{\boldsymbol{q}}{2}}(t,t') = g_{\boldsymbol{k}+\frac{\boldsymbol{q}}{2}}(t,t)\delta_{\boldsymbol{q},0}$$
$$-\frac{1}{V}\sum_{\boldsymbol{k}}\frac{e\hbar k_j}{m}\int_C dt_c A_j(\boldsymbol{q},t_C)g^{c}_{\boldsymbol{k}+\frac{\boldsymbol{q}}{2}}(t,t_C)g^{c}_{\boldsymbol{k}-\frac{\boldsymbol{q}}{2}}(t_C,t') + O(A^2) \quad (5.74)$$

である．以下ではベクトルポテンシャルが空間的に変動している場合と時間的に変動している 2 つの場合に計算する．ただし変動は電子から見てゆっくりとしている極限を考える．これらの場合の計算法をおさえておけば実際に幅広い状況に対処できるはずである．

空間依存したベクトルポテンシャル　まずはベクトルポテンシャルが空間依存しているが時間変化していない場合を考える．空間依存は電子のフェルミ波長と比べて変化はずっとゆっくりしている極限を考える．式 (5.74) を A の 1 次まで取り，lesser 成分を取る公式 (5.29) を用いると，同時刻の成分は

$$G^{<}_{\boldsymbol{k}+\frac{\boldsymbol{q}}{2},\boldsymbol{k}-\frac{\boldsymbol{q}}{2}}(t,t)$$
$$= \int\frac{d\omega}{2\pi}\left[g^{<}_{\boldsymbol{k}+\frac{\boldsymbol{q}}{2},\omega}\delta_{\boldsymbol{q},0} - \frac{e\hbar k_j}{m}A_j(\boldsymbol{q})\left[g^{\mathrm{r}}_{\boldsymbol{k}+\frac{\boldsymbol{q}}{2},\omega}g^{<}_{\boldsymbol{k}-\frac{\boldsymbol{q}}{2},\omega} + g^{<}_{\boldsymbol{k}+\frac{\boldsymbol{q}}{2},\omega}g^{\mathrm{a}}_{\boldsymbol{k}-\frac{\boldsymbol{q}}{2},\omega}\right]\right]$$

となる．今は外場 A が時間変化していないためすべての電子の角振動数は ω で等しい．式 (5.22) を使うと

$$G^{<}_{\boldsymbol{k}+\frac{\boldsymbol{q}}{2},\boldsymbol{k}-\frac{\boldsymbol{q}}{2}}(t,t) = \int\frac{d\omega}{2\pi}\left[g^{<}_{\boldsymbol{k}+\frac{\boldsymbol{q}}{2},\omega}\delta_{\boldsymbol{q},0} - 2i\frac{e\hbar k_j}{m}A_j(\boldsymbol{q})f(\omega)\mathrm{Im}\left[g^{\mathrm{a}}_{\boldsymbol{k}+\frac{\boldsymbol{q}}{2},\omega}g^{\mathrm{a}}_{\boldsymbol{k}-\frac{\boldsymbol{q}}{2},\omega}\right]\right]$$

となる．以下，空間変動がゆっくりしている条件から $q \ll k_{\mathrm{F}}$ を用いて展開を行う．q^2 のオーダーまで取った結果は

$$\sum_{\boldsymbol{k}}\frac{\hbar^2 k_i k_j}{m}g^{\mathrm{a}}_{\boldsymbol{k}+\frac{\boldsymbol{q}}{2},\omega}g^{\mathrm{a}}_{\boldsymbol{k}-\frac{\boldsymbol{q}}{2},\omega} = \sum_{\boldsymbol{k}}\left[-\delta_{ij}g^{\mathrm{a}}_{\boldsymbol{k}} - \frac{\hbar^2}{12m}(q^2\delta_{ij} - q_i q_j)(g^{\mathrm{a}}_{\boldsymbol{k}})^2\right]$$

である．これを式 (5.73) に代入して常磁性電流項の線形項は

$$j_{\mathrm{p},i}(\boldsymbol{q}) = 2\frac{e^2\hbar}{m}A_j(\boldsymbol{q})\int\frac{d\omega}{2\pi}f(\omega)\frac{1}{V}\sum_{\boldsymbol{k}}\mathrm{Im}\left[\delta_{ij}g^{\mathrm{a}}_{\boldsymbol{k}} + \frac{\hbar^2}{12m}(q^2\delta_{ij} - q_iq_j)(g^{\mathrm{a}}_{\boldsymbol{k}})^2\right]$$

となる．一方反磁性電流項は式 (5.22) からすぐに

$$j_{\mathrm{d},i}(\boldsymbol{q}) = -2\frac{e^2\hbar}{m}A_i(\boldsymbol{q})\int\frac{d\omega}{2\pi}f(\omega)\frac{1}{V}\sum_{\boldsymbol{k}}\mathrm{Im}[g^{\mathrm{a}}_{\boldsymbol{k}}]$$

であることがわかる．こうして，両者の和である物理的電流密度の結果では反磁性電流項は常磁性電流項の一部と打ち消し，最終的に全電流密度は

$$\boldsymbol{j}(\boldsymbol{r}) = \frac{1}{\mu_{\mathrm{e}}}[\nabla\times(\nabla\times\boldsymbol{A})] \tag{5.75}$$

となる．ここで

$$\frac{1}{\mu_{\mathrm{e}}} \equiv \frac{e^2\hbar^3}{6m^2}\int\frac{d\omega}{2\pi}f(\omega)\frac{1}{V}\sum_{\boldsymbol{k}}\mathrm{Im}[(g^{\mathrm{a}}_{\boldsymbol{k}}(\omega))^2] \tag{5.76}$$

である．ここで現れた電流密度は $f(\omega)$ に比例していることからわかるように Fermi sea の寄与である．$\nabla\times\boldsymbol{A} = \boldsymbol{B}$ は磁場であるから，式 (5.75) はマクスウェル方程式の 1 つ，伝導電子の寄与を考慮した**アンペール** (Ampère) **則**である[*8,*9]．係数 μ_{e} は自由電子系のもつ透磁率の意味をもち，$T=0$ で評価すると

$$\mu_{\mathrm{e}} = -\frac{12m^2}{e^2\hbar^2\nu}$$

が得られる．ここでアンペール則が出てきたのは，磁場をかけた際に電子はサイクロトロン運動を始めこれが反磁性電流をつくるためである．

時間変化するポテンシャルの場合　では今度は空間的に一様で，時間的に変化す

---

*8　ただしここで計算した電流は，磁場により物質中に誘起されるそれで，それとは別に磁場そのものを発生させている電流 $\boldsymbol{j}_{\mathrm{vac}}$ もどこかに存在している．マクスウェル方程式としてはこれも空気中の透磁率 μ_0 を用いて入れて $\nabla\times\boldsymbol{B} = \mu_0\boldsymbol{j}_{\mathrm{vac}} + \mu_{\mathrm{e}}\boldsymbol{j}$ となっている．

*9　物質の応答を計算することで電磁気学の法則が導出できることは興味深いことである．しかし，このことは元はといえば考えている電子系が電荷の保存則を満たしていることの当然の帰結にすぎない．実際，電荷の保存則は電子の波動関数の位相変換の不変性，また電磁気学の基盤になっている U(1) ゲージ対称性と等価であるからである．したがって，電荷保存を保った正しい計算を行えば電磁気の構造は自ずと現れるのである．

るベクトルポテンシャルの場合を考えよう．ただし電子の特徴的な振動数 τ_{e}^{-1} と比べてゆっくりした極限を考える．空間的変化がないため相互作用ポテンシャルにおいて電子の波数は保存され

$$
\begin{aligned}
H_A &= -\frac{e\hbar}{m}\sum_{\boldsymbol{k}} k_j A_j(t)\hat{c}^\dagger_{\boldsymbol{k}}\hat{c}_{\boldsymbol{k}}(t) \\
&= -\frac{e\hbar}{m}\sum_{\boldsymbol{k}} k_j \int\frac{d\Omega}{2\pi}\int\frac{d\omega}{2\pi}e^{i\Omega t}A_j(t)\hat{c}^\dagger_{\boldsymbol{k}}(\omega+\Omega)\hat{c}_{\boldsymbol{k}}(\omega) + O(A^2)
\end{aligned}
$$

となる．摂動で A の 1 次まで取った経路上のグリーン関数は

$$
G^c_{\boldsymbol{k},\boldsymbol{k}}(t_C, t'_C) = g^c_{\boldsymbol{k}}(t_C, t'_C) - \frac{e\hbar}{m}k_j\int_C dt_{C1} g^c_{\boldsymbol{k}}(t_C, t_{C1})A_j(t_1)g^c_{\boldsymbol{k}}(t_{C1}, t'_C)
$$

で，その lesser 成分の時間についてのフーリエ変換は

$$
G^<_{\boldsymbol{k}}(\omega+\Omega, \omega) = g^<_{\boldsymbol{k}}(\omega) - \frac{e\hbar}{m}\ k_j A_j(\Omega)\left[g^{\mathrm{r}}_{\boldsymbol{k},\omega+\Omega}g^<_{\boldsymbol{k},\omega} + g^<_{\boldsymbol{k},\omega+\Omega}g^{\mathrm{a}}_{\boldsymbol{k},\omega}\right]
$$

となる．したがって式 (5.73) の $j_{\mathrm{p},i}(t)$ は

$$
\begin{aligned}
j_{\mathrm{p},i}(t) = i\frac{e\hbar^2}{m^2}\int\frac{d\Omega}{2\pi}\int\frac{d\omega}{2\pi}A_j(\Omega)e^{-i\Omega t}\frac{1}{V} \\
\sum_{\boldsymbol{k}} k_i k_j\left[\left(f\left(\omega+\frac{\Omega}{2}\right) - f\left(\omega-\frac{\Omega}{2}\right)\right)g^{\mathrm{r}}_{\boldsymbol{k},\omega+\frac{\Omega}{2}}g^{\mathrm{a}}_{\boldsymbol{k},\omega-\frac{\Omega}{2}}\right. \\
\left. +f\left(\omega+\frac{\Omega}{2}\right)g^{\mathrm{a}}_{\boldsymbol{k},\omega+\frac{\Omega}{2}}g^{\mathrm{a}}_{\boldsymbol{k},\omega-\frac{\Omega}{2}} - f\left(\omega-\frac{\Omega}{2}\right)g^{\mathrm{r}}_{\boldsymbol{k},\omega+\frac{\Omega}{2}}g^{\mathrm{r}}_{\boldsymbol{k},\omega-\frac{\Omega}{2}}\right]
\end{aligned}
$$

となる．ここでベクトルポテンシャルが電子の振動数と比べてずっとゆっくりと変動している極限 $\Omega \ll \omega$ を使って Ω の 1 次まで展開する．結果は

$$
\begin{aligned}
j_{\mathrm{p},i}(t) = i\frac{e\hbar}{m}\int\frac{d\Omega}{2\pi}A_j(\Omega)e^{-i\Omega t}\int\frac{d\omega}{2\pi}\frac{1}{V} \\
\sum_{\boldsymbol{k}}\left[\frac{\hbar^2 k_i k_j}{2m}\Omega f'(\omega)(g^{\mathrm{a}}_{\boldsymbol{k}\omega} - g^{\mathrm{r}}_{\boldsymbol{k}\omega})^2 + \delta_{ij}f(\omega)(g^{\mathrm{a}}_{\boldsymbol{k}\omega} - g^{\mathrm{r}}_{\boldsymbol{k}\omega})\right]
\end{aligned}
$$

である．一方，反磁性電流密度のほうは

$$
j_{\mathrm{d},i}(t) = -i\frac{e\hbar}{m}\int\frac{d\Omega}{2\pi}A_i(\Omega)e^{-i\Omega t}\int\frac{d\omega}{2\pi}f(\omega)\frac{1}{V}\sum_{\boldsymbol{k}}(g^{\mathrm{a}}_{\boldsymbol{k}\omega} - g^{\mathrm{r}}_{\boldsymbol{k}\omega})
$$

であるので，両者を加えた全電流密度は

$$j_i = i\frac{e\hbar^3}{2m^2}\sum_j\int\frac{d\Omega}{2\pi}A_j(\Omega)e^{-i\Omega t}\int\frac{d\omega}{2\pi}\frac{1}{V}\sum_{\boldsymbol{k}}k_ik_j\Omega f'(\omega)(g^{\mathrm{a}}_{\boldsymbol{k}\omega}-g^{\mathrm{r}}_{\boldsymbol{k}\omega})^2$$

となる．ベクトルポテンシャルそのものに比例する Ω^0 のオーダーの量が消えることは電場 $\boldsymbol{E}=-\dot{\boldsymbol{A}}$ に結果が比例することを意味しており，これはゲージ不変性，ひいては計算の正しさを示している．こうして結果は

$$j_i = \sigma_{\mathrm{e},ij}E_j$$

と表される．ここで

$$\sigma_{\mathrm{e},ij} \equiv \frac{e\hbar^3}{2m^2}\int\frac{d\omega}{2\pi}\frac{1}{V}\sum_{\boldsymbol{k}}k_ik_jf'(\omega)(g^{\mathrm{a}}_{\boldsymbol{k}\omega}-g^{\mathrm{r}}_{\boldsymbol{k}\omega})^2$$

は電気伝導度の行列要素である．この結果は $f'(\omega)$ の因子に比例しており Fermi surface の近傍の寄与である．この関数は Fermi surface にピークをもつ関数で幅は温度程度である．室温は $\epsilon_{\mathrm{F}}/k_{\mathrm{B}}$ と比べてずっと低いため以下では

$$f'(\omega) = -\beta\hbar\frac{e^{\beta\hbar\omega}}{(e^{\beta\hbar\omega}+1)^2} \sim -\delta(\omega) \tag{5.77}$$

と近似する．電子のエネルギーが等方的な場合には角度平均により $k_ik_j \to \frac{k^2}{3}$ となるので**電気伝導度**は $\sigma_{\mathrm{e},ij}=\delta_{ij}\sigma_{\mathrm{e}}$ と対角になり，その値は

$$\sigma_{\mathrm{e}} = -\frac{e^2\hbar^3}{12m^2}\frac{1}{V}\sum_{\boldsymbol{k}}k^2(g^{\mathrm{a}}_{\boldsymbol{k}}-g^{\mathrm{r}}_{\boldsymbol{k}})^2$$

となる．ここで $g^{\mathrm{a}}_{\boldsymbol{k}} \equiv g^{\mathrm{a}}_{\boldsymbol{k}}(\omega=0)$ である．波数 $\boldsymbol{k}$ についての和はエネルギー $\epsilon \equiv \frac{\hbar^2k^2}{2m}-\epsilon_{\mathrm{F}}$ に関しての積分に置き換え，$\hbar(\epsilon_{\mathrm{F}}\tau_{\mathrm{e}})^{-1}$ の微小量を無視すると

$$-\frac{1}{V}\sum_{\boldsymbol{k}}k^2(g^{\mathrm{a}}_{\boldsymbol{k}}-g^{\mathrm{r}}_{\boldsymbol{k}})^2 = \frac{1}{V}\int_{-\epsilon_{\mathrm{F}}}^{\infty}d\epsilon\frac{\nu(\epsilon)(k(\epsilon))^2}{\epsilon^2+\eta_{\mathrm{e}}^2} = \frac{2\pi\nu {k_{\mathrm{F}}}^2}{\eta_{\mathrm{e}}}$$

と計算できる．$\eta_{\mathrm{e}}=\frac{\hbar}{2\tau_{\mathrm{e}}}$ であり，電子密度が $n=\frac{{k_{\mathrm{F}}}^3}{6\pi^2}$ であることを用いると

$$\sigma_{\mathrm{e}} = \frac{e^2n\tau_{\mathrm{e}}}{m}$$

はボルツマン電気伝導度に一致する．

今の例題にしたボルツマン電気伝導度自体は古典的な簡単な議論で導くことができるが，場の理論の利点はその汎用性，拡張性にある．また，空間変化時間変化どちらの場合でも，ほしい物理量を自在に直接評価できることは実に心強い．ここではベクトルポテンシャルに対しての**線形応答**を物理量の定義式から直接非平衡グリーン関数を用いて解析した．これに対していわゆる線形応答理論は入力外場 (ここではベクトルポテンシャル) に比例して現れる応答の物理量の比例係数を物理量の相関関数として表し計算する処方箋を与えるものである．正しい計算をすればどちらも当然同じ結果を与えるが，注目している物理量を直接計算する非平衡グリーン関数の方法のほうが見通しがよいであろう．

なお, 線形応答理論は歴史的には電気抵抗についての理論が中野藤生により 1955 年に日本語論文として発表され [4]，その後一般的な公式が久保亮五により提示された [5, 6]．この一般的な形が普及し線形応答理論の公式は久保公式とよばれている．

参考文献

[1] J. Rammer and H. Smith. Quantum field-theoretical methods in transport theory of metals. *Rev. Mod. Phys.*, **58**, 323 (1986).

[2] A. A. Abrikosov, L. P. Gorkov, and I. E. Dzyaloshinskii. *Methods of Quantum Field Theory in Statistical Physics*. Dover, 1975.

[3] H. Haug and A.-P. Jauho. *Quantum Kinetics in Transport and Optics of Semiconductors*. Springer Verlag, 2007.

[4] 中野藤生. ひとつの電気伝導計算法. 物性論研究, **1955**, 25 (1955).

[5] 久保亮五. 非平衡系の量子統計力学 i. 物性論研究, **1955**, 79 (1955).

[6] R. Kubo. Statistical-mechanical theory of irreversible processes. i. general theory and simple applications to magnetic and conduction problems. *J. Phys. Soc. Jpn.*, **12**, 570 (1957).

第 6 章

スピントロニクスの場の理論

本章ではいくつかのスピントロニクス現象に対する場の理論的なアプローチを紹介する．量子力学では状態がどう変わってゆくかを考えながら興味ある低エネルギー現象を考察するが，場の理論では有効ハミルトニアンなどの方法により低エネルギーのふるまいを直接抜き出すことができる．非平衡グリーン関数を用いて注目している物理量を直接計算できることも見通しのよい解析を可能とする．

6.1　場の表示による sd モデル

本章の考察で基本になるのは sd モデルである．ただし，局在スピンの方向 $\boldsymbol{n}$ が時間と空間に依存している状況を考える．量子力学的ハミルトニアンは式 (0.14) であった．これを場の表示にするには電子密度演算子を掛けて全空間で積分すればよい．電子の消滅演算子をスピンの 2 成分 ± についてのベクトル $\hat{c} = (\hat{c}_+, \hat{c}_-)^{\mathrm{t}}$ で表し (^{t} は転置を表す)，電子スピン演算子は $\hat{\boldsymbol{s}} = \frac{1}{2}(\hat{c}^\dagger \boldsymbol{\sigma} \hat{c})$ となる．したがって sd モデルの場のハミルトニアンは

$$\hat{H}_{\mathrm{sd}} = \int d^3r \hat{c}^\dagger(\boldsymbol{r},t) \left(-\frac{\hbar^2\nabla^2}{2m} - \epsilon_{\mathrm{F}} - M(\boldsymbol{n}(\boldsymbol{r},t)\cdot\boldsymbol{\sigma}) \right) \hat{c}(\boldsymbol{r},t) \tag{6.1}$$

である．ここで $M = J_{\mathrm{sd}}S/2$ である．ラグランジアンは式 (4.12) の処方箋に従い

$$\hat{L} = \int d^3x \left[i\hbar\hat{c}^\dagger(\boldsymbol{r},t)\dot{\hat{c}}(\boldsymbol{r},t) - \hat{c}^\dagger(\boldsymbol{r},t) \left(-\frac{\hbar^2\nabla^2}{2m} - \epsilon_{\mathrm{F}} - M(\boldsymbol{n}(\boldsymbol{r},t)\cdot\boldsymbol{\sigma}) \right) \hat{c}(\boldsymbol{r},t) \right] \tag{6.2}$$

となる．

6.2　異常ホール効果，スピンホール効果

異常ホール効果　まずは一様磁化 (局在スピン) とスピン軌道相互作用から生じる

異常ホール効果を計算に基づき議論しよう．スピン軌道相互作用は式 (2.2) で考えた不純物スピン軌道相互作用によるもの，

$$H_{\mathrm{so}} = \lambda_{\mathrm{so}} \int d^3 r c^\dagger [(\nabla V_{\mathrm{i}}(\boldsymbol{r}) \times \boldsymbol{p}) \cdot \boldsymbol{\sigma}] c \tag{6.3}$$

である．λ_{so} がスピン軌道相互作用の強さを表すパラメータ，V_{i} は式 (5.41) で考えた不純物による δ 関数型ポテンシャルである．波数表示にすると，

$$H_{\mathrm{so}} = i\hbar\lambda_{\mathrm{so}} v_{\mathrm{i}} \frac{1}{N} \sum_{\boldsymbol{k}\boldsymbol{k}'} \sum_{i} e^{-i(\boldsymbol{k}'-\boldsymbol{k})\cdot\boldsymbol{R}_i} c^\dagger_{\boldsymbol{k}'} [(\boldsymbol{k}' \times \boldsymbol{k}) \cdot \boldsymbol{\sigma}] c_{\boldsymbol{k}} \tag{6.4}$$

となる．$\boldsymbol{R}_i$ はランダムな不純物の位置，$i = 1, 2, \ldots, N_{\mathrm{i}}$ は不純物を表すラベルである．スピン軌道相互作用は電子の運動量を含むので，電流演算子に次のような付加項がつく (これは相互作用から $\boldsymbol{p}$ を取り除いたものに e を掛けたものである)．

$$\delta\boldsymbol{j}(r) = -ie\lambda_{\mathrm{so}} v_{\mathrm{i}} \frac{1}{N} \sum_{\boldsymbol{k}\boldsymbol{k}'\boldsymbol{q}} e^{-i(\boldsymbol{k}'-\boldsymbol{k}-\boldsymbol{q})\cdot\boldsymbol{r}} \sum_{i} e^{-i\boldsymbol{q}\cdot\boldsymbol{R}_i} c^\dagger_{\boldsymbol{k}'} (\boldsymbol{q} \times \boldsymbol{\sigma}) c_{\boldsymbol{k}} \tag{6.5}$$

以下一様電場への一様な応答を考える (式 (6.5) では $\boldsymbol{q} = \boldsymbol{k}' - \boldsymbol{k}$ としたものを考えればよい)．電場を j 方向にかけた際に i 方向に誘起される一様電流密度を，5.2.2 節と同様にただしスピン軌道相互作用を 1 次で含めて計算する．今のモデルでは電子はスピン軌道相互作用を通じて不純物 (物理的には結晶格子) から運動量を受け取るためスピン軌道相互作用の素過程では運動量保存則が破れている．が，5.1.3 節で述べたように，現実的なモデルとしては多数の不純物を想定しその配置に関しての平均処理を行い，最終的には並進対称性を回復した結果を得るようにする．ここではスピン軌道相互作用と不純物による弾性散乱の全体で全運動量が保存するようにする．不純物について最低次の過程は**図 6–1** にあるものである．

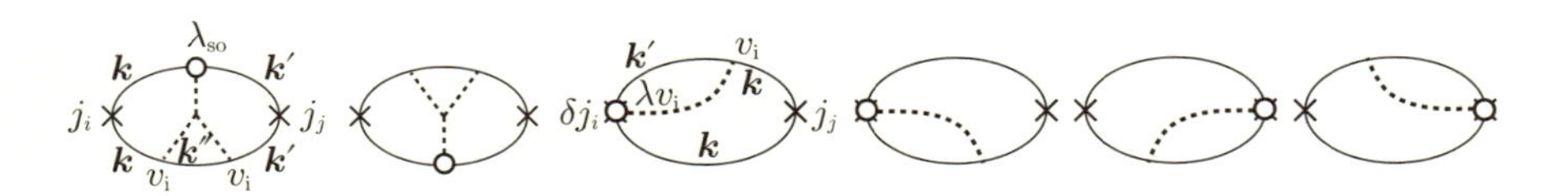

図 6–1　ランダムな不純物による，スピン軌道相互作用から生じる異常ホール効果への主要項．左の 2 図は通常の電流演算子からの寄与 σ^{A}_{ij} で，右の 4 つはスピン軌道相互作用による電流補正の寄与 σ^{B}_{ij} である．並進対称性を回復するために通常の不純物散乱と合わせた平均化を行う．

通常の電流演算子からの寄与 σ_{ij}^{A} は左の 2 図で表され，これらはスピン軌道相互作用の 1 次，弾性散乱の 2 次で，不純物ポテンシャルの 3 次の寄与である [1]．不純物による 2 次の寄与 (弾性散乱とスピン軌道相互作用それぞれが 1 次) は 0 となり異常ホール効果には寄与しない．生じる電流密度を $j_i = \sigma_{ij} E_j$ と電気伝導度で表すと，異常ホール効果に関わる寄与は 5.2.2 節と同様に retarded と advanced グリーン関数の寄与で以下のように表される．

$$\begin{aligned}
&\sigma_{ij} = \sigma_{ij}^{\mathrm{A}} + \sigma_{ij}^{\mathrm{B}}, \\
&\sigma_{ij}^{\mathrm{A}} = i\lambda_{\mathrm{so}} v_{\mathrm{i}}^3 \frac{e^2\hbar^3}{m^2} \epsilon_{klm} \frac{1}{N^3} \sum_{\boldsymbol{k}\boldsymbol{k}'\boldsymbol{k}''} k_i k_j' k_k k_l' \mathrm{tr}[\sigma_k |g_{\boldsymbol{k}}^{\mathrm{r}}|^2 |g_{\boldsymbol{k}'}^{\mathrm{r}}|^2 (g_{\boldsymbol{k}''}^{\mathrm{a}} - g_{\boldsymbol{k}''}^{\mathrm{r}})], \\
&\sigma_{ij}^{\mathrm{B}} = i\lambda_{\mathrm{so}} v_{\mathrm{i}}^2 \frac{e^2\hbar}{m} \frac{1}{N^2} \sum_{\boldsymbol{k}\boldsymbol{k}'} (\epsilon_{ikl} k_j - \epsilon_{jkl} k_i)(k - k')_l \mathrm{tr}[\sigma_k |g_{\boldsymbol{k}}^{\mathrm{r}}|^2 (g_{\boldsymbol{k}'}^{\mathrm{a}} - g_{\boldsymbol{k}'}^{\mathrm{r}})]
\end{aligned} \tag{6.6}$$

ここで $g_{\boldsymbol{k}}^{\mathrm{r}}$ と $g_{\boldsymbol{k}}^{\mathrm{a}}$ は電子の retarded と advanced グリーン関数で角振動数 0 の成分，tr はスピンについての和である．明らかにグリーン関数がスピン分極していいるしていないと σ_{ij} へのこれらの寄与は消える．今は強磁性状態であるので，局在スピンの向きを z 軸にとってグリーン関数は成分が $g_{\boldsymbol{k}\sigma}^{\mathrm{r}} = [-\epsilon_{\boldsymbol{k}} + \sigma M + i\eta_\sigma]^{-1}$ をもつ対角行列になっている (寿命の逆数 η_σ もスピンに依存するとしている)．波数の和を積分で $\hbar(\epsilon_{\mathrm{F}}\tau)^{-1}$ の最低次で評価すると

$$\begin{aligned}
\sigma_{ij}^{\mathrm{A}} &= -\epsilon_{ijz} \lambda_{\mathrm{so}} n_{\mathrm{i}} v_{\mathrm{i}}^3 a^9 \frac{8\pi^3 e^2 \hbar^3}{9m^2} \sum_{\sigma=\pm} \sigma (\nu_\sigma)^3 (k_{\mathrm{F}\sigma})^4 (\tau_\sigma)^2, \\
\sigma_{ij}^{\mathrm{B}} &= -\epsilon_{ijz} \lambda_{\mathrm{so}} n_{\mathrm{i}} v_{\mathrm{i}}^2 a^6 \frac{8\pi^3 e^2 \hbar}{3m} \sum_{\sigma=\pm} \sigma (\nu_\sigma)^2 (k_{\mathrm{F}\sigma})^2 \tau_\sigma
\end{aligned} \tag{6.7}$$

となり，磁化の方向 (z) に垂直な面においてのホール効果が確かに現れる (スピン分極がなければ σ の和は 0 でホール効果は消える)．今のモデルでは寿命が $\tau_{\mathrm{e}} \propto (v_{\mathrm{i}})^{-2}$ であるので*1，σ_{ij}^{A} と σ_{ij}^{B} の寄与はそれぞれ $(\lambda_{\mathrm{so}} v_{\mathrm{i}})\tau_{\mathrm{e}}$ と $(\lambda_{\mathrm{so}} v_{\mathrm{i}})(\tau_{\mathrm{e}})^{1/2}$ に比例するため (($\lambda_{\mathrm{so}} v_{\mathrm{i}}$) はスピン軌道相互作用の強さ)，通常考えている $\hbar(\epsilon_{\mathrm{F}}\tau_{\mathrm{e}})^{-1} \ll 1$ の状況では σ_{ij}^{A} が主要項である．

スピンホール効果　同じモデルでスピンホール効果を考えておこう．考えるのは

*1　ここでは，寿命のスピン依存性を無視して話を進める．

常磁性金属であるのでスピン分極はない．スピン流密度は先に考えた電流密度を e で割ってスピン演算子を加えたもの，

$$j_{\mathrm{s},i}^{\alpha} = \sum_{\boldsymbol{k}\boldsymbol{k}'} c_{\boldsymbol{k}'}^{\dagger} \left[\frac{\hbar}{m} k_i \sigma_\alpha \delta_{\boldsymbol{k}\boldsymbol{k}'} - i\lambda_{\mathrm{so}} \frac{v_{\mathrm{i}}}{N} \sum_j e^{-i(\boldsymbol{k}'-\boldsymbol{k})\cdot\boldsymbol{R}_j} [(\boldsymbol{k}'-\boldsymbol{k}) \times \sigma]_i \sigma_\alpha \right] c_{\boldsymbol{k}} \tag{6.8}$$

で定義する．異常ホール効果の計算との違いは「測定」量がスピンの演算子を含み代わりにグリーン関数はスピン分極なしである点で，それ以外の構造は同じである．このことは 2.1.2 節での定性的な理解と整合する．したがって，スピンホール伝導度を $j_{\mathrm{s},i}^{\alpha} = \sigma_{\mathrm{sh},ij}^{\alpha} E_j$ で定義すると結果の主要項は式 (6.7) と同様の計算により

$$\sigma_{\mathrm{sh},ij}^{\alpha} = \epsilon_{ij\alpha} \sigma_{\mathrm{sh}} \tag{6.9}$$

となる．この式で定義された $\sigma_{\mathrm{sh}} \equiv \frac{8\pi^3 e\hbar^2}{9m^2} \nu^2 a^6 \epsilon_{\mathrm{so}} {k_{\mathrm{F}}}^2 \tau_{\mathrm{e}}$ が今のモデルのスピンホール伝導度である ($\epsilon_{\mathrm{so}} \equiv \lambda_{\mathrm{so}} v_{\mathrm{i}} {k_{\mathrm{F}}}^2$ はスピン軌道相互作用の強さを表すエネルギー)．

このようにスピン流と電流の相関を議論するのがスピンホール効果の慣例であるが，ここには 2 つの本質的な問題がある．1 つはスピン流の定義には任意性があり定義によりスピンホール伝導度の値は異なること，2 つめはスピン流を実験的に直接測定することはできないことである．後者のために，スピンホール効果の観測は生成スピン流によって系の端に生じるスピン蓄積を測定することで行われる [2]．したがって実験結果の解釈には式 (6.9) で決まるスピン流のもとでスピンの拡散方程式を解き端点に生じるスピン密度を計算することが必要である．前者のスピン流の任意性は，スピン流の定義と整合した緩和項をもつ拡散方程式 (式 (4.22)) を解いてスピン密度を求めれば，物理量であるスピン密度には何ら影響はしない．ただし通常よくされるように緩和項を近似して現象論的計算を行うと整合した結果にはならない．

そこで，電場の応答として生じるスピン密度を直接線形応答理論で計算してみよう [3]．誘起されるスピン密度を $s_\alpha = \chi_{\alpha\beta}^{SJ} E_\beta$ と表すと係数 $\chi_{\alpha\beta}^{SJ}$ はスピン密度と電流密度の相関関数である．つまり一様な電場に対して一様なスピン密度は生成されない．そこで外場のもつ波数を $\boldsymbol{q}$ としてこれについての展開で最低次項を

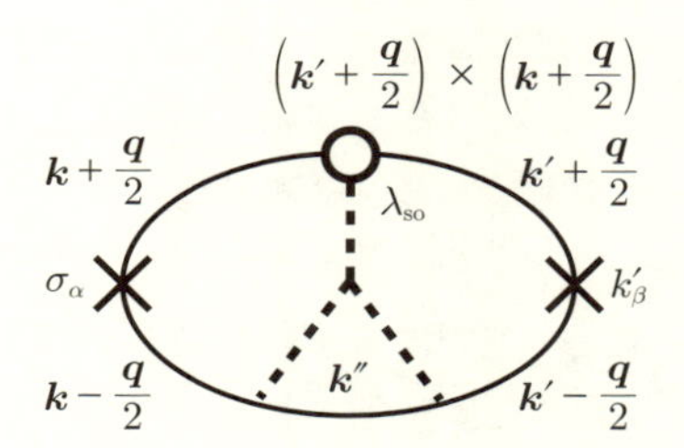

図 6–2 電場により誘起されるスピン密度を表す相関関数 $\chi^{SJ}_{\alpha\beta}$．波数の因子がスピン軌道相互作用から生じる $\left(\boldsymbol{k}'+\frac{\boldsymbol{q}}{2}\right)\times\left(\boldsymbol{k}+\frac{\boldsymbol{q}}{2}\right)$ と，電流演算子の k'_β と奇数個であるため一様成分は 0 で，外場の波数 $\boldsymbol{q}$ について 1 次の寄与が主要項となる．

求める．波数表示の相関関数は式 (6.6) と同様に (**図 6–2** 参照)

$$\chi^{SJ}_{\alpha\beta}(\boldsymbol{q}) = 2i\frac{\lambda_{\rm so}n_{\rm i}v_{\rm i}^3}{m}\frac{1}{N^3}\sum_{\boldsymbol{k}\boldsymbol{k}'\boldsymbol{k}''}\epsilon_{ij\alpha}k_\beta g^{\rm r}_{\boldsymbol{k}+\frac{\boldsymbol{q}}{2}}g^{\rm a}_{\boldsymbol{k}-\frac{\boldsymbol{q}}{2}}g^{\rm r}_{\boldsymbol{k}'+\frac{\boldsymbol{q}}{2}}g^{\rm a}_{\boldsymbol{k}'-\frac{\boldsymbol{q}}{2}}$$
$$\times\left[\left(\boldsymbol{k}'+\frac{\boldsymbol{q}}{2}\right)_i\left(\boldsymbol{k}+\frac{\boldsymbol{q}}{2}\right)_j g^{\rm a}_{\boldsymbol{k}''}-\left(\boldsymbol{k}'-\frac{\boldsymbol{q}}{2}\right)_i\left(\boldsymbol{k}-\frac{\boldsymbol{q}}{2}\right)_j g^{\rm r}_{\boldsymbol{k}''}\right] \tag{6.10}$$

である．$\boldsymbol{q}$ の最低次は 1 次が残り

$$\chi^{SJ}_{\alpha\beta}(\boldsymbol{q}) = -i\lambda_{\rm sh}\epsilon_{\alpha\beta i}q_i \tag{6.11}$$

であることがわかる．ここで $\lambda_{\rm sh}\equiv\tau_{\rm e}\sigma_{\rm sh}$ である．この結果から，印加電場に対して

$$\boldsymbol{s} = \lambda_{\rm sh}(\nabla\times\boldsymbol{E}) = \frac{\lambda_{\rm sh}}{\sigma_{\rm e}}(\nabla\times\boldsymbol{j}) \tag{6.12}$$

というスピン密度が生成されることがわかる．系の端では電流密度が消えるので，この結果は印加電流に垂直方向の端点近傍にスピン密度が生成されることを意味する．スピン分極の方向は図 2–5 に示した通常のスピンホール効果の理解と一致する．

式 (6.12) は電子拡散を考慮しないもので，電場と誘起スピン密度の局所的関係を与えている．これと式 (6.9) で与えられるスピン流密度は

$$\nabla\cdot\boldsymbol{j}^\alpha_{\rm s} = \frac{s_\alpha}{\tau_{\rm e}} \tag{6.13}$$

の関係を満たしている．これはスピンの連続の式 (4.22) において緩和項を $\mathcal{T}_\alpha=\frac{s_\alpha}{\tau_{\rm e}}$ としたものになっている．緩和項が誘起されたスピン密度に比例するのは自然で

あるが，その緩和率が弾性散乱の寿命であるのは今の計算にはスピン緩和過程を考慮していないためである．次にスピン緩和と電子拡散の効果を考慮した考察をしてみよう．この場合の緩和率はスピン緩和時間で決まる [3]．

スピン緩和のある拡散　現実の実験は電子の拡散運動が支配的な大きな系で行われており，さらにスピン反転のため電子スピンの寿命も有限となっている．このことを理論計算に取り入れるには 5.1.3 節で考えた拡散の効果を頂点補正として取り入れる必要がある．今はスピン軌道相互作用のため拡散を表すはしごがスピンに依存したものとなるので，5.1.3 節の考察を拡張する必要がある．拡散過程でも電子スピンは平均すれば保存されるので考えるべきはしご図は**図 6–3** に挙げた 3 種 (Γ_i $(i = 0, 1, 2)$) である．非磁性体を考えているので電子のスピン分極はない．また外場は波数 $\boldsymbol{q}$ を運び角振動数はもたないとする．計算に際して，スピン軌道相互作用は電子の寿命にも寄与することに注意しよう．実際，スピン軌道相互作用の 2 次で現れる自己エネルギーの advanced 成分 $\Sigma^{\mathrm{a}}_{\mathrm{so}}$ を計算すると

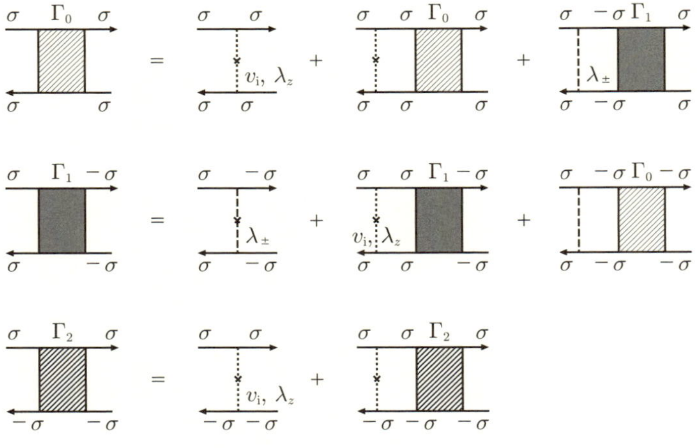

図 6–3　スピン軌道相互作用によるスピン緩和を考慮した，電子の拡散過程を表すファインマン図．考えるべきはしご図として，2 つの電子のスピンが同じ Γ_0，それぞれの電子スピンが反転する Γ_1，および異なったスピンをもつ電子のもの Γ_2 の 3 種がある．$\lambda_{\pm}$ はスピン軌道相互作用のうちスピン反転を起こす成分，λ_z はスピン反転しない成分を表す．

$$\Sigma_{\mathrm{so}}^{\mathrm{a}} = \hbar^2 n_{\mathrm{i}} v_{\mathrm{i}}^2 \lambda_{\mathrm{so}}^2 \frac{1}{N} \sum_{\boldsymbol{k}'} \frac{1}{2} \mathrm{tr}[(\boldsymbol{k} \times \boldsymbol{k}') \cdot \boldsymbol{\sigma}]^2 g_{\boldsymbol{k}'}^{\mathrm{a}}$$
$$= i\pi\nu\hbar^2 n_{\mathrm{i}} v_{\mathrm{i}}^2 a^3 \lambda_{\mathrm{so}}^2 k^2 \overline{1 - (\hat{\boldsymbol{k}} \cdot \hat{\boldsymbol{k}}')^2} \tag{6.14}$$

となる．自己エネルギーの定義によりスピンについて対角な成分のみを取り出しており，$\boldsymbol{k}$ は考えている電子のもつ波数 ($\hat{\boldsymbol{k}}$ はその方向の単位ベクトル)，$\overline{}$ は $\boldsymbol{k}'$ と $\boldsymbol{k}$ の角度についての平均である．等方的な場合を考え波数 $\boldsymbol{k}$ の大きさをフェルミ波数とすれば $\Sigma_{\mathrm{so}}^{\mathrm{a}} = i\frac{1}{2\tau_{\mathrm{so}}}$，ここで

$$\frac{1}{\tau_{\mathrm{so}}} \equiv \frac{4\pi}{3} \hbar^2 n_{\mathrm{i}} v_{\mathrm{i}}^2 a^3 \lambda_{\mathrm{so}}^2 {k_{\mathrm{F}}}^4 \nu \tag{6.15}$$

が得られる．これにより電子のグリーン関数のもつ寿命の逆数は弾性散乱による τ_{e} と合わせた

$$\frac{1}{\tau_{\mathrm{tot}}} = \frac{1}{\tau_{\mathrm{e}}} + \frac{1}{\tau_{\mathrm{so}}} \equiv \frac{1}{\tau_{\mathrm{e}}}(1 + \gamma_{\mathrm{so}}) \tag{6.16}$$

となる．以下，$\gamma_{\mathrm{so}} = \tau_{\mathrm{e}}/\tau_{\mathrm{so}}$ は小さいとしてこれの高次は無視して計算を進める．Γ_0 と Γ_2 はそれぞれのグリーン関数のスピンは初状態と終状態で保存されており，Γ_1 では反転している．スピンを保存した散乱の過程の最も単純なものは不純物の弾性散乱 v_{i} とスピン軌道相互作用のうちスピンの z 成分 λ_z の寄与で図 6–3 の Γ_0 の右辺第 1 項である．相互作用後の波数の方向についての平均を取って計算するとこの振幅は $\frac{1}{3}\frac{1}{\tau_{\mathrm{so}}} \simeq \frac{\gamma_{\mathrm{so}}}{3}\frac{1}{\tau_{\mathrm{e}}}$ である．スピン反転を伴う過程 (図 6–3 の Γ_1 の右辺第 1 項) は $\frac{2}{3}\frac{1}{\tau_{\mathrm{so}}} \simeq \frac{2\gamma_{\mathrm{so}}}{3}\frac{1}{\tau_{\mathrm{e}}}$ である．またはしごを構成する最小単位である $\Pi(\boldsymbol{q})$ (式 (5.48)) も，グリーン関数の寿命が τ_{e} からずれているため式 (5.54) からずれ

$$\Pi_{\boldsymbol{q}\Omega} = (1 - \gamma_{\mathrm{so}})[1 - \left(i\Omega + Dq^2\right)\tau_{\mathrm{e}}] + O((q^2, \Omega)^2) \tag{6.17}$$

となる．これらを考えた上で図 6–3 を方程式にすると

$$\Gamma_0 = \left(1 + \frac{\gamma_{\mathrm{so}}}{3}\right)(1 + \Pi\Gamma_0) + \frac{2\gamma_{\mathrm{so}}}{3}\Pi\Gamma_1,$$
$$\Gamma_1 = \frac{2\gamma_{\mathrm{so}}}{3}(1 + \Pi\Gamma_0) + \left(1 + \frac{\gamma_{\mathrm{so}}}{3}\right)\Pi\Gamma_1,$$
$$\Gamma_2 = \left(1 - \frac{\gamma_{\mathrm{so}}}{3}\right)(1 + \Pi\Gamma_2) \tag{6.18}$$

となる．これらを解くと

$$\Gamma_0 = \frac{1}{2}[D(q) + D_{\rm s}(q)], \quad \Gamma_1 = \frac{1}{2}[D(q) - D_{\rm s}(q)], \quad \Gamma_2 = D_{\rm s}(q) \tag{6.19}$$

が得られる．ここで

$$D(q) \equiv \frac{1}{Dq^2\tau_{\rm e}}, \quad D_{\rm s}(q) \equiv \frac{1}{Dq^2\tau_{\rm e} + \frac{4}{3}\gamma_{\rm so}} \tag{6.20}$$

で，それぞれ電荷の拡散と**スピンの拡散**を表す因子である．$D_{\rm s}(q)$ の質量にあたる $\gamma_{\rm so}$ の項はスピンの拡散が

$$l_{\rm sf} \equiv \frac{l_{\rm e}}{2\sqrt{\gamma_{\rm so}}} \tag{6.21}$$

という**スピン緩和長**で減衰することを意味している．実際，拡散因子の実空間表示は1次元で考えると

$$D_{\rm s}(z) = \int \frac{dq}{2\pi} \frac{e^{iqz}}{Dq^2\tau_{\rm e} + \frac{4}{3}\gamma_{\rm so}} = \frac{3}{2}\frac{l_{\rm sf}}{l_{\rm e}^2} e^{-z/l_{\rm sf}} \tag{6.22}$$

となり，$l_{\rm sf}$ で指数関数的に減衰する．

拡散因子 (6.20) の効果を取り入れるとスピンと電流密度の関係は

$$\boldsymbol{s} = \frac{\lambda_{\rm sh}}{\sigma_{\rm e}} \int d^3r' D_{\rm s}(\boldsymbol{r} - \boldsymbol{r}')[\nabla \times \boldsymbol{j}](\boldsymbol{r}') \tag{6.23}$$

となる．このときに発生するスピン分極は端点からスピン拡散長 $l_{\rm sf}$ 程度の範囲となる (図 2–5)．この結果と，生成されたスピン流に拡散方程式を組み合わせてスピン密度を求めるアプローチは，スピンの連続の式を通じて整合している．

スピンとスピン流による表現　式 (6.9) で見たように電場によるスピン流生成は電流とスピン流の相関関数の一様成分で記述される．これは電気伝導度が電流電流の相関関数の一様成分で表されたのと同じで，これによりスピン波を電流の場合との類推で考えることができる．ただし物理量 (測定量) であるスピン密度を求めるためには拡散方程式を解く必要がある．このアプローチのもつ深刻な問題は，スピン流はスピン軌道相互作用のもとでは定義が一意にはできないため曖昧性が避けられないことである．正確にいうとスピン流の定義とスピン緩和項の定義は

リンクしており (両者が満たす連続の式を通じて)，両者をコンシステントに扱っていれば正しい扱いとなるが，スピン流を微視的に計算しても拡散方程式に入ってくるスピン緩和過程を現象論的に扱ってしまえば正確な表現は不可能となる．

一方で式 (6.12), (6.23) のように測定量であるスピン密度を直接線形応答理論で与えれば，スピン流の定義に関わる曖昧さは回避され，また線形応答理論と拡散方程式の 2 本立てで物理量を記述する必要もなくなる．ただしこのときは式 (6.11) のように相関関数の空間変化成分 (q を含む寄与) まで見る必要がある．

逆スピンホール効果　スピン流と電流の相関を表す式 (6.9) を逆に見れば逆スピンホール効果が表される．式 (6.9) では相関関数から時間微分項を取り除いたものが係数になっていることに注意すると，スピン流 $j^{\alpha}_{\mathrm{s},i}$ と結合する場を $A^{\alpha}_{\mathrm{s},i}$ とすれば (3.4 節で議論したスピンゲージ場はまさにそれにあたる)，それによって誘起される電流は

$$j_i = e\sigma_{\mathrm{sh}}\epsilon_{ij\alpha}\partial_t A^{\alpha}_{\mathrm{s},j} \tag{6.24}$$

という形になる．この式はスピン流の駆動場がどう電流を生み出すかを表している．直観的表現として「スピン流が電流になる」という式 $j_i \propto \epsilon_{ij\alpha} j^{\alpha}_{\mathrm{s},j}$ がよく用いられるが，外場とそれに対する応答の観点からは，駆動場であるスピンゲージ場の時間微分 (スピン電場) の応答として電流を表す式 (6.24) が正しいものである．

逆スピンホール効果も，動的に誘起されたスピン密度の空間微分が式 (6.11) の相関関数の逆効果により電流を作り出す現象と見ることができる．典型的な例としては強磁性体 F と非磁性金属 N の接合でのスピンポンピングによる「スピン流」に対する逆スピンホール効果である．3.7 節で見たように，スピンポンピング効果は磁化の時間変化が FN 界面に動的なスピン蓄積を発生させる現象で，その効果は N の伝導電子に対して F が生み出す自己エネルギー (の lesser 成分) で $\sigma^{<} = i\boldsymbol{\sigma}\cdot\boldsymbol{\Phi}$ と表される．ここのスピン源となる場 $\boldsymbol{\Phi}$ は局在スピンベクトル $\boldsymbol{n}$ の時間微分を使って

$$\boldsymbol{\Phi} \equiv (\boldsymbol{n}\times\dot{\boldsymbol{n}})\mathrm{Re}[\eta] + \dot{\boldsymbol{n}}\mathrm{Im}[\eta] \tag{6.25}$$

と表される ($\eta = \frac{\chi_{\mathrm{F}}}{2}T_{\uparrow\downarrow}$) [4]．この場 $\boldsymbol{\Phi}$ が式 (3.47) で議論した，界面に生成される非平衡スピン密度を誘起するもので，界面から格子間隔程度の距離で減衰する

関数とみなせる．スピンポンピングにより生じる界面スピン蓄積のもとでN内のスピン軌道相互作用が生み出す電流密度は，電子拡散が無視できる長さスケールでは

$$j_\alpha = e\lambda_{\rm sh}\epsilon_{\alpha\beta i}\nabla_i\Phi_\beta \tag{6.26}$$

である．接合ではスピン蓄積の微分は接合に垂直な方向であるから，この逆スピンホール電流は面内方向の電流である．拡散領域で行われている実験を記述するにはスピン緩和も考慮した電子の拡散因子 $D_{\rm s}$ を含めればよい．

6.3　局在スピン構造中の伝導電子

本節では局在スピンの向き $\boldsymbol{n}(\boldsymbol{r},t)$ が時空である構造をもっている場合の伝導電子の挙動を調べる．3章で現象論的に考えた現象が場の理論では自然に導出できることを示すのが目的である．時空に依存した $\boldsymbol{n}(\boldsymbol{r},t)$ のもとでは，ラグランジアン (6.2) で表される電子がスピンを保持して動き回るという運動エネルギー項で記述される効果と，各点でスピンを $\boldsymbol{n}$ と同じ方向に向け sd 相互作用を安定化させることとがどう妥協するのかが焦点であるが，場の理論はこうした状況での低エネルギーのふるまいを抜き出すのに適している．sd 相互作用のため電子は各点でそのスピンを $\boldsymbol{n}(\boldsymbol{r},t)$ の方向に向ければ安定であるので，電子のスピンその方向を基準に取り直して定義してみよう．これは sd 相互作用を各点で対角化することである．このためには電子の場の演算子 $\hat{c}$ をユニタリ変換された新しい演算子

$$\hat{a}(\boldsymbol{r},t) = U(\boldsymbol{r},t)\hat{c}(\boldsymbol{r},t)$$

で書き換えればよい．ここで $U(\boldsymbol{r},t)$ は時空に依存した 2×2 のユニタリ行列で，これを各時空点で

$$U(\boldsymbol{r},t)^{-1}[\boldsymbol{n}(\boldsymbol{r},t)\cdot\boldsymbol{\sigma}]U(\boldsymbol{r},t) = \sigma_z$$

となるように選ぶ．これを満たす行列はすでに何度か登場した式 (3.4) である．再掲すると

$$U(\boldsymbol{r},t) = \boldsymbol{m}(\boldsymbol{r},t)\cdot\boldsymbol{\sigma}$$

で，$\boldsymbol{m} \equiv (\sin\frac{\theta}{2}\cos\phi, \sin\frac{\theta}{2}\sin\phi, \cos\frac{\theta}{2})$，$\theta$, ϕ は $\boldsymbol{n}$ を

$$\boldsymbol{n} = (\sin\theta\cos\phi, \sin\theta\sin\phi, \cos\theta)$$

と極座標表示した変数である．これで演算子 $\hat{a}$ で記述される新しい電子に対して sd 交換相互作用は対角化されたが，その代償は運動エネルギー項に現れる．実際，演算子 $\hat{c}$ の空間微分は $\hat{a}$ 電子で表すと

$$\boldsymbol{\nabla}\hat{c} = U\left(\boldsymbol{\nabla} - \frac{i}{\hbar}\boldsymbol{\mathcal{A}}_{\mathrm{s}}\right)\hat{a}$$

という共変微分になる．現れた

$$\mathcal{A}_{\mathrm{s},i} \equiv i\hbar U^{\dagger}\nabla_i U$$

は電子スピンに対して作用する **SU(2) ゲージ場**の空間成分 $(i = x, y, z)$ である．こうして $\hat{a}$ 電子で表現した運動エネルギー項は

$$\hat{H}_0 = \frac{\hbar^2}{2m}\int d^3r \left[\left(\boldsymbol{\nabla} + \frac{i}{\hbar}\boldsymbol{\mathcal{A}}_{\mathrm{s}}\right)\hat{a}^{\dagger}\right]\left[\left(\boldsymbol{\nabla} - \frac{i}{\hbar}\boldsymbol{\mathcal{A}}_{\mathrm{s}}\right)\hat{a}\right] \tag{6.27}$$

となる．同様に場の時間微分項は $\partial_t\hat{c} = U\left(\partial_t + \frac{i}{\hbar}\mathcal{A}_{\mathrm{s},t}\right)\hat{a}$ と，時間微分に比例したゲージ場

$$\mathcal{A}_{\mathrm{s},t} \equiv -i\hbar U^{\dagger}\partial_t U$$

を含む形になる[*2]．これらのことからユニタリ変換で得られたラグランジアンは

$$\begin{aligned}\hat{L} = \int d^3r \Bigg[& i\hbar\hat{a}^{\dagger}\dot{\hat{a}} - \frac{\hbar^2}{2m}|\nabla\hat{a}|^2 + \epsilon_{\mathrm{F}}\hat{a}^{\dagger}\hat{a} + M\hat{a}^{\dagger}\sigma_z\hat{a} \\ & -i\frac{\hbar^2}{2m}\sum_i(\hat{a}^{\dagger}\mathcal{A}_{\mathrm{s},i}\nabla_i\hat{a} - (\nabla_i\hat{a}^{\dagger})\mathcal{A}_{\mathrm{s},i}\hat{a}) - \frac{1}{2m}\mathcal{A}_{\mathrm{s}}^2\hat{a}^{\dagger}\hat{a} - \hat{a}^{\dagger}\mathcal{A}_{\mathrm{s},t}\hat{a}\Bigg]\end{aligned} \tag{6.28}$$

となる．この式からスピンの SU(2) 有効ゲージ場 $\mathcal{A}_{\mathrm{s},\mu}$ がスピン流とスピン密度と結合することがわかる．電子密度演算子 $\hat{n} \equiv \hat{a}^{\dagger}\hat{a}$，電子のスピン密度，スピン流密度の演算子をそれぞれ

---

*2　空間成分との符号の違いは式 (3.8) でのとおりである．

$$\hat{s}_\alpha \equiv \hat{a}^\dagger \sigma_\alpha \hat{a},$$
$$\hat{j}^\alpha_{\mathrm{s},i} \equiv \frac{-i\hbar}{2m}\hat{a}^\dagger \overleftrightarrow{\nabla}_i \sigma_\alpha \hat{a}$$

と定義すると (スピンの大きさ $\frac{1}{2}$ は除いて定義する)

$$\hat{L} = \int d^3r \left[i\hbar \hat{a}^\dagger \dot{\hat{a}} - \frac{\hbar^2}{2m}|\nabla \hat{a}|^2 + \epsilon_{\mathrm{F}}\hat{a}^\dagger \hat{a} + M\hat{a}^\dagger \sigma_z \hat{a} + \hat{j}^\alpha_{\mathrm{s},i}\mathcal{A}^\alpha_{\mathrm{s},i} - \frac{\hbar^2}{2m}\mathcal{A}^2_{\mathrm{s}}\hat{n} - \hat{s}_\alpha \mathcal{A}^\alpha_{\mathrm{s},t} \right] \tag{6.29}$$

である．こうして sd モデルで記述される系において，電子スピンに局在スピン構造が生み出す有効電磁場 (スピン電磁場) がはたらくことが場の理論的に示された．ここで用いたのは sd 交換相互作用を対角化するという操作のみで，物理的考察は不要であったことは場の理論の道具としての高い有用性を表している．

強い sd 相互作用極限での U(1) ゲージ場　$\mathcal{A}_{\mathrm{s},\mu}$ はスピンの 3 成分をもつ SU(2) ゲージ場であるが，M が大きい断熱極限ではスピン ↓ をもつ電子は非常に高いエネルギー状態にあるため，↓ スピンの電子を無視して $\hat{a} = (\hat{a}_\uparrow, 0)$ と考えてよい．するとゲージ場も z 成分 $\mathcal{A}^z_{\mathrm{s},\mu}$ のみが意味のある自由度となり，これが 3 章で位相から求めたスピンゲージ場である

$$A_{\mathrm{s},\mu} = \mathcal{A}^z_{\mathrm{s},\mu} = \pm\hbar\frac{1}{2}(1-\cos\theta)\partial_\mu \phi \tag{6.30}$$

である (符号 ± は $\mu = t$ と $\mu = x, y, z$ に対応)．こうして M が大きい極限では式 (6.29) から得られるハミルトニアンは

$$\hat{H} = \int d^3r \left[\frac{\hbar^2}{2m}\left[\left(\boldsymbol{\nabla} + \frac{i}{\hbar}\boldsymbol{A}_{\mathrm{s}}\right)\hat{a}^\dagger_\uparrow\right]\left[\left(\boldsymbol{\nabla} - \frac{i}{\hbar}\boldsymbol{A}_{\mathrm{s}}\right)\hat{a}_\uparrow\right] - M\hat{a}^\dagger_\uparrow \hat{a}_\uparrow + \frac{\hbar^2}{2m}(\boldsymbol{A}_{\mathrm{s}})^2\hat{n} + \hat{s}_z A_{\mathrm{s},t} \right] \tag{6.31}$$

となり，通常の電磁場のベクトルポテンシャル $\boldsymbol{A}_{\mathrm{s}}$ とスカラーポテンシャル $A_{\mathrm{s},t}$ (U(1) ゲージ場) で表される電場場中の荷電粒子のハミルトニアンに帰着する．したがって今のスピン電磁場が電子スピンに及ぼす影響は，通常の電磁場が電荷に与える影響と全く同じである．なおこの極限では電子が完全にスピン偏極しているため電流とスピン流は同じものになる．

以下，sd 交換相互作用を書き直したラグランジアン (6.28) に基づいていくつかの典型的な現象を記述してみよう．

6.3.1 電子が伝える強磁性交換相互作用

伝導電子が局在スピン間の強磁性交換相互作用に寄与することを議論しよう．これには虚時間形式の経路積分により式 (6.28) から電子を消去して得られる局在スピンの**有効ハミルトニアン**を求めればよい．有効ハミルトニアンは，ある自由度に注目するために他自由度の効果を取り込んで得られたハミルトニアンである．これに対応したラグランジアンは**有効ラグランジアン**である．虚時間のラグランジアン L_τ と実時間のそれ L は，$it \to \tau$ と

$$e^{i\int dtL} \to e^{-\int d\tau L_\tau}$$

により関係している．今の場合にゲージ場を含む部分とそれ以外に $L_\tau \equiv L_\tau^0 - H_\tau^A$ と分けると，それぞれは

$$\begin{aligned} L_\tau^0 &= \int d^3r \overline{a} \left(\hbar\partial_\tau - \frac{\hbar^2\nabla^2}{2m} + \epsilon_{\mathrm{F}} + M\sigma_z \right) a, \\ H_\tau^A &= \int d^3r \left(-j_{\mathrm{s},i}^\alpha \mathcal{A}_{\mathrm{s},i}^\alpha + \frac{\hbar^2 n}{2m}\mathcal{A}_{\mathrm{s}}^2 + s_\alpha \mathcal{A}_{\mathrm{s},0}^\alpha \right) \end{aligned} \tag{6.32}$$

である．ここで場の演算子はすべて経路積分表示のグラスマン数である．局在スピンの自由度は H_τ^A の中のゲージ場により表されている．これを 2 次まで取り入れた有効作用はファインマン図では**図 6–4** のように表され，式では

$$\begin{aligned} \Delta S \equiv & \int d\tau \int d^3r \left[\frac{n}{2m}\mathcal{A}_{\mathrm{s}}^2 + s_\alpha \mathcal{A}_{\mathrm{s},t}^\alpha \right] \\ & - \frac{1}{2}\int d\tau \int d\tau' \int d^3r \int d^3r' \mathcal{A}_{\mathrm{s},i}^\alpha(\tau, \boldsymbol{r}) \mathcal{A}_{\mathrm{s},j}^\beta(\tau', \boldsymbol{r}') \chi_{ij}^{\alpha\beta}(\tau, \boldsymbol{r}, \tau', \boldsymbol{r}') \end{aligned} \tag{6.33}$$

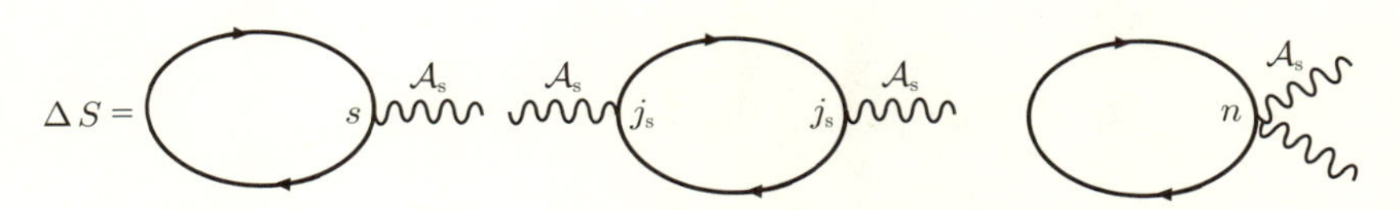

図 6–4 スピンゲージ場について 2 次までの有効作用への寄与．

である．ここで n と s_α は期待値で，また外場がない状況を考え $j_{\mathrm{s},i}^{\alpha}$ の期待値は 0 であるとした．L_τ^0 がスピンについて対角なので $s_\alpha = \delta_{\alpha,z} s$，$s \equiv \frac{1}{V}\sum_{\boldsymbol{k}\sigma} \sigma f_{\boldsymbol{k}\sigma}$ である．ゲージ場の 2 次の項はスピン流の相関関数

$$
\begin{aligned}
\chi_{ij}^{\alpha\beta}(\boldsymbol{r},\tau,\boldsymbol{r}',\tau') &\equiv \left\langle \hat{j}_{\mathrm{s},i}^{\alpha}(\boldsymbol{r},\tau)\hat{j}_{\mathrm{s},j}^{\beta}(\boldsymbol{r}',\tau') \right\rangle \\
&= \frac{1}{\beta}\sum_{\boldsymbol{q}\omega_l} e^{-i\omega_l(\tau-\tau')} e^{i\boldsymbol{q}\cdot(\boldsymbol{r}-\boldsymbol{r}')} \chi_{ij}^{\alpha\beta}(\boldsymbol{q}, i\omega_l)
\end{aligned}
$$

と表される．フーリエ表示では

$$
\chi_{ij}^{\alpha\beta}(\boldsymbol{q}, i\omega_l) = \frac{\hbar^2}{\beta V}\sum_{\boldsymbol{k}\omega_n} \frac{k_i k_j}{m^2} \mathrm{tr}[\sigma_\alpha G_{\boldsymbol{k}-\frac{\boldsymbol{q}}{2},\omega_n} \sigma_\beta G_{\boldsymbol{k}+\frac{\boldsymbol{q}}{2},\omega_n+\omega_l}]
$$

である．電子のエネルギー $\epsilon_{\boldsymbol{k}}$ が非等方的な場合には，この相関関数は i, j について非対角成分をもち異方的交換相互作用が発生し得る．以下では等方的な自由電子を考え具体的に計算をしてみよう．虚時間グリーン関数は式 (6.32) の L_τ^0 で決まり

$$
G_{\boldsymbol{k},\omega_n} \equiv \frac{1}{i\omega_n - \epsilon_k + M\sigma_z}
$$

とパウリ行列を含む ($\epsilon_k \equiv \frac{\hbar^2 k^2}{2m} - \epsilon_{\mathrm{F}}$)．対角行列 $A = \begin{pmatrix} A_+ & 0 \\ 0 & A_- \end{pmatrix} = \sum_{\sigma=\pm} A_\sigma (1+\sigma\sigma_z)$ と $B = \sum_{\sigma=\pm} B_\sigma(1+\sigma\sigma_z)$ に対してのトレースの公式

$$
\mathrm{tr}[\sigma_\alpha A \sigma_\beta B] = (\delta_{\alpha\beta} - \delta_{\alpha z}\delta_{\beta z})\sum_{\sigma=\pm} A_\sigma B_{-\sigma} + \delta_{\alpha z}\delta_{\beta z}\sum_{\sigma=\pm} A_\sigma B_\sigma - i\epsilon_{\alpha\beta z}\sum_{\sigma=\pm}\sigma A_\sigma B_{-\sigma} \tag{6.34}
$$

を使うと

$$
\chi_{ij}^{\alpha\beta} = (\delta_{\alpha\beta} - \delta_{\alpha z}\delta_{\beta z})\chi_{ij}^{xx} + \delta_{\alpha z}\delta_{\beta z}\chi_{ij}^{zz} + \epsilon_{\alpha\beta z}\chi_{ij}^{xy}
$$

と表せる．ここで

$$
\chi_{ij}^{xx}(\boldsymbol{q},\omega_l) \equiv \frac{\hbar^2}{\beta V}\sum_{\boldsymbol{k}\omega_n\sigma} \frac{k_i k_j}{m^2} G_{\boldsymbol{k}-\frac{\boldsymbol{q}}{2},\omega_n,\sigma} G_{\boldsymbol{k}+\frac{\boldsymbol{q}}{2},\omega_n+\omega_l,-\sigma},
$$

$$\chi_{ij}^{zz}(\boldsymbol{q},\omega_l)=\frac{\hbar^2}{\beta V}\sum_{\boldsymbol{k}\omega_n\sigma}\frac{k_ik_j}{m^2}G_{\boldsymbol{k}-\frac{\boldsymbol{q}}{2},\omega_n,\sigma}G_{\boldsymbol{k}+\frac{\boldsymbol{q}}{2},\omega_n+\omega_l,\sigma},$$

$$\chi_{ij}^{xy}(\boldsymbol{q},\omega_l)=\frac{\hbar^2}{\beta V}\sum_{\boldsymbol{k}\omega_n\sigma}\frac{k_ik_j}{m^2}(-i\sigma)G_{\boldsymbol{k}-\frac{\boldsymbol{q}}{2},\omega_n,\sigma}G_{\boldsymbol{k}+\frac{\boldsymbol{q}}{2},\omega_n+\omega_l,-\sigma}$$

はスピン流相関関数の各スピン成分である．フェルミオン (Fermion) の虚時間角振動数 $\omega_n=\frac{\pi}{\beta}(2n-1)$ の和はボゾン (Boson) のときの式 (4.49) と同様に複素積分の方法を用いて取ることができる．虚時間振動数の値に極をもつ関数 $[e^{\beta z}+1]^{-1}$ はフェルミ分布関数 $f(z)$ であるのでこれを用いて，振動数和を積分で表すための経路 C_i は図 4–2 のものと同じ虚軸を回る経路をとればよい．積分路を変形することで

$$\begin{aligned}\frac{1}{\beta}\sum_{\omega_n}G_{\boldsymbol{k},\omega_n,\sigma}G_{\boldsymbol{k}',\omega_n+\omega_l,\sigma'}&=-\int_{C_i}\frac{dz}{2\pi i}f(z)\frac{1}{z-\epsilon_{\boldsymbol{k}\sigma}}\frac{1}{z+i\omega_l-\epsilon_{\boldsymbol{k}'\sigma'}}\\&=\frac{f(\epsilon_{\boldsymbol{k}\sigma})-f(\epsilon_{\boldsymbol{k}'\sigma'})}{\epsilon_{\boldsymbol{k}\sigma}-\epsilon_{\boldsymbol{k}'\sigma'}+i\omega_l}\end{aligned}$$

が得られる．有効作用は局在スピンに関しての微分の 2 次まで求めれば十分であるが，今はゲージ場がすでに 1 次の微分を含むので $\chi_{ij}^{\alpha\beta}(\boldsymbol{q},i\omega_l)$ は $\boldsymbol{q}=0$，$\omega_l=0$ で評価すれば十分である．このとき相関関数は，

$$\chi_{ij}^{xx}(\boldsymbol{q}\to 0,\omega_l=0)=-\frac{\hbar^2(k_{\mathrm{F}+}^5-k_{\mathrm{F}-}^5)}{30\pi^2m^2M},\qquad \chi_{ij}^{xy}(\boldsymbol{q}\to 0,\omega_l=0)=0$$

$$\chi_{ij}^{zz}(0,0)=-\frac{n}{m}$$

である[*3]．ここで $n=\sum_\sigma n_\sigma$，$n_\sigma=\frac{k_{\mathrm{F}\sigma}^3}{6\pi^2}$ はスピン σ をもつ電子の密度である．これら $\boldsymbol{q}=0$，$\omega_l=0$ の成分は式 (6.33) において局所的な寄与を与え，これは $\Delta S=\int d\tau\Delta L$ と有効ラグランジアン ΔL で表される．こうして得られる有効ラグランジアンは

$$\Delta L=\int d^3rs\dot{\phi}\cos\theta-\Delta H$$

で，有効ハミルトニアン ΔH は

$$\Delta H=\int d^3r\frac{n}{2m}\left[1-\frac{k_{\mathrm{F}+}^5-k_{\mathrm{F}-}^5}{30\pi^2mnM}\right]\left[(\mathcal{A}_{\mathrm{s},i}^x)^2+(\mathcal{A}_{\mathrm{s},i}^y)^2\right] \tag{6.35}$$

*3 χ_{ij}^{xx} の計算においては $\boldsymbol{q}$ を有限にしたまま $\boldsymbol{k}$ の積分を実行し，あとで $q=0$ とする．

である．

$$(\mathcal{A}_{\mathrm{s},i}^{x})^2 + (\mathcal{A}_{\mathrm{s},i}^{y})^2 = \frac{\hbar^2}{4}(\nabla_i \boldsymbol{n})^2$$

であるので，ΔH はスピン間の交換相互作用

$$\Delta H = \int d^3r \frac{J_{\mathrm{e}}}{2}(\nabla \boldsymbol{n})^2 \tag{6.36}$$

に他ならない．ここで相互作用定数 J_{e} は

$$J_{\mathrm{e}} \equiv \frac{n\hbar^2}{4m}\left[1 - \frac{\hbar^2(k_{\mathrm{F}+}^5 - k_{\mathrm{F}-}^5)}{30\pi^2 mnM}\right]$$

である．この値は自由電子の場合 ($k_{\mathrm{F}\sigma} = \sqrt{2m(\epsilon_{\mathrm{F}} \pm M)}/\hbar$ を用いて) 0 以上であるので強磁性的である．この sd モデルに基づく簡単な計算により，伝導電子の遍歴性は強磁性を好むことが示された．電子の移動がスピンを保存して行われる状況では局在スピンの向きが乱れていると伝導性が犠牲になるからである．

こうして相互作用の結果伝導電子のスピン密度 s が有限の期待値をもちその方向も強磁性的相互作用をもつことがわかったが，実際の局在スピンの大きさ S および強磁性相互作用の大きさ J はこの伝導電子スピン分極も含んだものであるとみなすべきである．そこで以後は局在スピンのラグランジアンを

$$L_{\mathrm{eff}} = \int \frac{d^3r}{a^3}\left[-\hbar S\dot{\phi}(\cos\theta - 1) - \frac{J}{2}(\nabla \boldsymbol{n})^2\right] \tag{6.37}$$

として係数 S と J には伝導電子の寄与も含んでいると考えよう．

6.3.2　磁性への電流の効果

第 3 章で行った現象論的議論を微視的理論により裏付けておこう．

スピン移行効果　今の系に電場をかけ電流を流した状況を考えよう．強磁性金属では電流はスピン分極する．伝導電子のスピン緩和過程を無視すれば，流れるスピン流のスピン偏極は局在スピンで決まるので回転系での z 方向となる．このときの有効ラグランジアンはゲージ場を含む式 (6.28) である．このゲージ場の空間成分の 1 次の項がスピン流密度に比例するので，これをもとの局在スピンのラグランジアンに加えると

$$L_{\mathrm{eff}} = \int d^3r \left[-\hbar S[(\partial_t - \boldsymbol{v}_{\mathrm{s}} \cdot \nabla)\,\phi](\cos\theta - 1) - \frac{J_{\mathrm{e}}}{2}(\nabla \boldsymbol{n})^2 \right] \tag{6.38}$$

となる．時間微分と空間微分の組み合わさる項の形から，スピン構造が電子のスピン流に比例した速度 $\boldsymbol{v}_{\mathrm{s}}$ (式 (2.27)) に沿って流れるという解が得られることは 3.3 節で見たとおりである．これがスピン偏極電流により発生する**スピン移行効果**である．物理的には角運動量のやり取りを考えて理解できる効果であるが，場の理論では sd 相互作用をゲージ場で書き直すだけで導出できるのである．

Dzyaloshinskii–Moriya (DM) 相互作用　系の空間反転対称性が破れている場合には外場なくスピン流が自発的に流れることが許される．スピン流演算子は空間反転で符号反転し，時間反転で不変だからである．実際には空間反転対称性の破れに伴うスピン軌道相互作用，例えばラシュバ型など，が存在すれば自発的スピン流が存在する．このスピン流を回転系で見たときに非断熱成分 $j^x_{\mathrm{s},i}, j^y_{\mathrm{s},i}$ が存在すれば式 (6.28) から反転対称性の破れた磁気相互作用，**DM 相互作用**が現れることは 3.4 節で議論したとおりである．回転座標系でのスピン流に z 方向と垂直な成分 $\boldsymbol{j}_{\mathrm{s}}^{\perp} \equiv \boldsymbol{j}_{\mathrm{s}} - \hat{\boldsymbol{z}}(\hat{\boldsymbol{z}} \cdot \boldsymbol{j}_{\mathrm{s}})$ が存在すれば，このとき有効ハミルトニアンとして

$$H_{\mathrm{DM}} = \int \frac{d^3r}{a^3} D_i^j (\boldsymbol{n} \times \nabla_i \boldsymbol{n})_j$$

の形が現れる [5]．ここで

$$D_i^j \equiv \hbar a^3 j_{\mathrm{s},i}^{\perp(\mathrm{L}),j}$$

($j_{\mathrm{s},i}^{\perp(\mathrm{L}),j} \equiv \mathcal{R}_{jk} j_{\mathrm{s},i}^{\perp,k}$，$\mathcal{R}$ は式 (3.29) の回転行列) が自発的スピン流で決まっている DM 相互作用定数である．このときの局在スピンの有効ラグランジアンは

$$L_{\mathrm{eff}} = \int d^3r \left[-\hbar S\,(\partial_t - \boldsymbol{v}_{\mathrm{s}} \cdot \nabla)\,\phi(\cos\theta - 1) - \frac{J}{2}(\nabla \boldsymbol{n})^2 - D_i^{\alpha}(\boldsymbol{n} \times \nabla_i \boldsymbol{n}) \right] \tag{6.39}$$

となる．

6.4 電流のもとでの局在スピンの方程式

本節では強磁性金属に電流をかけた場合の局在スピンのふるまいを解析する．考える系は次のハミルトニアンで記述される sd モデルである．

$$H = H_S - M\int d^3r \boldsymbol{n}\cdot\hat{\boldsymbol{s}} + H_{\mathrm{e}}^0 \tag{6.40}$$

ここで H_S は局在スピンのハミルトニアン，H_{e}^0 は伝導電子のみのハミルトニアンである．$\hat{\boldsymbol{s}} \equiv c^\dagger\boldsymbol{\sigma}c$ は伝導電子スピン密度の場である．電流の効果は印加された電場を考慮することで取り入れる．電場はベクトルポテンシャル $\boldsymbol{A}$ の微分で $\boldsymbol{E} = -\dot{\boldsymbol{A}}$ として表す[*4]．つまり

$$H_{\mathrm{e}}^0 = \int d^3r\left[\frac{\hbar^2}{2m}|\nabla\hat{c}|^2 + \frac{ie\hbar}{2m}\boldsymbol{A}\cdot\hat{c}^\dagger\overleftrightarrow{\nabla}_i\hat{c} + \frac{e^2A^2}{2m}\hat{n}\right] \tag{6.41}$$

で，電子の全ハミルトニアンは

$$H_{\mathrm{e}} \equiv H_{\mathrm{e}}^0 - M\int d^3r\boldsymbol{n}\cdot\hat{\boldsymbol{S}}$$

となる．スピン軌道相互作用の効果はここでは考えないが，後に簡単に結果のみ議論する．この状況での電子の電流密度場はベクトルポテンシャルの運ぶ「反磁性項」が加わり

$$\hat{\boldsymbol{j}} \equiv -\frac{\delta H_{\mathrm{e}}}{\delta\boldsymbol{A}} = \frac{-ie\hbar}{2m}\hat{c}^\dagger\overleftrightarrow{\nabla}\hat{c} - \frac{e^2}{m}\hat{n}\boldsymbol{A}$$

となる．

ハミルトニアン (6.40) から局在スピンについて変分して導かれる運動方程式は

$$\dot{\boldsymbol{n}} = -\gamma\boldsymbol{B}_S\times\boldsymbol{n} + \frac{Ma^3}{\hbar S}\boldsymbol{n}\times\boldsymbol{s} \tag{6.42}$$

である．ここで $\gamma\boldsymbol{B}_S \equiv -\frac{1}{\hbar S}\frac{\delta H_S}{\delta\boldsymbol{n}}$ は局在スピンにはたらく有効磁場，a は格子定数である．式 (6.42) の最終項は伝導電子のスピン密度の期待値

---
*4　電場をスカラーポテンシャルの空間微分で表すよりも，このほうが線形応答の計算はやりやすい．

$$\boldsymbol{s} \equiv \langle \hat{\boldsymbol{s}} \rangle$$

も sd 交換相互作用を通して有効磁場としてはたらくことを表している．このスピン分極を電流と磁化構造を考慮して計算することで目的とする運動方程式が得られ，スピン移行効果などを導くことができる．このことを具体的にやってみよう．

式 (6.29) のラグランジアンに対応する回転系の電子 $\hat{a}$ で表されたハミルトニアンに電磁場のベクトルポテンシャルも考慮すると

$$H_{\mathrm{e}} = \int d^3r \left[\frac{\hbar^2}{2m} |\nabla \hat{a}|^2 - \epsilon_{\mathrm{F}} \hat{a}^\dagger \hat{a} - M \hat{a}^\dagger \sigma_z \hat{a} - \hat{j}^\alpha_{\mathrm{s},i} \mathcal{A}^\alpha_{\mathrm{s},i} + \hat{s}_\alpha \mathcal{A}^\alpha_{\mathrm{s},t} \right.$$
$$\left. + \frac{1}{2m} \mathcal{A}_{\mathrm{s}}^2 \hat{n} - \hat{\boldsymbol{j}}^0 \cdot \boldsymbol{A} + \frac{e^2}{2m} A^2 \hat{n} + \frac{e}{m} \hat{a}^\dagger A_i \mathcal{A}_{\mathrm{s},i} \hat{a} \right] \tag{6.43}$$

となる．ここの電流密度場はベクトルポテンシャル $\boldsymbol{A}$ を含まない部分 (常磁性成分)

$$\hat{j}^0_i \equiv \frac{-ie\hbar}{2m} \hat{a}^\dagger \overleftrightarrow{\nabla}_i \hat{a}$$

である．式 (6.43) の相互作用はファインマン図では**図 6–5** のように表される．回転系でのスピン密度の期待値 $\tilde{\boldsymbol{s}} \equiv \left\langle \hat{a}^\dagger \boldsymbol{\sigma} \hat{a} \right\rangle$ は実験室系のそれと回転行列 $\mathcal{R}$ で

$$s_i = \mathcal{R}_{ij} \tilde{s}_j$$

により結びついている．回転系での lesser グリーン関数

$$G^<_{\sigma,\sigma'}(\boldsymbol{r}, t, \boldsymbol{r}', t') \equiv \frac{i}{\hbar} \left\langle \hat{a}^\dagger_{\sigma'}(\boldsymbol{r}', t') \hat{a}_\sigma(\boldsymbol{r}, t) \right\rangle$$

を用いると

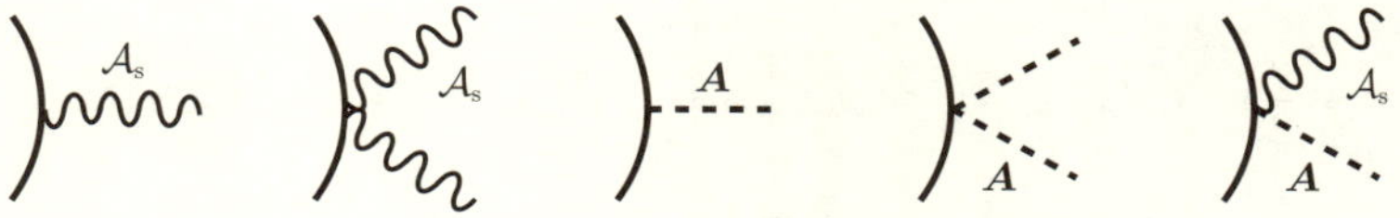

図 6–5　スピンゲージ場 $\mathcal{A}_{\mathrm{s}}$ および電磁場のベクトルポテンシャル $\boldsymbol{A}$ と，電子の相互作用を表すファインマン図．実線は電子のグリーン関数，波線と点線は，それぞれスピンゲージ場と電磁場のベクトルポテンシャルを表す．

$$\tilde{\boldsymbol{s}}(\boldsymbol{r},t) \equiv -i\hbar \mathrm{tr}[\boldsymbol{\sigma} G^{<}(\boldsymbol{r},t,\boldsymbol{r},t)]$$

である．

ここでは一様で定常的な電場がかけられた考える．電場を $\boldsymbol{E} = -\dot{\boldsymbol{A}}$ と時間微分で表すためベクトルポテンシャルには時間依存性を考慮する必要がある．そこでベクトルポテンシャルは角振動数 Ω をもっているとして計算の最後に $\Omega \to 0$ の極限を取り定常電場の効果を得ることにする．この方法は線形応答の計算には便利である [6]．lessor グリーン関数は複素時間経路 C 上の時間 t, t' で定義されたグリーン関数

$$G_{\sigma,\sigma'}(\boldsymbol{r},t,\boldsymbol{r}',t') \equiv -\frac{i}{\hbar}\left\langle T_C a_\sigma(\boldsymbol{r},t) a^{\dagger}{}_{\sigma'}(\boldsymbol{r}',t')\right\rangle$$

を求め計算することができる．経路上のグリーン関数は波数表示で

$$i\hbar\partial_t G_{\boldsymbol{k}\boldsymbol{k}'}(t,t') = \delta(t-t')\left\langle \{a_{\boldsymbol{k}}(t), a^{\dagger}{}_{\boldsymbol{k}'}(t')\}\right\rangle + \frac{i}{\hbar}\left\langle T_C [H, a_{\boldsymbol{k}}(t)] a^{\dagger}{}_{\boldsymbol{k}'}(t')\right\rangle$$

という時間発展方程式を満たし，これをもとに摂動展開をすることができる．断熱極限に近い領域での線形応答を考え，スピンゲージ場と電磁場のベクトルポテンシャルの両方について1次の寄与までで計算すると，波数 $\boldsymbol{k}+\frac{\boldsymbol{q}}{2}$ と $\boldsymbol{k}-\frac{\boldsymbol{q}}{2}$ に対してのグリーン関数のダイソン方程式は

$$\begin{aligned}
&G_{\boldsymbol{k}-\frac{\boldsymbol{q}}{2},\boldsymbol{k}+\frac{\boldsymbol{q}}{2}}(t,t') = g_{\boldsymbol{k}}(t-t')\delta_{\boldsymbol{q},0} \\
&\quad + \hbar\int_C dt_1 \left[\frac{\hbar}{m}k_i \mathcal{A}^{\alpha}_{\mathrm{s},i}(\boldsymbol{q},t_1) + \mathcal{A}^{\alpha}_{\mathrm{s},t}(\boldsymbol{q},t_1)\right] g_{\boldsymbol{k}-\frac{\boldsymbol{q}}{2}}(t-t_1)\sigma_\alpha g_{\boldsymbol{k}+\frac{\boldsymbol{q}}{2}}(t_1-t') \\
&\quad - \frac{e\hbar}{m}k_i\int_C dt_1 A_i(t_1) g_{\boldsymbol{k}}(t-t_1) g_{\boldsymbol{k}}(t_1-t') \\
&\quad + \frac{e}{m}\int_C dt_1 A_i(t_1)\mathcal{A}^{\alpha}_{\mathrm{s},i}(\boldsymbol{q},t_1) g_{\boldsymbol{k}-\frac{\boldsymbol{q}}{2}}(t-t_1)\sigma_\alpha g_{\boldsymbol{k}+\frac{\boldsymbol{q}}{2}}(t_1-t') \\
&\quad + \frac{e\hbar^2}{m^2}k_j\int_C dt_1\int_C dt_2 \\
&\quad \left[\left(k+\frac{q}{2}\right)_i A_i(t_2)\mathcal{A}^{\alpha}_{\mathrm{s},j}(\boldsymbol{q},t_1) g_{\boldsymbol{k}-\frac{\boldsymbol{q}}{2}}(t-t_1)\sigma_\alpha g_{\boldsymbol{k}+\frac{\boldsymbol{q}}{2}}(t_1-t_2) g_{\boldsymbol{k}+\frac{\boldsymbol{q}}{2}}(t_2-t')\right. \\
&\quad \left. + \left(k-\frac{q}{2}\right)_i \mathcal{A}^{\alpha}_{\mathrm{s},j}(t_1) A^{\alpha}_j(\boldsymbol{q},t_2) g_{\boldsymbol{k}-\frac{\boldsymbol{q}}{2}}(t-t_1) g_{\boldsymbol{k}-\frac{\boldsymbol{q}}{2}}(t_1-t_2)\sigma_\alpha g_{\boldsymbol{k}+\frac{\boldsymbol{q}}{2}}(t_2-t')\right] \\
&\quad + O((\mathcal{A}_{\mathrm{s}})^2, A^2)
\end{aligned} \tag{6.44}$$

となる．ここで $g_{\boldsymbol{k}}(t)$ は自由なグリーン関数である．

電流で誘起される電子スピン密度　電子のスピン分極は lessor グリーン関数の同時空点成分 $G^{<}(\boldsymbol{r},t,\boldsymbol{r},t)=\sum_{\boldsymbol{k}\boldsymbol{k}'}e^{i(\boldsymbol{k}-\boldsymbol{k}')\cdot\boldsymbol{r}}G^{<}_{\boldsymbol{k}\boldsymbol{k}'}(t,t)$ で与えられ，ファインマン図では同時空点 $\boldsymbol{r},t$ をつなぐ閉じた図で

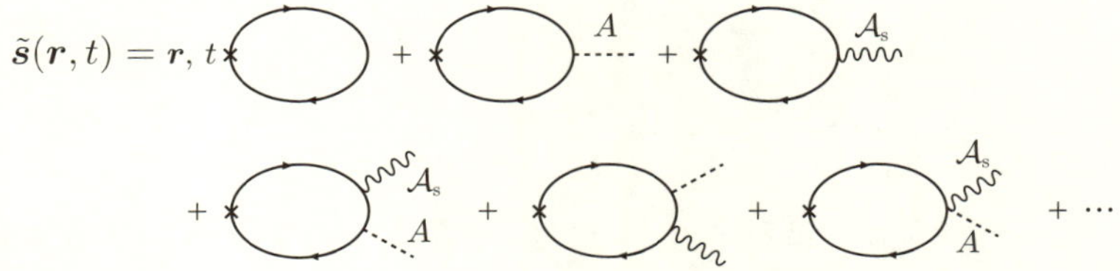

$\tilde{\boldsymbol{s}}(\boldsymbol{r},t) = \boldsymbol{r},t$ ×（ループ）＋ ×（ループ）A ＋ ×（ループ）$\mathcal{A}_{\rm s}$

＋ ×（ループ）$\mathcal{A}_{\rm s}$ A ＋ ×（ループ） ＋ ×（ループ）$\mathcal{A}_{\rm s}$ A ＋ ⋯

のように表される．第 1，2 項目は局在スピン構造の情報を含まず今は興味のない寄与である．第 3 項目は $\mathcal{A}_{\rm s}$(波線で表されている) に局在スピン構造の情報を含むが印加電流の効果は含まない平衡状態の寄与である．これは 3.3 節で述べたように局在スピンへのくりこみを表す寄与である．電流から生じるトルクは $\mathcal{A}_{\rm s}$ と A(点線で表す) の両方を含む第 4–6 項目である．経路上のグリーン関数から実時間の lessor グリーン関数を求めるには次の公式を用いる．

$$\left[\int_C dt_1 A(t,t_1)B(t_1,t')\right]^{<} = \int_{-\infty}^{\infty} dt_1 (A^{\rm r}(t,t_1)B^{<}(t_1,t') + A^{<}(t,t_1)B^{\rm a}(t_1,t'))$$

$$\left[\int_C dt_1 A(t,t_1)B(t_1,t')\right]^{\rm r} = \int_{-\infty}^{\infty} dt_1 A^{\rm r}(t,t_1)B^{\rm r}(t_1,t'). \tag{6.45}$$

$\mathcal{A}_{\rm s}$ で表される局在スピン構造と電流によりスピン密度には断熱成分に垂直な成分 $\tilde{s}^{\pm}\equiv\frac{1}{2}(\tilde{s}_x\pm i\tilde{s}_y)$ が誘起される．このうち電流のない場合の平衡成分を $\tilde{s}^{\pm,(0)}$ と表す．波数 $\boldsymbol{q}$ の関数として表すとこの寄与は

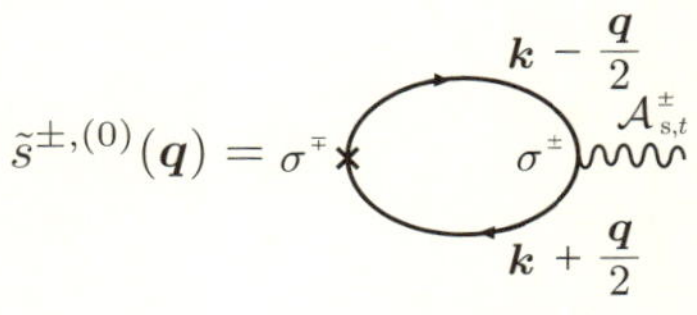

$\tilde{s}^{\pm,(0)}(\boldsymbol{q}) = \sigma^{\mp}$ ×（ループ：$\boldsymbol{k}-\frac{\boldsymbol{q}}{2}$，$\boldsymbol{k}+\frac{\boldsymbol{q}}{2}$，$\sigma^{\pm}$，$\mathcal{A}^{\pm}_{{\rm s},t}$）

$$= -i\frac{\hbar}{V}\int\frac{d\omega}{2\pi}\sum_{\boldsymbol{k}}\mathcal{A}^{\pm}_{{\rm s},t}(\boldsymbol{q})\left[g_{\boldsymbol{k}-\frac{\boldsymbol{q}}{2},\mp,\omega}\,g_{\boldsymbol{k}+\frac{\boldsymbol{q}}{2},\pm,\omega}\right]^{<}$$

となる．ここでスピンゲージ場の垂直成分は $\mathcal{A}^{\pm}_{\rm s}\equiv\frac{1}{2}(\mathcal{A}^{x}_{\rm s}\pm i\mathcal{A}^{y}_{\rm s})$ である．これは定常場としているため電子の角振動数 ω はすべて同じで，波数のみがこのゲージ場の運ぶ $\boldsymbol{q}$ だけ変化する．式 (6.45) と

$$g^{<}_{\boldsymbol{k}\sigma}(\omega) = f_{\boldsymbol{k}\sigma}\delta(\hbar\omega - \epsilon_{\boldsymbol{k}\sigma}) \tag{6.46}$$

を用いて

$$\begin{aligned}\tilde{s}^{\pm,(0)}(\boldsymbol{q}) &= -i\frac{\hbar}{V}\int\frac{d\omega}{2\pi}\sum_{\boldsymbol{k}}\sum_{\mu}\mathcal{A}^{\pm}_{\mathrm{s},t}(\boldsymbol{q})\left[g^{\mathrm{r}}_{\boldsymbol{k}-\frac{\boldsymbol{q}}{2},\mp,\omega}g^{<}_{\boldsymbol{k}+\frac{\boldsymbol{q}}{2},\pm,\omega} + g^{<}_{\boldsymbol{k}-\frac{\boldsymbol{q}}{2},\mp,\omega}g^{\mathrm{a}}_{\boldsymbol{k}+\frac{\boldsymbol{q}}{2},\pm,\omega}\right] \\ &= \frac{1}{V}\mathcal{A}^{\pm}_{\mathrm{s},t}(\boldsymbol{q})\sum_{\boldsymbol{k}}\frac{f_{\boldsymbol{k}+\frac{\boldsymbol{q}}{2},\pm} - f_{\boldsymbol{k}-\frac{\boldsymbol{q}}{2},\mp}}{\epsilon_{\boldsymbol{k}+\frac{\boldsymbol{q}}{2},\pm} - \epsilon_{\boldsymbol{k}-\frac{\boldsymbol{q}}{2},\mp}}\end{aligned}$$

が得られる．断熱極限では局在スピンの運ぶ波数 q は伝導電子のフェルミ波数と比べて小さいため無視すると結果は

$$\tilde{s}^{\pm,(0)}(\boldsymbol{q}) \simeq -\frac{s}{2M}\mathcal{A}^{\pm}_{\mathrm{s},t}(\boldsymbol{q}) \tag{6.47}$$

となる．ここで $s \equiv \frac{1}{V}\sum_{\boldsymbol{k}}(f_{\boldsymbol{k}+} - f_{\boldsymbol{k}-})$ は平衡スピン分極密度である．

一方，電流で誘起される非平衡成分は

$\tilde{s}^{\pm,(1\mathrm{a})}(\boldsymbol{q}) =$ 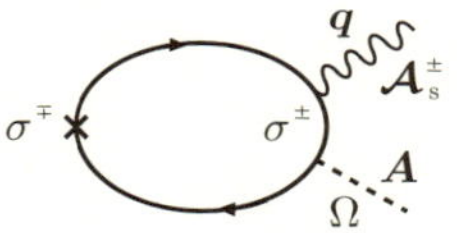

$+$ 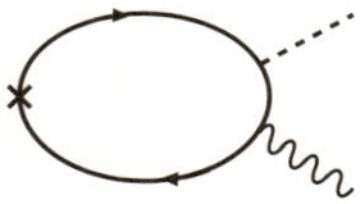

$$\begin{aligned}&= -i\frac{e\hbar^2}{m^2V}\lim_{\Omega\to 0}\int\frac{d\omega}{2\pi}\sum_{\boldsymbol{k}}\sum_{ij}A_i(\Omega)\mathcal{A}^{\pm}_{\mathrm{s},j}(\boldsymbol{q})k_j \\ &\left[\left(k+\frac{q}{2}\right)_i\left[g_{\boldsymbol{k}-\frac{\boldsymbol{q}}{2},\mp,\omega-\frac{\Omega}{2}}g_{\boldsymbol{k}+\frac{\boldsymbol{q}}{2},\pm,\omega-\frac{\Omega}{2}}g_{\boldsymbol{k}+\frac{\boldsymbol{q}}{2},\pm,\omega+\frac{\Omega}{2}}\right]^{<}\right. \\ &\left.+\left(k-\frac{q}{2}\right)_i\left[g_{\boldsymbol{k}-\frac{\boldsymbol{q}}{2},\mp,\omega-\frac{\Omega}{2}}g_{\boldsymbol{k}-\frac{\boldsymbol{q}}{2},\mp,\omega+\frac{\Omega}{2}}g_{\boldsymbol{k}+\frac{\boldsymbol{q}}{2},\pm,\omega+\frac{\Omega}{2}}\right]^{<}\right]\end{aligned}$$

$\tilde{s}^{\pm,(1\mathrm{b})}(\boldsymbol{q}) \equiv$ 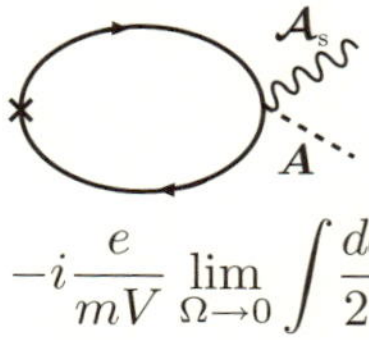

$$= -i\frac{e}{mV}\lim_{\Omega\to 0}\int\frac{d\omega}{2\pi}\sum_{\boldsymbol{k}}A_i(\Omega)\mathcal{A}^{\pm}_{\mathrm{s},i}(\boldsymbol{q})\left[g_{\boldsymbol{k}-\frac{\boldsymbol{q}}{2},\mp,\omega-\frac{\Omega}{2}}g_{\boldsymbol{k}+\frac{\boldsymbol{q}}{2},\pm,\omega+\frac{\Omega}{2}}\right]^{<} \tag{6.48}$$

の 2 つの寄与がある．1 つめの寄与は lesser 成分を取ると

$$\tilde{s}^{\pm,(1\mathrm{a})}(\boldsymbol{q}) = -i\frac{e\hbar^2}{m^2V}\lim_{\Omega\to 0}\int\frac{d\omega}{2\pi}\sum_{\boldsymbol{k}}\sum_{ij}A_i(\Omega)\mathcal{A}^{\pm}_{\mathrm{s},j}(\boldsymbol{q})k_j$$

$$\times\left[-f\left(\omega+\frac{\Omega}{2}\right)\left[\left(k+\frac{q}{2}\right)_i g^{\mathrm{r}}_{\boldsymbol{k}-\frac{\boldsymbol{q}}{2},\mp,\omega-\frac{\Omega}{2}} g^{\mathrm{r}}_{\boldsymbol{k}+\frac{\boldsymbol{q}}{2},\pm,\omega-\frac{\Omega}{2}} g^{\mathrm{r}}_{\boldsymbol{k}+\frac{\boldsymbol{q}}{2},\pm,\omega+\frac{\Omega}{2}}\right.\right.$$
$$\left.+\left(k-\frac{q}{2}\right)_i g^{\mathrm{r}}_{\boldsymbol{k}-\frac{\boldsymbol{q}}{2},\mp,\omega-\frac{\Omega}{2}} g^{\mathrm{r}}_{\boldsymbol{k}-\frac{\boldsymbol{q}}{2},\mp,\omega+\frac{\Omega}{2}} g^{\mathrm{r}}_{\boldsymbol{k}+\frac{\boldsymbol{q}}{2},\pm,\omega+\frac{\Omega}{2}}\right]$$
$$+f\left(\omega-\frac{\Omega}{2}\right)\left[\left(k+\frac{q}{2}\right)_i g^{\mathrm{a}}_{\boldsymbol{k}-\frac{\boldsymbol{q}}{2},\mp,\omega-\frac{\Omega}{2}} g^{\mathrm{a}}_{\boldsymbol{k}+\frac{\boldsymbol{q}}{2},\pm,\omega-\frac{\Omega}{2}} g^{\mathrm{a}}_{\boldsymbol{k}+\frac{\boldsymbol{q}}{2},\pm,\omega+\frac{\Omega}{2}}\right.$$
$$\left.+\left(k-\frac{q}{2}\right)_i g^{\mathrm{a}}_{\boldsymbol{k}-\frac{\boldsymbol{q}}{2},\mp,\omega-\frac{\Omega}{2}} g^{\mathrm{a}}_{\boldsymbol{k}-\frac{\boldsymbol{q}}{2},\mp,\omega+\frac{\Omega}{2}} g^{\mathrm{a}}_{\boldsymbol{k}+\frac{\boldsymbol{q}}{2},\pm,\omega+\frac{\Omega}{2}}\right]$$
$$+\left[f\left(\omega+\frac{\Omega}{2}\right)-f\left(\omega-\frac{\Omega}{2}\right)\right]$$
$$\times\left[\left(k+\frac{q}{2}\right)_i g^{\mathrm{r}}_{\boldsymbol{k}-\frac{\boldsymbol{q}}{2},\mp,\omega-\frac{\Omega}{2}} g^{\mathrm{r}}_{\boldsymbol{k}+\frac{\boldsymbol{q}}{2},\pm,\omega-\frac{\Omega}{2}} g^{\mathrm{a}}_{\boldsymbol{k}+\frac{\boldsymbol{q}}{2},\pm,\omega+\frac{\Omega}{2}}\right.$$
$$\left.\left.+\left(k-\frac{q}{2}\right)_i g^{\mathrm{r}}_{\boldsymbol{k}-\frac{\boldsymbol{q}}{2},\mp,\omega-\frac{\Omega}{2}} g^{\mathrm{a}}_{\boldsymbol{k}-\frac{\boldsymbol{q}}{2},\mp,\omega+\frac{\Omega}{2}} g^{\mathrm{a}}_{\boldsymbol{k}+\frac{\boldsymbol{q}}{2},\pm,\omega+\frac{\Omega}{2}}\right]\right]$$

である．電場への応答をベクトルポテンシャル $\boldsymbol{A}$ で表すと Ω の 1 次の項であるので，$\tilde{s}^{\pm,(1)}$ を Ω の 1 次まで展開する．展開は

$$\begin{aligned}
g^{\mathrm{r}}_{\boldsymbol{k}+\frac{\boldsymbol{q}}{2},\pm,\omega-\frac{\Omega}{2}} g^{\mathrm{r}}_{\boldsymbol{k}+\frac{\boldsymbol{q}}{2},\pm,\omega+\frac{\Omega}{2}} &= (g^{\mathrm{r}}_{\boldsymbol{k}+\frac{\boldsymbol{q}}{2},\pm,\omega+\frac{\Omega}{2}})^2 \\
&\quad - (g^{\mathrm{r}}_{\boldsymbol{k}+\frac{\boldsymbol{q}}{2},\pm,\omega+\frac{\Omega}{2}} - g^{\mathrm{r}}_{\boldsymbol{k}+\frac{\boldsymbol{q}}{2},\pm,\omega-\frac{\Omega}{2}}) g^{\mathrm{r}}_{\boldsymbol{k}+\frac{\boldsymbol{q}}{2},\pm,\omega+\frac{\Omega}{2}} \\
&= (g^{\mathrm{r}}_{\boldsymbol{k}+\frac{\boldsymbol{q}}{2},\pm,\omega+\frac{\Omega}{2}})^2 + \Omega (g^{\mathrm{r}}_{\boldsymbol{k}+\frac{\boldsymbol{q}}{2},\pm,\omega+\frac{\Omega}{2}})^3 + O(\Omega^2)
\end{aligned}$$

のように行い，同じグリーン関数の積は

$$\frac{\hbar^2\left(k+\frac{q}{2}\right)_i}{m}(g^{\mathrm{r}}_{\boldsymbol{k}+\frac{\boldsymbol{q}}{2},\sigma,\omega})^2 = \frac{\partial}{\partial k_i} g^{\mathrm{r}}_{\boldsymbol{k}+\frac{\boldsymbol{q}}{2},\sigma,\omega}$$

により $\boldsymbol{k}$ についての部分積分で書き換える．$\tilde{s}^{\pm,(1\mathrm{a})}$ についての結果は

$$\tilde{s}^{\pm,(1\mathrm{a})}(\boldsymbol{q}) = i\frac{e}{mV}\lim_{\Omega\to 0}\int\frac{d\omega}{2\pi}\sum_{\boldsymbol{k}}\sum_i A_i(\Omega)$$
$$\times\left[\mathcal{A}_{\mathrm{s},i}s^{\pm}(\boldsymbol{q})\left\{-f\left(\omega+\frac{\Omega}{2}\right) g^{\mathrm{r}}_{\boldsymbol{k}-\frac{\boldsymbol{q}}{2},\mp,\omega-\frac{\Omega}{2}} g^{\mathrm{r}}_{\boldsymbol{k}+\frac{\boldsymbol{q}}{2},\pm,\omega+\frac{\Omega}{2}}\right.\right.$$
$$\left.+f\left(\omega-\frac{\Omega}{2}\right) g^{\mathrm{a}}_{\boldsymbol{k}-\frac{\boldsymbol{q}}{2},\mp,\omega-\frac{\Omega}{2}} g^{\mathrm{a}}_{\boldsymbol{k}+\frac{\boldsymbol{q}}{2},\pm,\omega+\frac{\Omega}{2}}\right\} + \sum_j \Omega\mathcal{A}^{\pm}_{\mathrm{s},j}(\boldsymbol{q})\left\{\frac{\delta_{ij}}{2}f(\omega)\right.$$
$$\times\left[g^{\mathrm{r}}_{\boldsymbol{k}-\frac{\boldsymbol{q}}{2},\mp,\omega}(g^{\mathrm{r}}_{\boldsymbol{k}+\frac{\boldsymbol{q}}{2},\pm,\omega})^2 - (g^{\mathrm{r}}_{\boldsymbol{k}-\frac{\boldsymbol{q}}{2},\mp,\omega})^2 g^{\mathrm{r}}_{\boldsymbol{k}+\frac{\boldsymbol{q}}{2},\pm,\omega}\right.$$

$$
-(g^{\rm a}_{\boldsymbol{k}-\frac{\boldsymbol{q}}{2},\mp,\omega}(g^{\rm a}_{\boldsymbol{k}+\frac{\boldsymbol{q}}{2},\pm,\omega})^2-(g^{\rm a}_{\boldsymbol{k}-\frac{\boldsymbol{q}}{2},\mp,\omega})^2 g^{\rm a}_{\boldsymbol{k}+\frac{\boldsymbol{q}}{2},\pm,\omega})\Big]
$$

$$
+\frac{\hbar^2}{m}k_j\Bigg(f(\omega)\frac{q_i}{2}[(g^{\rm r}_{\boldsymbol{k}-\frac{\boldsymbol{q}}{2},\mp,\omega})^2(g^{\rm r}_{\boldsymbol{k}+\frac{\boldsymbol{q}}{2},\pm,\omega})^2-(g^{\rm a}_{\boldsymbol{k}-\frac{\boldsymbol{q}}{2},\mp,\omega})^2(g^{\rm a}_{\boldsymbol{k}+\frac{\boldsymbol{q}}{2},\pm,\omega})^2]
$$

$$
-f'(\omega)\left[\left(k+\frac{q}{2}\right)_i g^{\rm r}_{\boldsymbol{k}-\frac{\boldsymbol{q}}{2},\mp,\omega}g^{\rm r}_{\boldsymbol{k}+\frac{\boldsymbol{q}}{2},\pm,\omega}g^{\rm a}_{\boldsymbol{k}+\frac{\boldsymbol{q}}{2},\pm,\omega}\right.
$$

$$
\left.+\left(k-\frac{q}{2}\right)_i g^{\rm r}_{\boldsymbol{k}-\frac{\boldsymbol{q}}{2},\mp,\omega}g^{\rm a}_{\boldsymbol{k}-\frac{\boldsymbol{q}}{2},\mp,\omega}g^{\rm a}_{\boldsymbol{k}+\frac{\boldsymbol{q}}{2},\pm,\omega}\right]\Bigg)\Bigg\}\Bigg]+O(\Omega^2)
$$

である．もう1つの寄与は同様に

$$
\tilde{s}^{\pm,(1\mathrm{b})}(\boldsymbol{q})=-i\frac{e}{mV}\lim_{\Omega\to 0}\int\frac{d\omega}{2\pi}\sum_{\boldsymbol{k}}A_i(\Omega)\mathcal{A}^{\pm}_{\mathrm{s},i}(\boldsymbol{q})
$$

$$
\times\left[-f\left(\omega+\frac{\Omega}{2}\right)g^{\rm r}_{\boldsymbol{k}-\frac{\boldsymbol{q}}{2},\mp,\omega-\frac{\Omega}{2}}g^{\rm r}_{\boldsymbol{k}+\frac{\boldsymbol{q}}{2},\pm,\omega+\frac{\Omega}{2}}+f\left(\omega-\frac{\Omega}{2}\right)g^{\rm a}_{\boldsymbol{k}-\frac{\boldsymbol{q}}{2},\mp,\omega-\frac{\Omega}{2}}g^{\rm a}_{\boldsymbol{k}+\frac{\boldsymbol{q}}{2},\pm,\omega+\frac{\Omega}{2}}\right.
$$

$$
\left.+\Omega f'(\omega)g^{\rm r}_{\boldsymbol{k}-\frac{\boldsymbol{q}}{2},\mp,\omega-\frac{\Omega}{2}}g^{\rm a}_{\boldsymbol{k}+\frac{\boldsymbol{q}}{2},\pm,\omega+\frac{\Omega}{2}}\right]+O(\Omega^2) \tag{6.49}
$$

となる．両者の和をとるとベクトルポテンシャルそのものに依存する非物理的な Ω の0次の寄与は打ち消されることがわかる．したがって寄与は物理的な電場 $E_i=-i\Omega A_i$ で表され，その線形項は

$$
\tilde{s}^{\pm,(1)}(\boldsymbol{q})\equiv\tilde{s}^{\pm,(1\mathrm{a})}(\boldsymbol{q})+\tilde{s}^{\pm,(1\mathrm{b})}(\boldsymbol{q})
$$

$$
=\frac{e}{mV}\sum_i E_i\int\frac{d\omega}{2\pi}\sum_{\boldsymbol{k}}\sum_j\mathcal{A}^{\pm}_{\mathrm{s},j}(\boldsymbol{q})
$$

$$
\times\left[\frac{\hbar^2}{m}f'(\omega)k_j\left[\left(k+\frac{q}{2}\right)_i g^{\rm r}_{\boldsymbol{k}-\frac{\boldsymbol{q}}{2},\mp,\omega}g^{\rm r}_{\boldsymbol{k}+\frac{\boldsymbol{q}}{2},\pm,\omega}g^{\rm a}_{\boldsymbol{k}+\frac{\boldsymbol{q}}{2},\pm,\omega}\right.\right.
$$

$$
\left.+\left(k-\frac{q}{2}\right)_i g^{\rm r}_{\boldsymbol{k}-\frac{\boldsymbol{q}}{2},\mp,\omega}g^{\rm a}_{\boldsymbol{k}-\frac{\boldsymbol{q}}{2},\mp,\omega}g^{\rm a}_{\boldsymbol{k}+\frac{\boldsymbol{q}}{2},\pm,\omega}\right]
$$

$$
+\delta_{ij}\Bigg\{f'(\omega)g^{\rm r}_{\boldsymbol{k}-\frac{\boldsymbol{q}}{2},\mp,\omega}g^{\rm a}_{\boldsymbol{k}+\frac{\boldsymbol{q}}{2},\pm,\omega}
$$

$$
+f(\omega)\left[g^{\rm r}_{\boldsymbol{k}-\frac{\boldsymbol{q}}{2},\mp,\omega}(g^{\rm r}_{\boldsymbol{k}+\frac{\boldsymbol{q}}{2},\pm,\omega})^2-(g^{\rm r}_{\boldsymbol{k}-\frac{\boldsymbol{q}}{2},\mp,\omega})^2 g^{\rm r}_{\boldsymbol{k}+\frac{\boldsymbol{q}}{2},\pm,\omega}-(\mathrm{c.c.})\right]\Bigg\}
$$

$$
\left.+f(\omega)k_j q_i[(g^{\rm r}_{\boldsymbol{k}-\frac{\boldsymbol{q}}{2},\mp,\omega})^2(g^{\rm r}_{\boldsymbol{k}+\frac{\boldsymbol{q}}{2},\pm,\omega})^2-(g^{\rm a}_{\boldsymbol{k}-\frac{\boldsymbol{q}}{2},\mp,\omega})^2(g^{\rm a}_{\boldsymbol{k}+\frac{\boldsymbol{q}}{2},\pm,\omega})^2]\right] \tag{6.50}
$$

となる．ここまではスピンゲージ場の運ぶ波数 q を有限として計算を進めたが，断熱極限では電子のグリーン関数内の $\boldsymbol{q}$ は0としてよい．低温では $f'(\omega)=-\delta(\omega)$

であることを使うと断熱極限の表式として

$$\tilde{s}^{\pm,(1)}(\boldsymbol{q}) = -\frac{e}{2\pi m^2 V}\sum_{ij} E_i \mathcal{A}^{\pm}_{\mathrm{s},j}(\boldsymbol{q})\sum_{\boldsymbol{k}} \times \left[\frac{\hbar^2}{m}k_i k_j \left[g^{\mathrm{r}}_{\boldsymbol{k},\mp}g^{\mathrm{r}}_{\boldsymbol{k},\pm}g^{\mathrm{a}}_{\boldsymbol{k},\pm} + g^{\mathrm{r}}_{\boldsymbol{k},\mp}g^{\mathrm{a}}_{\boldsymbol{k},\mp}g^{\mathrm{a}}_{\boldsymbol{k},\pm}\right] + \delta_{ij}g^{\mathrm{r}}_{\boldsymbol{k},\mp}g^{\mathrm{a}}_{\boldsymbol{k},\pm} - \delta_{ij}\int d\omega f(\omega)\left[g^{\mathrm{r}}_{\boldsymbol{k},\mp,\omega}(g^{\mathrm{r}}_{\boldsymbol{k},\pm,\omega})^2 - (g^{\mathrm{r}}_{\boldsymbol{k},\mp,\omega})^2 g^{\mathrm{r}}_{\boldsymbol{k},\pm,\omega} - (\mathrm{c.c.})\right]\right] \tag{6.51}$$

が得られる．ここで $g^{\mathrm{a}}_{\boldsymbol{k},\sigma} \equiv g^{\mathrm{a}}_{\boldsymbol{k},\sigma,\omega=0}$ は角振動数を 0 としたグリーン関数である．電子のエネルギーが等方的で，弾性散乱の寿命がスピンによらない τ_{e} である場合を考えると，式 (6.51) の最初の項は $g^{\mathrm{r}}_{\boldsymbol{k},\sigma}g^{\mathrm{a}}_{\boldsymbol{k},\sigma} = i\tau_{\mathrm{e}}(g^{\mathrm{r}}_{\boldsymbol{k},\sigma} - g^{\mathrm{a}}_{\boldsymbol{k},\sigma})$ を使って

$$\sum_{\boldsymbol{k}} k_i k_j [g^{\mathrm{r}}_{\boldsymbol{k},\mp}g^{\mathrm{r}}_{\boldsymbol{k},\pm}g^{\mathrm{a}}_{\boldsymbol{k},\pm} + g^{\mathrm{r}}_{\boldsymbol{k},\mp}g^{\mathrm{a}}_{\boldsymbol{k},\mp}g^{\mathrm{a}}_{\boldsymbol{k},\pm}] = i\tau_{\mathrm{e}}\frac{\delta_{ij}}{3}\sum_{\boldsymbol{k}} k^2 [g^{\mathrm{r}}_{\boldsymbol{k},\mp}g^{\mathrm{r}}_{\boldsymbol{k},\pm} - g^{\mathrm{a}}_{\boldsymbol{k},\mp}g^{\mathrm{a}}_{\boldsymbol{k},\pm}]$$

と書き換えられる．このそれぞれの寄与は複素積分の方法を用いて

$$\begin{aligned}\frac{1}{V}\sum_{\boldsymbol{k}} k^2 g^{\mathrm{r}}_{\boldsymbol{k},\mp}g^{\mathrm{r}}_{\boldsymbol{k},\pm} &= \int_{-\epsilon_{\mathrm{F}}}^{\infty} d\epsilon\nu(\epsilon)(k(\epsilon))^2 \frac{1}{\epsilon \pm M - i\eta_{\mathrm{e}}}\frac{1}{\epsilon \mp M - i\eta_{\mathrm{e}}} \\ &= \frac{i\pi}{2M}[\nu_+(k_{\mathrm{F}+})^2 - \nu_-(k_{\mathrm{F}-})^2]\end{aligned}$$

と計算できる．式 (6.51) の他の寄与は $\frac{\hbar}{\epsilon_{\mathrm{F}}\tau_{\mathrm{e}}}$ 程度の小さい寄与であり無視した．こうして非平衡スピン分極は

$$\tilde{s}^{\pm,(1)} = -\frac{1}{2M}\boldsymbol{j}_{\mathrm{s}} \cdot \boldsymbol{\mathcal{A}}^{\pm}_{\mathrm{s}} \tag{6.52}$$

のように電流印加に伴い発生するスピン流密度 (電荷 e を含めず定義する)

$$\boldsymbol{j}_{\mathrm{s}} \equiv \frac{1}{e}(\sigma_{\mathrm{e}+} - \sigma_{\mathrm{e}-})\boldsymbol{E} \equiv \frac{P}{e}\boldsymbol{j}$$

に比例することがわかる．ここで

$$P \equiv \frac{\sigma_{\mathrm{e}+} - \sigma_{\mathrm{e}-}}{\sigma_{\mathrm{e}+} + \sigma_{\mathrm{e}-}}$$

は電流のスピン偏極度で，$\sigma_{\mathrm{e}\pm} \equiv \frac{e^2 n_{\pm}\tau_{\mathrm{e}}}{m}$ はスピンごとのボルツマン電気伝導度である．

一方，有限の q から生じる非断熱の寄与は $\tilde{s}^{\pm,\mathrm{na}}(\boldsymbol{q}) = \chi_{ij}^{\pm}(\boldsymbol{q}) E_i \mathcal{A}_{\mathrm{s},j}^{\pm}(\boldsymbol{q})$ のように，ある相関関数 $\chi_{ij}^{\pm}$ を含むため実空間では次のような非局所的な形になる [7, 8]．

$$\tilde{s}^{\pm,\mathrm{na}}(\boldsymbol{r}) = E_i \int d^3 r' \chi_{ij}^{\pm}(\boldsymbol{r}-\boldsymbol{r}') \mathcal{A}_{\mathrm{s},j}^{\pm}(\boldsymbol{r}'). \tag{6.53}$$

この寄与は局在スピン構造による電子の散乱の効果を表している．ただし非断熱の寄与を正確に評価するにはスピンゲージ場の高次の寄与も取り入れる必要がある．これは微分の1次であるスピンゲージ場は波数変化 $\boldsymbol{q}$ の1次と同等であるからである．

式 (6.47)，(6.52)，(6.53) をまとめると，回転系での今の電子のスピン分極は

$$\tilde{\boldsymbol{s}} = -\frac{1}{2M}\left[s\boldsymbol{\mathcal{A}}_{\mathrm{s},t} + \boldsymbol{j}_{\mathrm{s},i}\boldsymbol{\mathcal{A}}_{\mathrm{s},i}\right]^{\perp} + \tilde{\boldsymbol{s}}^{\mathrm{na}}$$

であり，実験室系でのそれは

$$\boldsymbol{s} \equiv \mathcal{R}\tilde{\boldsymbol{s}} = \frac{\hbar}{2M}\left[s(\boldsymbol{n}\times\dot{\boldsymbol{n}}) + [\boldsymbol{n}\times(\boldsymbol{j}_{\mathrm{s}}\cdot\nabla)\boldsymbol{n}]\right] + \boldsymbol{s}^{\mathrm{na}} \tag{6.54}$$

となる．$\boldsymbol{s}^{\mathrm{na}} \equiv \mathcal{R}\tilde{\boldsymbol{s}}^{\mathrm{na}}$ は非断熱性からの寄与である．

ここでスピン軌道相互作用やスピン反転散乱の寄与に触れておこう．この効果は伝導電子のスピン緩和としてはたらき，上で考えた成分に垂直なスピン分極を生み出すことが現象論的にいえ [9]，また微視的な計算によっても確かめられている [10, 11, 12]．スピン緩和の寄与を

$$\boldsymbol{s}^{\mathrm{sr}} = -\frac{\hbar S}{Ma^3}\left[\alpha_{\mathrm{sr}}\dot{\boldsymbol{n}} + \frac{a^3}{2S}\beta_{\mathrm{sr}}(\boldsymbol{j}_{\mathrm{s}}\cdot\nabla)\boldsymbol{n}\right]$$

と表そう．ここで α_{sr} および β_{sr} はスピン緩和率に比例した無次元の定数である．

以上の伝導電子スピン分極を式 (6.42) に取り入れることで，電流下での局在スピンの運動方程式は

$$(1+\delta)\dot{\boldsymbol{n}} = -\gamma\boldsymbol{B}\times\boldsymbol{n} - \alpha_{\mathrm{sr}}(\boldsymbol{n}\times\dot{\boldsymbol{n}}) - \frac{a^3}{2S}(\boldsymbol{j}_{\mathrm{s}}\cdot\nabla)\boldsymbol{n} - \beta_{\mathrm{sr}}\frac{a^3}{2S}[\boldsymbol{n}\times(\boldsymbol{j}_{\mathrm{s}}\cdot\nabla)\boldsymbol{n}] + \boldsymbol{\tau}_{\mathrm{na}} \tag{6.55}$$

であることがわかる．ここで $\delta \equiv \frac{sa^3}{2S}$ は伝導電子スピン分極による局在スピンへのくりこみ因子，$\tau_{\mathrm{na}} \equiv \frac{M}{\hbar S}\boldsymbol{n}\times\boldsymbol{S}^{\mathrm{na}}$ である．

この方程式に基づき以下では δ の寄与は全スピン S にすでに含まれているとして考えないことにする．スピン偏極した電流のもとでの断熱領域での局在スピンの挙動を理解することができる．

6.5　電流による磁壁駆動

2.5 節では，1 次元的磁壁にスピン偏極電流をかけた場合のスピン移行効果を現象論的考察により議論した．ここでは微視的に導かれた局在スピンダイナミクスを電流のもとで記述する運動方程式 (6.55) に基づいて，磁壁の運動を調べてみよう．外部磁場とピン止めはない状況を考える．1.6.1 節での磁場下の場合と同様に，集団座標で表した磁壁解 (1.27) を運動方程式 (6.55) に代入し空間積分を行うことで，2 つの集団座標に関しての運動方程式が

$$\begin{aligned}\dot{\phi} + \alpha\frac{\dot{X}}{\lambda_{\rm w}} &= \frac{\beta_{\rm w}}{\lambda_{\rm w}}\tilde{j} \\ \dot{X} - \alpha\lambda_{\rm w}\dot{\phi} &= -\,v_{\rm c}\sin 2\phi + \tilde{j}\end{aligned} \tag{6.56}$$

と求まる．ここで $v_{\rm c} \equiv \frac{K_{\rm h}\lambda_{\rm w}S}{2\hbar}$ と $\tilde{j} \equiv \frac{a^3 P}{2eS}j$ は速度の単位をもつ量で，$P \equiv ej_{\rm s}/j = \frac{\sigma_{\rm e+}-\sigma_{\rm e-}}{\sigma_{\rm e+}+\sigma_{\rm e-}}$ は電流のスピン偏極度である．また，

$$\beta_{\rm w} \equiv \beta_{\rm sr} + \beta_{\rm na}$$

は電流により磁壁にはたらく力を表すパラメータである．これには磁壁が伝導電子を散乱することから生じる寄与 $\beta_{\rm na}$ があり，またスピン緩和も磁壁には同じく力としてはたらく ($\beta_{\rm sr}$)．前者は非局所トルク $\boldsymbol{\tau}_{\rm na}$ から生じており，磁壁によって発生する電気抵抗 $R_{\rm w}$ を用いると

$$\beta_{\rm na} \equiv \frac{e^2}{h}N_{\rm w}R_{\rm w}$$

と表される [13, 8]．ここで $N_{\rm w} = nA\lambda_{\rm w}$ 磁壁中にあるスピンの総数 (A は磁壁の断面積) である．$\beta_{\rm w}$ はスピン緩和と電子散乱という 2 つの非断熱性から生じており，磁壁に対する非断熱の度合を表すパラメータである．スピン緩和と電子散乱の効果はトルクとしては全く異なる形をしているが，磁壁に対しては同じように力 (式 (6.56) の $\dot{\phi}$ の右辺) としてはたらくことは興味深い．

$\beta_{\mathrm{w}} = 0$ の場合には，定常的な電流密度 $\tilde{j}$ の元での解は

$$\overline{\dot{X}} = \begin{cases} 0 & (\tilde{j} < \tilde{j}_{\mathrm{c}}^{\mathrm{i}}) \\ \frac{1}{1+\alpha^2}\sqrt{\tilde{j}^2 - (\tilde{j}_{\mathrm{c}}^{\mathrm{i}})^2} & (\tilde{j} \geq \tilde{j}_{\mathrm{c}}^{\mathrm{i}}) \end{cases}$$

である．ここで $\tilde{j}_{\mathrm{c}}^{\mathrm{i}} \equiv v_{\mathrm{c}}$ は磁壁の運動を起こすために必要な閾値電流密度であり，図 6–6 にあるようにこの値以下では磁壁は動かない．この閾値電流密度を $\mathrm{A/m^2}$ の単位で表すと

$$j_{\mathrm{c}}^{\mathrm{i}} = \frac{eS^2}{Pa^3\hbar} K_{\mathrm{h}} \lambda_{\mathrm{w}}$$

である．この閾値以下の電流を印加した場合，電流のスピン偏極により発生するトルクは磁壁の面を傾けること (ϕ の成長) に使われ磁壁の並進運動には費やされないのである．外的なピン止めがなくても磁壁が動けないのでこれを**内的ピン止め**効果とよぶ．閾値は磁壁の面が $\frac{\pi}{2}$ となる電流密度で，これを超える並進運動が誘起される．並進運動と一緒に角度 ϕ も回転を続け，このため磁壁の速度は時間的に振動する．これは Walker's breakdown 以上の外部磁場中の磁壁が振動しながら並進するのと同じである．

非断熱パラメータ β_{w} が有限の場合，内的ピン止めの閾値は消滅し磁壁は有限の電流をかければ必ず動く (もちろん外的ピン止め効果を無視した範囲で)．このときの磁壁解は電流が

$$\tilde{j}_{\mathrm{a}} \equiv \frac{v_{\mathrm{c}}}{1 - \frac{\beta_{\mathrm{w}}}{\alpha}} \tag{6.57}$$

で与えられる値より大きいか小さいかで異なる挙動を示す．電流が大きい $|\tilde{j}| > |\tilde{j}_{\mathrm{a}}|$ の領域では，解は振動する

$$\dot{X} = \frac{\beta_{\mathrm{w}}}{\alpha}\tilde{j} + \frac{v_{\mathrm{c}}}{1+\alpha^2} \frac{\left(\frac{\tilde{j}}{\tilde{j}_{\mathrm{a}}}\right)^2 - 1}{\frac{\tilde{j}}{\tilde{j}_{\mathrm{a}}} - \sin(\omega t - \vartheta)} \tag{6.58}$$

となる．ここで

$$\omega \equiv \frac{2v_{\mathrm{c}}}{\lambda_{\mathrm{w}}} \frac{\alpha}{1+\alpha^2} \sqrt{\left(\frac{\tilde{j}}{\tilde{j}_{\mathrm{a}}}\right)^2 - 1}$$

は振動の角振動数で $\sin\vartheta \equiv \frac{v_{\rm c}}{(\frac{\beta_{\rm w}}{\alpha}-1)\tilde{j}}$ である．このとき時間平均した磁壁の速さは

$$\overline{\dot{X}} = \frac{\beta_{\rm w}}{\alpha}\tilde{j} + \frac{v_{\rm c}}{1+\alpha^2}\frac{1}{\tilde{j}_{\rm a}}\sqrt{\tilde{j}^2 - \tilde{j}_{\rm a}^2} \tag{6.59}$$

である．小さい電流密度領域 $|\tilde{j}| < |\tilde{j}_{\rm a}|$ では ω が純虚数となり式 (6.58) の解は減衰をもつ解となる．磁壁の終端速度は

$$\dot{X} \to \frac{\beta_{\rm w}}{\alpha}\tilde{j} \tag{6.60}$$

である．磁壁の角度 ϕ も

$$\sin 2\phi \to \left(\frac{\beta_{\rm w}}{\alpha} - 1\right)\frac{\tilde{j}}{v_{\rm c}} \tag{6.61}$$

で決まる終端値に向かう．時間平均した磁壁の速さを電流密度の関数としてプロットしたのが**図 6–6** である．

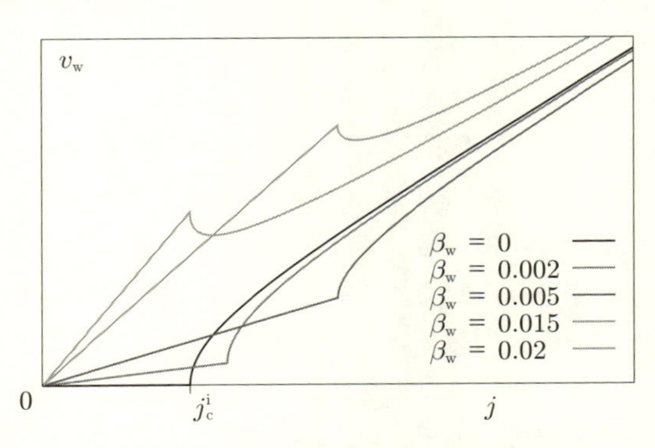

図 6–6　定常スピン偏極電流のもとでの時間平均した磁壁の速さ $v_{\rm w}$．ギルバート緩和定数は $\alpha = 0.01$ の場合で，非断熱パラメータ $\beta_{\rm w}$ はいくつかの場合を図示している．$j_{\rm c}^{\rm i}$ は $\beta_{\rm w} = 0$ の場合に見られる内的ピン止め閾値である．速さの微分が不連続になっている電流密度が $\tilde{j}_{\rm a}$ である．

以上，局在スピンの運動方程式 (6.55) に磁壁解を代入することで磁壁の運動を議論した．一方で磁壁を表す 2 変数で表したラグランジアン (1.36) に sd 交換相互作用を入れて磁壁の運動方程式を求めると，外部磁場 H_z も考慮すると

$$\dot{X} - \alpha\lambda_{\rm w}\dot{\phi} = v_{\rm c}\sin 2\phi + \frac{\lambda_{\rm w}}{\hbar N_{\rm w} S}\tau_z \tag{6.62}$$

$$\dot{\phi} + \alpha \frac{\dot{X}}{\lambda_{\mathrm{w}}} = \mu_0 \gamma H_z + \frac{\lambda_{\mathrm{w}}}{\hbar N_{\mathrm{w}} S} F_{\mathrm{e}} \tag{6.63}$$

が得られる [13]．ここで

$$\tau_z \equiv -M \int d^3 r (\boldsymbol{n}_0 \times \boldsymbol{s})_z$$
$$F_{\mathrm{e}} \equiv -M \int d^3 r (\nabla_x \boldsymbol{n}_0) \cdot \boldsymbol{s}$$

はそれぞれ電子が磁壁に与えるトルクと力で，後者は磁壁と電子の sd 交換相互作用がつくるポテンシャルエネルギーの微分になっている ($\boldsymbol{n}_0$ は局在スピンの方向ベクトル $\boldsymbol{n}$ に磁壁解を代入したもの)．式 (6.54) で求めた伝導電子スピン密度をこれらに代入すれば式 (6.56) が得られる．

磁壁駆動の閾値電流　内的ピン止め効果は磁壁に特有な興味深い効果である．この閾値電流密度は系の困難軸磁気異方性エネルギー K_{h} で決まっているので系の形状により制御することができる．内的ピン止めの系は応用を考えた際に重要な性質をもっており，それは外部磁場や外的ピン止めの影響をほとんど受けないという特徴である [13]．これは，内的ピン止めは式 (6.56) の 2 つめの式で表されるトルクで決まる現象であるのに対して，磁壁への力である外部磁場やピン止め効果は 1 つめの式で記述されるため，これらの 2 つの効果が直接競合することがないためである．実験的には内的ピン止め領域は磁化容易軸を薄膜に垂直方向にもつ垂直磁気異方性強磁性薄膜で実現されており，閾値電流が磁場にほとんど依存しない事実も確かめられている [14]．この内的ピン止めの特性は，制御できない欠陥によるピン止めなどの要因が特性に影響しない事実は磁壁に基づくメモリを実現する際には大きな利点となると期待される．

これに対して面内に容易軸をもつ薄膜強磁性体では多くの場合非断熱パラメータ β_{w} が重要な外的ピン止め領域にある．この領域では磁壁駆動に必要な閾値は外的なピン止めポテンシャルの深さ V_{e} と電流が β_{w} 項により生み出す力との兼ね合いで

$$j_{\mathrm{c}}^{\mathrm{e}} \propto \frac{V_{\mathrm{e}}}{\beta_{\mathrm{w}}}$$

と決まる [15]．面白いことは，外的ピン止めの状況ではスピン緩和が強いほうが β_w が大きくなり結果的に駆動に必要な電流閾値が下がることである．また同じピン止めの強さであれば薄い磁壁のほうが電子を強く反射するため β_w が大きい．

多層構造における磁壁駆動　2010 年頃以降，電流駆動磁壁移動は薄い強磁性体を重い非磁性金属などと組み合わせた多層構造においても盛んに研究されている．Bi などの重い金属を含む界面では強いラシュバ (Rashba) 型スピン軌道相互作用が生じる可能性があり，その場合は電流により強い有効磁場が発生し磁壁の駆動を大きく助けることが期待される [16, 17]．ラシュバ型によるこの効果の実験報告は 2010 年にあったが [18]，その後その実験はラシュバ型によるものでなく次に述べる非磁性体中のスピンホール効果によって説明され，2018 年の段階ではラシュバ型による磁壁駆動促進の実験的確認はされていない．Ta, Pt などの非磁性金属と強磁性体との多層構造では非磁性金属中を流れる電流が起こすスピンホール効果により強磁性体との界面に特定の方向のスピン分極を生成しそれが強磁性体の磁化に及ぼすトルクがやはり磁壁起動を大きく促進することが知られている [19]．また，2 枚の強磁性体を絶縁層を挟んで反強磁性的に結合させた synthetic anti-ferroamgnet 系も磁壁駆動においてメリットがあることが理論と実験から示唆されている [20, 21, 22]．ラシュバスピン軌道相互作用を局所的に導入すれば，電流からの強磁場生成効果を用いて磁壁をその位置に効率的に停止させ，また電流パルスで再駆動することができることが理論的に指摘されており，これはレーストラックメモリ (2.1.1 節) などには役立つと期待される [23]．

6.6 まとめ

場の理論の応用例として電流のもとでの局在スピンの運動を紹介した．場の理論は系の低エネルギー励起を引き出し物理を抽出するのに大変強力である．この道具をいろいろな現象に対してどんどん使い，新しい物理を切り開いていただきたい．

参考文献

[1] A. Crépieux and P. Bruno. Theory of the anomalous Hall effect from the kubo formula and the dirac equation. *Phys. Rev. B*, **64**, 014416 (2001).

[2] Y. Kato, R. C. Myers, A. C. Gossard, and D. D. Awschalom. Observation of the spin hall effect in semiconductors. *Science*, **306**, 1910 (2004).

[3] G. Tatara. Spin correlation function theory of spin-charge conversion effects. *Phys. Rev. B*, **98**, 174422 (2018).

[4] G. Tatara and S. Mizukami. Consistent microscopic analysis of spin pumping effects. *Phys. Rev. B*, **96**, 064423 (2017).

[5] T. Kikuchi, T. Koretsune, R. Arita, and G. Tatara. Dzyaloshinskii-moriya interaction as a consequence of a Doppler shift due to spin-orbit-induced intrinsic spin current. *Phys. Rev. Lett.*, **116**, 247201 (2016).

[6] J. Rammer and H. Smith. Quantum field-theoretical methods in transport theory of metals. *Rev. Mod. Phys.*, **58**, 323 (1986).

[7] G. Tatara, H. Kohno, J. Shibata, Y. Lemaho, and K.-J. Lee. Spin torque and force due to current for general spin textures. *J. Phys. Soc. Jpn.*, **76**, 054707 (2007).

[8] G. Tatara, H. Kohno, and J. Shibata. Microscopic approach to current-driven domain wall dynamics. *Physics Reports*, **468**, 213 (2008).

[9] S. Zhang and Z. Li. Roles of nonequilibrium conduction electrons on the magnetization dynamics of ferromagnets. *Phys. Rev. Lett.*, **93**, 127204 (2004).

[10] H. Kohno, G. Tatara, and J. Shibata. Microscopic calculation of spin torques in disordered ferromagnets. *J. Phys. Soc. Japan*, **75**, 113706 (2006).

[11] H. Kohno and J. Shibata. Gauge field formulation of adiabatic spin torques. *J. Phys. Soc. Japan*, **76**, 063710 (2007).

[12] G. Tatara and Peter Entel. Calculation of current-induced torque from spin continuity equation. *Phys. Rev. B*, **78**, 064429 (2008).

[13] G. Tatara and H. Kohno. Theory of current-driven domain wall motion: Spin transfer versus momentum transfer. *Phys. Rev. Lett.*, **92**, 086601 (2004).

[14] T. Koyama, D. Chiba, K. Ueda, K. Kondou, H. Tanigawa, S. Fukami, T.

Suzuki, N. Ohshima, N. Ishiwata, Y. Nakatani, K. Kobayashi, and T. Ono. Observation of the intrinsic pinning of a magnetic domain wall in a ferromagnetic nanowire. *Nat Mater*, **10**, 194 (2011).

[15] G. Tatara, T. Takayama, H. Kohno, J. Shibata, Y. Nakatani, and H. Fukuyama. Threshold current of domain wall motion under extrinsic pinning, β-term and non-adiabaticity. *J. Phys. Soc. Japan*, **75**, 064708 (2006).

[16] K. Obata and G. Tatara. Current-induced domain wall motion in Rashba spin-orbit system. *Phys. Rev. B*, **77**, 214429 (2008).

[17] A. Manchon and S. Zhang. Theory of spin torque due to spin-orbit coupling. *Phys. Rev. B*, **79**, 094422 (2009).

[18] I. M. Miron, G. Gaudin, S. Auffret, B. Rodmacq, A. Schuhl, S. Pizzini, J. Vogel, and P. Gambardella. Current-driven spin torque induced by the Rashba effect in a ferromagnetic metal layer. *Nature Mater.*, **9**, 230 (2010).

[19] S. Emori, U. Bauer, S.-M. Ahn, E. Martinez, and G. S. D. Beach. Current-driven dynamics of chiral ferromagnetic domain walls. *Nat. Mater.*, **12**, 611 (2013). Letter.

[20] H. Saarikoski, H. Kohno, C. H. Marrows, and G. Tatara. Current-driven dynamics of coupled domain walls in a synthetic antiferromagnet. *Phys. Rev. B*, **90**, 094411 (2014).

[21] S.-H. Yang, K.-S. Ryu, and S. Parkin. Domain-wall velocities of up to 750ms^{-1} driven by exchange-coupling torque in synthetic antiferromagnets. *Nat. Nano.*, **10**, 221 (2015).

[22] S. Lepadatu, H. Saarikoski, R. Beacham, M. J. Benitez, T. A. Moore, G. Burnell, S. Sugimoto, D. Yesudas, M. C. Wheeler, J. Miguel, S. S. Dhesi, D. McGrouther, S. McVitie, G. Tatara, and C. H. Marrows. Synthetic ferrimagnet nanowires with very low critical current density for coupled domain wall motion. *Sci. Rep.*, **7**, 1640 (2017).

[23] G. Tatara, H. Saarikoski, and C. Mitsumata. Efficient stopping of current-driven domain wall using a local Rashba field. *Appl. Phys. Exp.*, **9**, 103002 (2016).

付 録A

経路積分の応用：超伝導

経路積分法の有用さを実感する典型例は超伝導である．ここでは本の主題からはそれてしまうがBCS (Bardeen–Cooper–Schrieffer) 理論で記述されるフォノンによる超伝導発現を考える．記述すべき現象は，1. 伝導電子とフォノンの相互作用により伝導電子間に引力が発生し，2. 引力により伝導電子対 (クーパー対) の凝縮が起きる，の2つである．

伝導電子はフォノンとの相互作用の他は相互作用をもたない自由電子とする．波数 $\boldsymbol{k}$ の電子のエネルギーをフェルミエネルギー $\epsilon_{\rm F}$ から測ったものを $\epsilon_{\boldsymbol{k}} = \frac{\hbar^2 k^2}{2m} - \epsilon_{\rm F}$ とすると，虚時間でのラグランジアンを波数表示で表したものは

$$L_{\rm e} = \sum_{\boldsymbol{k}} \bar{c}_{\boldsymbol{k}}(\partial_\tau + \epsilon_{\boldsymbol{k}})c_{\boldsymbol{k}}$$

である．いうまでもなく電子を表す場 $\bar{c}$ と c はグラスマン数である．

フォノンの方は，場を $\bar{b}$ と b で表し波数 $\boldsymbol{q}$ をもつもののエネルギーを $\omega_{\boldsymbol{q}}$ として

$$L_{\rm p} = \sum_{\boldsymbol{q}} \bar{b}_{\boldsymbol{q}}(\partial_\tau + \omega_{\boldsymbol{q}})b_{\boldsymbol{q}}$$

とする．フォノンにはいくつかのモードがあるがここではその1つを代表的に考えている．電子とフォノンの間の相互作用は，原子位置の変位と電子密度が相互作用することで生じる．原子の変位は実空間 $\boldsymbol{r}$ 上のボゾン場では $b + \bar{b}$ の形で表されるが，電子密度と結合するのは変位の空間変化 $\nabla(b + \bar{b})$ である．したがって相互作用ラグランジアンは

$$L_{\rm e-p} = \sum_{\boldsymbol{kq}} i\alpha_q(b_{\boldsymbol{q}} - \bar{b}_{-\boldsymbol{q}})\bar{c}_{\boldsymbol{k}+\boldsymbol{q}}c_{\boldsymbol{k}} = \sum_{\boldsymbol{q}} i\alpha_q(b_{\boldsymbol{q}} - \bar{b}_{-\boldsymbol{q}})\rho_{\boldsymbol{q}}$$

と書ける．ここで係数は $\alpha_q \equiv \frac{q\mathcal{A}}{\sqrt{2M\omega_q}}$ ($\mathcal{A}$ は定数，M は原子質量) で，

$$\rho_{\boldsymbol{q}} \equiv \sum_{\boldsymbol{k}} \bar{c}_{\boldsymbol{k}+\boldsymbol{q}}c_{\boldsymbol{k}}$$

は電子密度の場である．

全系の分配関数は

$$Z = \int \mathcal{D}\bar{c}\mathcal{D}c\mathcal{D}\bar{b}\mathcal{D}b e^{-\int_0^\beta d\tau (L_\mathrm{e}+L_\mathrm{p}+L_\mathrm{e-p})}$$

である．電子が超伝導状態になるかどうかを調べるためにフォノン場の効果を取り込んだ電子の有効作用を求めよう．フォノン場についての経路積分

$$Z_\mathrm{p} \equiv \int \mathcal{D}\bar{b}\mathcal{D}b e^{-\int_0^\beta d\tau (L_\mathrm{p}+L_\mathrm{e-p})} \tag{A.1}$$

は次のように実行できる．

$$\begin{aligned} Z_\mathrm{p} &= \int \mathcal{D}\bar{b}\mathcal{D}b \exp\left[-\sum_{l\boldsymbol{q}}\left((-i\omega_l+\omega_q)\left|b_{\boldsymbol{q}l} - \frac{i\alpha_q}{-i\omega_l+\omega_q}\rho_{\boldsymbol{q}l}\right|^2 - \frac{\alpha_q^2}{-i\omega_l+\omega_q}|\rho_{\boldsymbol{q}l}|^2\right)\right] \\ &= \exp\left[\sum_{l\boldsymbol{q}} \frac{\alpha_q^2}{-i\omega_l+\omega_q}|\rho_{\boldsymbol{q}l}|^2\right] \times \text{定数} \end{aligned}$$

ここで $\omega_l \equiv \frac{2\pi l}{\beta}$ はボゾンの虚時間振動数 (l は整数)．場を含まない定数はラグランジアンとして意味ある寄与はしないので無視すれば，フォノンから生じる有効作用は

$$\delta L_\mathrm{p} = -\frac{1}{\beta}\sum_{l\boldsymbol{q}} \frac{\alpha_q^2}{-i\omega_l+\omega_q}|\rho_{\boldsymbol{q}l}|^2 \tag{A.2}$$

である．ファインマン図で表すとこの有効ラグランジアンは，電子とフォノンの相互作用の図を複数組み合わせてフォノンの線を閉じて得られる図に対応している：

$$Z_\mathrm{p} = \int \mathcal{D}\bar{b}\mathcal{D}b \exp\left[\quad\right] = \quad + \cdots \tag{A.3}$$

得られた有効ラグランジアンを虚時間と実空間で表すと

$$\delta L_\mathrm{p} = \int d\tau \int d\tau' \int d^3r \int d^3r' \chi(\tau-\tau', \boldsymbol{r}-\boldsymbol{r}')\rho(\boldsymbol{r},\tau)\rho(\boldsymbol{r}',\tau') \tag{A.4}$$

となる．ここでフォノンが電子密度をつなぐ効果は相関関数 $\chi(\tau-\tau',\boldsymbol{r}-\boldsymbol{r}')\equiv\frac{1}{\beta}\sum_{l,\boldsymbol{q}}e^{-i\omega_l(\tau-\tau')}e^{i\boldsymbol{q}\cdot(\boldsymbol{r}-\boldsymbol{r}')}\chi_{\omega_l,\boldsymbol{q}}$,

$$\chi_{\omega_l,\boldsymbol{q}}=\frac{\alpha_q^2}{i\omega_l-\omega_q} \tag{A.5}$$

で表されている．式 (A.4) からわかるように，場を積分した結果は一般的に複数の時間と空間に依存する非局所的な形になる．時間について非局所的な効果は明らかに元のラグランジアンとは本質的に異なる効果を含んでおり，例えば摩擦，つまりエネルギー散逸の効果は非局所項から現れる [1, 2]．一方で，考えている現象のエネルギースケールが積分された場のもつエネルギースケールよりもずっと低い場合には得られたラグランジアンは時間について局所的とみなしてよい．式 (A.5) の相関関数で ω_l は興味ある電子系のエネルギー程度とみてよいが，フォノン系のエネルギー ω_q がこれよりもずっと大きいときには $\chi_{\omega_l,\boldsymbol{q}}\simeq-\frac{\alpha_q^2}{\omega_q}$ と近似でき，相関関数は $\chi(\tau-\tau',\boldsymbol{r}-\boldsymbol{r}')\simeq-\delta(\tau-\tau')\sum_{\boldsymbol{q}}e^{i\boldsymbol{q}\cdot(\boldsymbol{r}-\boldsymbol{r}')}\frac{\alpha_q^2}{\omega_q}$ と虚時間で局所的な形になる．エネルギーが大きな励起は時間的変化も速いから時間のずれも無視できるため，その効果は局所的な寄与に見えるのである．

虚時間方向と同様，消去したフォノン自由度の伝搬が波数 $\boldsymbol{q}$ に依存しない場合には有効ハミルトニアンは空間的にも局所的な相互作用になる．今の場合，フォノンのエネルギーが $\omega_q=vq$ (v は音速) と線形の場合を考えると，$\frac{\alpha_q^2}{\omega_q}\equiv g$ は q に依存しない定数 ($g=\frac{\mathcal{A}^2}{Mv^2}$) になる．このときには式 (A.2) が表す有効ハミルトニアンは

$$\delta H_{\mathrm{p}}=-g\int d^3r\rho(\boldsymbol{r},\tau)^2 \tag{A.6}$$

という局所的な引力相互作用になる．別の自由度を積分して引力が現れることは相互作用を 2 次で取り入れたときの一般的傾向である．以後この形をもとに超伝導を調べる．

スピンの添字 $\pm$ もあらわに表すとこの相互作用は

$$\delta H_{\mathrm{p}}=-g\int d^3r\sum_{\sigma,\sigma'=\pm}\overline{c}_\sigma c_\sigma\overline{c}_{\sigma'}c_{\sigma'} \tag{A.7}$$

である．これは電子密度間にはたらく引力であるが，見方を変えてみると電子対生成を起こす相互作用にもなっている．実際，電子場の反対称性により $\sigma\neq\sigma'$ の

寄与しか残らないことに注意して場の順序を変えてみるとこれは

$$\delta H_{\mathrm{p}} = -g \int d^3 r \sum_{\sigma=\pm} \overline{c}_\sigma \overline{c}_{-\sigma} c_{-\sigma} c_\sigma \tag{A.8}$$

と表せる．これを見ると $c_{-\sigma}c_\sigma$ の期待値が有限に残るとエネルギーが下がる傾向にあるので，$\langle c_{-\sigma}c_\sigma \rangle$ が秩序パラメータとしての意味をもつことが読み取れる．秩序パラメータの導入は経路積分では補助場として容易に導入することができる．今の電子の分配関数は

$$Z_{\mathrm{e}} = \int \mathcal{D}\overline{c}\mathcal{D}c e^{-\int_0^\beta d\tau \int d^3 r \left[\overline{c}\left(\partial_\tau - \frac{\hbar^2 \nabla^2}{2m} - \epsilon_{\mathrm{F}}\right)c - g\overline{c}_+\overline{c}_- c_- c_+ \right]}$$

であるが，場の 4 体の相互作用項を書き換えるためにボゾン場変数 $\overline{\Delta}(\boldsymbol{r},\tau)$ と $\Delta(\boldsymbol{r},\tau)$ を導入して次の積分を考える．

$$\int \mathcal{D}\overline{\Delta}\mathcal{D}\Delta e^{-\int_0^\beta d\tau \int d^3 r g\left(\overline{\Delta} - \overline{c_+ c_-}\right)(\Delta - c_- c_+)} = \text{定数} \tag{A.9}$$

を用いる．分配関数に定数がかかっても物理量には影響はないので，式 (A.9) を分配関数 Z_{e} にかけた量を新しく分配関数とみなそう．つまり

$$Z_{\mathrm{e}} \simeq \int \mathcal{D}\overline{\Delta}\mathcal{D}\Delta \int \mathcal{D}\overline{c}\mathcal{D}c e^{-\int_0^\beta d\tau \int d^3 r \left[\overline{c}\left(\partial_\tau - \frac{\hbar^2 \nabla^2}{2m} - \epsilon_{\mathrm{F}}\right)c - g(\overline{\Delta}c_- c_+ + \Delta\overline{c}_+\overline{c}_-) + g\overline{\Delta}\Delta \right]} \tag{A.10}$$

である．重要なことは，場の 4 次の相互作用が場 Δ を導入したことで分割され場 Δ と電子対の場 $\overline{c}_+\overline{c}_-$ の間の相互作用 (およびその共役) として表されていることである．このことは電子間の引力が新たな場 Δ の生成につながる可能性を示している．このように数学的に導入された新しい場を**補助場**とよぶ．補助場と電子の間の相互作用をファインマン図で表すと**図 A–1** となる．式 (A.9) から

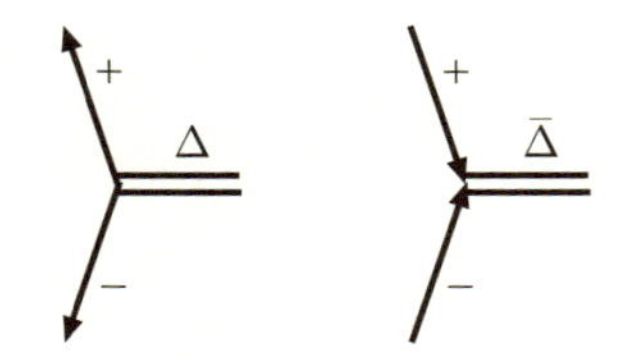

図 A–1　電子間引力を補助場 Δ を導入して書き換えたときの，電子と補助場の相互作用．Δ は電子対の生成，$\overline{\Delta}$ は消滅を起こす．$\pm$ は電子スピンを表す．

$$\int \mathcal{D}\overline{\Delta}\mathcal{D}\Delta(\Delta - c_- c_+) e^{-\int_0^\beta d\tau \int d^3 r g\left(\overline{\Delta} - \overline{c_+ c_-}\right)(\Delta - c_- c_+)} = 0$$

であるので，補助場の期待値は電子対の消滅 (生成) の期待値と一致する．

$$\langle \Delta \rangle = \langle c_- c_+ \rangle$$

もともとの電子場の 4 次の相互作用は経路積分は一般には実行できないが，補助場で分割すると電子について 2 次になり積分ができてしまう．ただし分配関数を正確に評価するのであれば補助場についての経路積分をする必要がありこれは一般的には実行できない．しかし補助場がマクロな観測量に対応するよいものであればそれは古典的に扱うことができ，この場合に補助場の方法は強力である．

ここまでの過程で見てとれるように経路積分に基づく手法は物理的思考を用いることなく正しい現象を追うのに適している．ここで補助場を導入できたのは，もとの 4 次の相互作用が引力であるため補助場 Δ を導入した際に絶対値に対応する $\overline{\Delta}\Delta$ の項は指数関数の肩で負符号となることが重要である．もしも物理的に正しくない補助場を選んだとしたら 4 次の相互作用を消去した際にはその間違った場の大きさは発散するという帰結になってしまう．なお，ここで紹介した補助場の導入の方法は **Hubbard–Stratonovich 変換**とよばれる[*1]．

では電子についての積分を実行しよう．注意しなければならないのは自由な部分は電子場の生成と消滅の組み合わせで電子数を保存するが，補助場との相互作用はそれを変えてしまうことである．しかし経路積分の上では，いずれにしても場の 2 次なのであるから行列表示にしてガウス積分の形にすれば問題ない．式 (A.10) に現れるラグランジアンの電子場についての部分は次のようになる (∂_τ は右側の場にかかると定義する)．

$$L_\mathrm{e} = \int d^3 r \begin{pmatrix} \overline{c}_+ & c_- \end{pmatrix} \begin{pmatrix} \partial_\tau - \frac{\hbar^2 \nabla^2}{2m} - \epsilon_\mathrm{F} & -g\Delta \\ -g\overline{\Delta} & \partial_\tau - \left(-\frac{\hbar^2 \nabla^2}{2m} - \epsilon_\mathrm{F}\right) \end{pmatrix} \begin{pmatrix} c_+ \\ \overline{c}_- \end{pmatrix} \tag{A.11}$$

一点注意が必要なのは c_- と $\overline{c}_-$ がかかる項で，ハミルトニアンの部分は場の順序を入れ換えることで符号が反転，虚時間微分項は部分積分も加わるので符号は変

[*1] が，経路積分ではこれは簡単なガウス積分の書き換えに過ぎない．

わらない点である．これでめでたく式 (A.10) 中の電子の積分は公式 (4.54) により実行でき，Δ 場についての分配関数が

$$Z_\Delta = \int \mathcal{D}\overline{\Delta}\mathcal{D}\Delta e^{\ln\det M_{\rm e} - \int_0^\beta d\tau \int d^3r g\overline{\Delta}\Delta}$$

となる．ここで

$$M_{\rm e} \equiv \begin{pmatrix} \partial_\tau - \frac{\hbar^2\nabla^2}{2m} - \epsilon_{\rm F} & -g\Delta \\ -g\overline{\Delta} & \partial_\tau - \left(-\frac{\hbar^2\nabla^2}{2m} - \epsilon_{\rm F}\right) \end{pmatrix} \tag{A.12}$$

である．一般には場 $\Delta(\boldsymbol{r},\tau)$ は虚時間と場所の関数である．しかしこの場がマクロな期待値をもつ場合には低エネルギー状態ではこれを定数とみなすことが妥当である．以下 Δ と $\overline{\Delta}$ は定数とする．そのときには電子の効果を表す行列式 $\det M_{\rm e}$ はフーリエ変換して容易に求めることができる．電子場はフェルミオンであるので虚時間振動数は反周期的境界条件を満たすよう

$$\varepsilon_n \equiv \frac{\pi}{\beta}(2n-1)$$

の値を取る (n は整数)．電子についての積分の結果は

$$\ln\det M_{\rm e} = \sum_n\sum_{\boldsymbol{k}} \ln\det\begin{pmatrix} -i\varepsilon_n + \epsilon_{\boldsymbol{k}} & -g\Delta \\ -g\overline{\Delta} & -i\varepsilon_n - \epsilon_{\boldsymbol{k}} \end{pmatrix} = \sum_n\sum_{\boldsymbol{k}} \ln\left[(i\varepsilon_n)^2 - (\xi_{\boldsymbol{k}})^2\right]$$

となる．ここで

$$\xi_{\boldsymbol{k}} \equiv \sqrt{\epsilon_{\boldsymbol{k}}^2 + g^2|\Delta|^2}$$

で，これは超伝導状態の励起のエネルギーを表している．こうして一様な平均場と近似した補助場の分配関数は

$$Z_\Delta = \int \mathcal{D}\overline{\Delta}\mathcal{D}\Delta e^{-\int_0^\beta d\tau\int d^3r\left[-\frac{1}{\beta}\sum_n \frac{1}{V}\sum_{\boldsymbol{k}} \ln\left((i\varepsilon_n)^2 - (\xi_{\boldsymbol{k}})^2\right) + g|\Delta|^2\right]} \tag{A.13}$$

となる．補助場 Δ はこの分配関数を鞍点解 (古典解) として決まる．式 (A.13) を $|\Delta|$ で変分すれば得られるのは

$$\frac{1}{\beta}\sum_n \frac{1}{V}\sum_{\boldsymbol{k}} \frac{1}{(i\varepsilon_n)^2 - (\xi_{\boldsymbol{k}})^2} + \frac{1}{g} = 0$$

である．虚時間振動数の和を留数積分を用いて計算すると

$$\frac{1}{V}\sum_{\boldsymbol{k}}\frac{1}{2\xi_{\boldsymbol{k}}}\tanh\frac{\beta\xi_{\boldsymbol{k}}}{2}=\frac{1}{g} \tag{A.14}$$

となる．

等方的で十分大きな系を考え波数和を電子のエネルギーあたりの状態密度 $\nu(\epsilon)$ を用いてエネルギー $\epsilon\equiv\epsilon_{\boldsymbol{k}}$ についての積分で表すと式 (A.14) は

$$\int_{-\infty}^{\infty}d\epsilon\nu(\epsilon)\frac{1}{2\xi(\epsilon)}\tanh\frac{\beta\xi(\epsilon)}{2}=\frac{1}{g} \tag{A.15}$$

となる ($\xi(\epsilon)\equiv\sqrt{\epsilon^2+g^2|\Delta|^2}$)．しかしながらこの式は $\epsilon\to\infty$ で発散している．ここで考えてきたモデルの妥当性を考えてみよう．ここまでで仮定したのは電子とフォノンが相互作用することで電子間に引力が発生し場 Δ が誘起されることであった．実際にこの機構がはたらくのはフォノンが存在できるエネルギースケールまでであり，格子の振動であるフォノンは明らかに金属が溶ける温度以上では存在しない．フォノンが存在するエネルギーの目安になるのがデバイ温度 Θ_{D} で，これは通常フェルミ温度 $\epsilon_{\mathrm{F}}/k_{\mathrm{B}}$ よりも低い (Nb の場合は $\Theta_{\mathrm{D}}=275$ K)．そこで式 (A.15) の積分の上限を，$\omega_{\mathrm{D}}\equiv k_{\mathrm{B}}\Theta_{\mathrm{D}}$ までと取ることにしよう．こうして得られる式

$$\int_{0}^{\omega_{\mathrm{D}}}d\epsilon\nu(\epsilon)\frac{1}{\xi(\epsilon)}\tanh\frac{\beta\xi(\epsilon)}{2}=\frac{1}{g} \tag{A.16}$$

は有限の関係式で，これが Δ を決定する方程式である (いわゆる**ギャップ方程式**)．明らかに温度が非常に高いとき ($\beta\to 0$) には左辺は 0 となりこの方程式は解をもたない．これは $\Delta=0$ を意味する．一方 $T=0$ では，$\tanh\frac{\beta\xi(\epsilon)}{2}=1$ でありさらに，状態密度はフェルミ面近傍のものが大きな寄与があるとして定数 ν_0 で置き換える近似をすると左辺の積分は $\ln\frac{2\omega_{\mathrm{D}}}{\Delta}$ となり，

$$\Delta(T=0)=2\omega_{\mathrm{D}}e^{-\frac{1}{g\nu_0}} \tag{A.17}$$

が $\Delta(T=0)$ を与える式となる．この結果は相互作用の強さ g への特異な依存性が特徴的である．

また，Δ が小さい領域で式 (A.13) の有効ラグランジアンを Δ について展開すれば (ギンツブルグ–ランダウ展開)，Δ が成長を始める温度 T_c とその近傍では Δ が 2 次相転移をすることを確かめることができる．

以上まとめると，フォノンと電子の相互作用からフォノンを消去して電子間の引力を出し，それを今度は超伝導を記述する補助場を導入することで分解し最終的に補助場に対しての有効ハミルトニアンをもとめたわけである．ファインマン図でこの過程を表すと

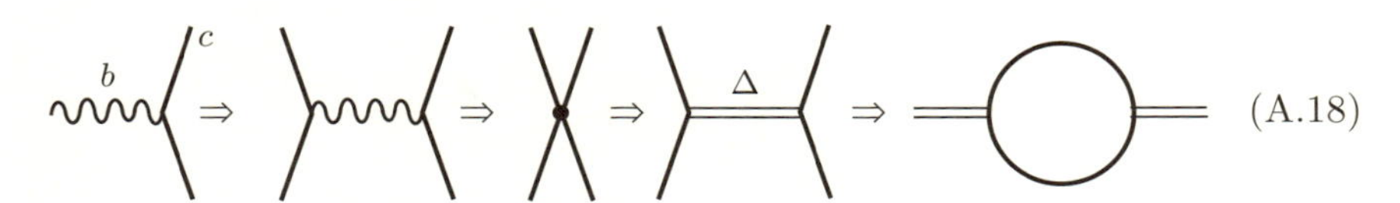

(A.18)

このすべての過程を「物理的センス」に頼ることなくガウス積分の変形により実行できたことは，有効作用の考え方における経路積分法の有用性を明らかに表しているといえよう．

なお，ここでは補助場 Δ を実空間の同じ場所にある電子対として導入したが，もともとの BCS 理論では逆向きのスピンをもち波数も反対向きである電子対 $\langle c_{\boldsymbol{k},+}c_{-\boldsymbol{k},-}\rangle$ が凝縮すると考えた．これは 2 つのもつ全運動量が 0 である状態が最もエネルギーが低いからである．本書の計算では最終的に一様な Δ を考えたので実質的に同じことになっている．これは $\int d^3r\,\langle c_+(\boldsymbol{r})c_-(\boldsymbol{r})\rangle = \sum_{\boldsymbol{k}}\langle c_{\boldsymbol{k},+}c_{-\boldsymbol{k},-}\rangle$ であることからもわかる．

こうして，ある転移温度以下では今の系は有限の Δ の期待値をもつことがわかった．この状態では系の励起は $\xi_{\boldsymbol{k}}$ で表され，$|\Delta|$ で与えられるエネルギーギャップをもつ．この状態が超伝導であることを確かめるためには，この系が磁場を排除する性質 (マイスナー効果) をもつこと，および電気抵抗が 0 であることを確かめねばならない．マイスナー効果の確認は，元の電子系に電磁場を表すゲージ場 (ベクトルポテンシャル) も考慮し Δ の有効ラグランジアンをベクトルポテンシャルも含めて計算することで，ゲージ場が Δ に比例した質量をもつことを示すことですることができる．が，これらの事実の証明は超伝導の専門書を見ていただくことにする．

参考文献

[1] R. P. Feynman and F. L. Jr. Vernon. The theory of a general quantum system interacting with a linear dissipative system. *Ann. Phys. (N.Y.)*, **24**, 118 (1963).

[2] A. O. Caldeira and A. J. Leggett. Influence of dissipation on quantum tunneling in macroscopic systems. *Phys. Rev. Lett.*, **46**, 211 (1981).

おわりに

理論的視点からスピントロニクス現象を紹介した．もちろん本書には含められなかった重要な効果はたくさんある．執筆時 (2018 年) 時点ではスピンカロリトロニクス (スピンに絡む熱や温度の効果)，スピンメカニクス，反強磁性スピントロニクスなどのキーワードが目につく．スピンメカニクスは力学的運動による角運動量が磁性とどう関わるという Einstein–de Haas 効果として 100 年前からの問題でもあるが，最先端の実験技術と理論体系により現代物理として最近大きな発展があった．こうした最新の話題については文献 [1, 2, 3] を挙げるにとどめる．なお，本書の一部と同等の内容は英文 review 論文 [4, 5] でも扱われている．

スピントロニクス現象は基本的にはクーロン相互作用など電子間の相関効果は本質的でないため，理論的記述に原理的困難やチャレンジ性はあまりないかもしれない．したがって考える系で何が起きるかに焦点をあてることになる．希少なものを収集するのではなく，どんどん使ってみて楽しむような発想である．スピントロニクスは変化も早く流行も激しい．本書の一部でも後の時代になっても意味をもっていることを祈る．

参考文献

[1] G. E. W. Bauer, E. Saitoh, and B. J. van Wees. Spin caloritronics. *Nat. Mater.*, **11**, 391 (2012).

[2] T. Jungwirth, X. Marti, P. Wadley, and J. Wunderlich. Antiferromagnetic spintronics. *Nat. Nano.*, **11**, 231 (2016).

[3] 特集号 スピントロニクスの新展開–スピン変換現象を中心に. 固体物理, **597** (2015).

[4] G. Tatara, H. Kohno, and J. Shibata. Microscopic approach to current-driven domain wall dynamics. *Phys. Rep.*, **468**, 213 (2008).

[5] G. Tatara. Effective gauge field theory of spintronics. *Physica E: Low-dimensional Systems and Nanostructures*, **106**, 208 (2019).

索　引

す

せ

そ

た

て

と

な

ね

は

ひ

ふ

へ

ほ

ま

み

め

も

ゆ

ら

れ

MSET : Materials Science & Engineering Textbook Series

監修者

藤原 毅夫　　藤森　淳　　勝藤 拓郎
東京大学名誉教授　東京大学教授　早稲田大学教授

著者略歴

多々良　源（たたら　げん）
1983 年　広島大学付属高等学校卒業
1992 年　東京大学大学院理学系研究科物理学専攻博士課程修了，
博士（理学）取得
1992 年　東京大学大学院理学系研究科研究生
1994 年　理化学研究所 基礎科学特別研究員
1996 年　大阪大学大学院理学研究科 助手
2005 年　首都大学東京大学院理工学研究科 准教授
2012 年より
独立行政法人理化学研究所 創発物性科学研究センター（CEMS）
チームリーダー（現職）
兼任として
Alexander von Humboldt 財団 奨学研究員（1998-1999），
科学技術振興機構 戦略的創造研究推進事業個人型研究さきがけ
研究員（2004-2008）など

2019 年 6 月 15 日　第 1 版発行

検印省略

物質・材料テキストシリーズ

スピントロニクスの物理
場の理論の立場から

著　者ⓒ多々良　源
発行者　内　田　学
印刷者　馬　場　信　幸

発行所　株式会社　**内田老鶴圃**　〒112-0012　東京都文京区大塚3丁目34番3号
電話（03）3945-6781（代）・FAX（03）3945-6782
http://www.rokakuho.co.jp/　　印刷・製本/三美印刷 K. K.

Published by UCHIDA ROKAKUHO PUBLISHING CO., LTD.
3-34-3 Otsuka, Bunkyo-ku, Tokyo, Japan

ISBN 978-4-7536-2314-3 C3042　　U. R. No. 648-1